普通高等教育农业部"十二五"规划教材

简明分子生物学教程

第 二 版

郭兴启　苏英华　主编

中国农业出版社

内 容 简 介

本教材是普通高等教育农业部"十二五"规划教材。全书包括绪论和九章内容。绪论主要介绍分子生物学的基本概念和主要研究内容等；第一章主要讨论核酸的结构与功能；第二章介绍基因与基因组的概念及染色体的结构；第三至六章详细阐述了 DNA 复制、转录及翻译的基本过程，并介绍了 DNA 复制错误与损伤修复及 DNA 重组等内容；第七、八章分别叙述了原核生物和真核生物基因表达的调控；第九章则介绍了分子生物学基本技术及近几年应用广泛的新技术。每章都附有复习思考题。书后附有分子生物学常用名词英汉对照，以及本书编写参考的国内外优秀教材和科技文献等，以便教师教学和读者自学使用。

本教材是一本结构新颖、逻辑清晰、内容简洁易懂的基础分子生物学教材，适合于高等院校农、林、水产类各专业的本科生使用，也可供教师、研究生以及科研工作人员参考。

第二版编写人员

主　编　郭兴启　苏英华
副主编　张杰道
参　编（按姓氏笔画排序）
　　　　　田忠景（枣庄学院）
　　　　　朱春原（山东农业大学）
　　　　　刘　文（山东理工大学）
　　　　　许瑞瑞（潍坊学院）
　　　　　孙庆华（山东农业大学）
　　　　　李海芳（山东农业大学）
　　　　　李新征（山东农业大学）
　　　　　林　科（泰山学院）
　　　　　赵　辉（山东科技大学）
　　　　　郗冬梅（临沂大学）
　　　　　高　杨（南京农业大学）
　　　　　宿红艳（鲁东大学）

第一版编写人员

主　编　王宪泽
副主编　王秀利
编　者（按姓氏笔画排序）
　　　　　王义华（江西农业大学）
　　　　　王秀利（大连水产学院）
　　　　　王宪泽（山东农业大学）
　　　　　李新征（山东农业大学）
　　　　　张祖新（河北农业大学）
　　　　　张益民（南京农业大学）
　　　　　周　岩（河南科技学院）
　　　　　钟　鸣（沈阳农业大学）
　　　　　郭兴启（山东农业大学）
　　　　　常　泓（山西农业大学）

第 二 版 前 言

本教材第一版出版于2008年,作为基础分子生物学教材,内容编排新颖而丰富。第一版教材简明地阐述了分子生物学的基础概念、知识点以及基本实验技术原理,适用于高等农林院校本科非生物类各专业,旨在提高农、林、水产类各专业学生分子生物学知识水平和实验技能。本教材第一版出版以来得到广大师生好评,被多所高等农林院校指定为本科教学参考用书。

随着分子生物学学科日新月异地发展,各种与分子生物学相关的新发现、新进展不断被科学家提出和报道,逐渐补充和完善已有的分子生物学理论。同时,更多创新性实验技术的出现使近几年分子生物学的研究得到更深入、更快速的发展。因此,我们意识到需要对第一版教材进行全方位的修订,使教材内容涵盖学科发展的最新知识,以适应各专业的教学需求。

本教材第二版仍然分为绪论和九章内容,第一至八章分别对基因与染色质的结构、DNA的复制与损伤修复、DNA的重组、RNA的合成、蛋白质的合成和运输、基因表达调控的机理等重要问题做了阐述,第九章则介绍了生物分子的分离纯化、核酸分子杂交技术、聚合酶链式反应技术等分子生物学基本技术及其应用,并补充了分子生物学新技术及应用。在保留第一版教材"简明"的特色上,第二版教材主要在以下方面做了修订:

1. 对全书多数章节的内容编排做了调整,并根据修订内容更换了大部分的插图,利于读者更好地理解教材内容。

2. 对分子生物学基础理论进行补充。例如,在DNA复制部分加入DNA的复制错误和损伤修复机制;在原核生物基因表达的调控部分添加半乳糖操纵元和阿拉伯糖操纵元调控模型,并补充除操纵元调控之外的其他原核生物转录调控机制等。

3. 本教材添加了分子生物学近年的研究成果。例如,在真核生物染色质水平基因表达的调控中补充近年来研究的热点——表观遗传调控,包括染色质重塑、组蛋白修饰、非编码RNA(如miRNA、siRNA等)对基因表达的调控。

4. 增加了目前广泛应用的分子生物学新技术,如基因芯片技术和基因定点突变技术等基因表达分析相关技术,以及CRISPR/Cas9和TALEN等近年来发展起来的基因敲除新技术。补充研究蛋白与核酸互作的新方法,如染色质免疫共沉淀、凝胶阻滞等技术;以及研究蛋白与蛋白之间互作的新方法,如免疫共沉淀、酵母双杂交、荧光共振能量转移、荧光双分子互补等技术。

5. 对部分教材内容进行了适当的删减。

6. 对一些基本概念和理论存在的缺陷进行了修订和补充完善。

本教材第二版各章的编写分工:绪论由郭兴启编写,第一章由李新征编写,第二章由郭兴启、宿红艳编写,第三章由李新征、苏英华、赵辉编写,第四章由李新征、高杨编写,第五章由孙庆华、郗冬梅编写,第六章由张杰道编写,第七章由苏英华、许瑞瑞编写,第八章由朱春原、刘文、田忠景编写,第九章由李海芳、林科编写。郭兴启、苏英华和张杰道负责全书调整修改和统稿工作。

我们希望通过本次修订,使教材更准确、完整地反映分子生物学的基础理论和新的研究成果,使教材更好地服务于高等院校各专业本科教学工作。但由于编写时间紧迫以及作者对学科发展的理解有限,教材中的疏漏和错误之处在所难免,竭诚希望读者提出宝贵意见,我们会在下次修订时加以改正和完善。

另外,本书部分文字和图片资料引用或改编自已经出版的国内外优秀教材及科技文献,在此表示诚挚的感谢!

编 者

2016 年 6 月

第 一 版 前 言

分子生物学是生命科学的带头学科，它从分子水平上阐释生命的各种现象，从而揭示生命的本质。正因为如此，分子生物学现正日益迅速地渗透到生命科学的各个领域，如细胞生物学、发育生物学、遗传学、微生物学等，为相关学科从分子水平上阐明各种现象提供基础理论和实验技术。前些年，在高等农林院校本科教学中，分子生物学课程仅在生物学类专业开设。近年来，分子生物学课程在农、林、水产学类各专业的重要性愈显突出，开设分子生物学课程，以提高学生的基础理论和实验技能势在必行。因此，编写一本农林院校本科农、林、水产学类各专业适用的分子生物学教材已迫在眉睫，本教材正是适应这种需要而着手编写的。

本教材的编写旨在使学生通过学习，掌握分子生物学的基本概念、基本知识及基本实验技术原理，又能了解其研究进展，以开阔视野，提高知识水平。因而本教材一方面力求简明地阐述分子生物学基本概念和基本理论，又力求反映分子生物学的新进展，特别是真核基因结构、表达和调控的新成果，但不能是研究资料的堆集。因而在编写过程中尽量做到框架清晰，立论严谨，内容简明，阐述条理。

本教材使用对象为高等农林院校本科非生物学类各专业，包括农学、农师、植保、园艺、林学、林师、资环、水产等各专业。

本书初稿各章的编写分工为：第一章由常泓编写；第二章由王宪泽编写；第三章由王宪泽编写；第四章由郭兴启和李新征编写；第五章由钟鸣编写；第六章由张益民和周岩编写；第七章由张祖新编写；第八章由王义华编写；第九章由王秀利编写。王宪泽负责全书初稿调整修改、增补和统稿工作。本书统稿后曾在部分专业试用，并请部分分子生物学教师及研究生统读，提出了许多宝贵意见，在此一并感谢。

由于编写时间仓促，加之水平有限，不足之处在所难免，竭诚希望读者不吝赐教。

编　者
2008 年 5 月

目　录

第二版前言
第一版前言

绪论 ················· 1
　一、分子生物学的概念 ········· 1
　二、分子生物学的发展历程 ······· 1
　三、分子生物学的主要研究内容 ···· 2
　四、分子生物学的应用现状 ······· 3
　五、分子生物学的发展趋势 ······· 4

第一章　核酸的结构与生物学功能 ··· 6
　第一节　核酸的组成 ············ 6
　　一、核酸的基本组分 ············ 6
　　二、核酸的修饰组分 ············ 7
　第二节　DNA 的结构 ············ 7
　　一、DNA 的一级结构 ············ 8
　　二、DNA 的二级结构 ············ 8
　　三、DNA 的三级结构 ············ 13
　第三节　RNA 的结构 ············ 14
　　一、tRNA 的结构 ··············· 15
　　二、mRNA 的结构 ·············· 15
　　三、rRNA 的结构 ··············· 16
　　四、RNA 功能的多样性 ········· 16
　复习思考题 ······················ 17

第二章　基因与基因组 ············ 18
　第一节　基因 ····················· 18
　　一、基因的概念 ················· 18
　　二、基因的结构 ················· 18
　　三、基因的命名 ················· 19
　　四、基因与染色体 ··············· 21

　第二节　基因组 ·················· 24
　　一、基因组的概念 ··············· 24
　　二、基因组 DNA 的 C 值与 C 值
　　　　矛盾 ························ 26
　第三节　不同生物基因组的特点 ··· 27
　　一、病毒基因组的特点 ·········· 27
　　二、原核生物基因组的特点 ······ 27
　　三、真核生物核基因组的特点 ···· 28
　　四、真核生物线粒体基因组的
　　　　特点 ························ 29
　　五、真核生物叶绿体基因组的
　　　　特点 ························ 29
　复习思考题 ······················ 30

第三章　DNA 的复制与损伤修复 ··· 31
　第一节　DNA 的半保留复制 ······ 31
　第二节　DNA 复制的起始点与方向 ··· 32
　　一、DNA 复制的起始点 ········· 32
　　二、DNA 复制的方向 ··········· 33
　第三节　DNA 复制的主要形式 ···· 34
　　一、双链环状 DNA 的复制 ······ 34
　　二、单链环状 DNA 的复制 ······ 36
　　三、双链线状 DNA 的复制 ······ 36
　第四节　原核生物 DNA 的复制 ··· 37
　　一、参与原核生物 DNA 复制的
　　　　主要成分 ··················· 37
　　二、原核生物 DNA 复制的过程 ··· 41
　第五节　真核生物 DNA 的复制 ··· 45
　　一、真核生物 DNA 复制的特点 ··· 45

二、真核生物DNA复制的酶和
　　　蛋白质因子 …………………… 46
　三、真核生物DNA复制的过程 …… 48
第六节　DNA的复制错误和损伤
　　　修复 …………………………… 51
　一、DNA的复制错误修复 ………… 51
　二、DNA的损伤修复 ……………… 52
复习思考题 …………………………… 54

第四章　DNA的重组 …………… 55

第一节　同源重组 …………………… 55
　一、同源重组模型 ………………… 55
　二、同源重组蛋白 ………………… 59
　三、同源重组机制的遗传结果 …… 61
第二节　保守性特异位点重组和
　　　转座重组 ……………………… 62
　一、保守性特异位点重组 ………… 62
　二、转座重组 ……………………… 64
复习思考题 …………………………… 73

第五章　RNA的转录与加工 …… 74

第一节　转录的概述 ………………… 74
　一、转录的概念 …………………… 74
　二、转录的特点 …………………… 75
　三、转录单元 ……………………… 76
第二节　原核生物RNA的转录 …… 76
　一、原核生物的RNA聚合酶 ……… 77
　二、原核生物基因的启动子 ……… 79
　三、原核生物基因的转录过程 …… 81
第三节　真核生物RNA的转录 …… 86
　一、真核生物的RNA聚合酶 ……… 87
　二、真核生物基因的启动子 ……… 88
　三、真核生物基因的转录过程 …… 91
第四节　转录后加工 ………………… 95
　一、mRNA前体的转录后加工 …… 95
　二、rRNA前体的转录后加工 …… 100
　三、tRNA前体的转录后加工 …… 103

复习思考题 ………………………… 105

第六章　蛋白质的生物合成 …… 106

第一节　蛋白质的生物合成体系 … 106
　一、mRNA ………………………… 106
　二、tRNA ………………………… 110
　三、核糖体的结构与功能 ……… 112
　四、氨酰-tRNA合成酶 …………… 114
　五、其他翻译因子 ……………… 117
第二节　蛋白质的合成过程 ……… 118
　一、原核生物蛋白质的合成过程 … 118
　二、真核生物蛋白质的合成过程 … 121
　三、线粒体和叶绿体中的蛋白质
　　　合成 ………………………… 125
　四、蛋白质合成的保真机制 …… 125
　五、蛋白质的合成抑制剂 ……… 126
第三节　蛋白质合成后的加工和
　　　运输 ………………………… 128
　一、多肽链的剪接 ……………… 128
　二、蛋白质的化学修饰 ………… 130
　三、蛋白质的折叠 ……………… 132
　四、蛋白质的定向运输 ………… 134
复习思考题 ………………………… 136

第七章　原核生物基因表达的调控 … 138

第一节　基因表达调控的概述 …… 138
　一、基因表达 …………………… 138
　二、基因表达调控 ……………… 139
第二节　原核生物基因表达调控的
　　　特点 ………………………… 140
第三节　原核生物转录水平基因
　　　表达的调控 ………………… 143
　一、操纵元调控基因表达 ……… 143
　二、其他转录水平的表达调控 … 153
第四节　原核生物转录后水平基因
　　　表达的调控 ………………… 155
　一、反义RNA对基因表达的

调控 …………………………… 156

　二、mRNA 的稳定性对蛋白质
　　合成的调节 ………………… 156

　三、mRNA 的结构对蛋白质合成
　　起始的调控 ………………… 156

　四、稀有密码子的蛋白质合成
　　调控 ………………………… 157

　五、重叠基因的蛋白质合成调控 …… 157

　六、蛋白合成产物的自体调控 …… 158

　复习思考题 ……………………… 159

第八章　真核生物基因表达的调控 …… 160

　第一节　真核生物基因表达调控的
　　　　　特点 ……………………… 160

　第二节　真核生物染色质水平基因
　　　　　表达的调控 …………… 161

　一、染色质的结构状态影响基因
　　表达 ………………………… 162

　二、染色质组分的修饰调控基因
　　表达 ………………………… 162

　三、染色体 DNA 序列的改变
　　调控基因表达 ……………… 165

　第三节　真核生物转录水平基因
　　　　　表达的调控 …………… 168

　一、顺式作用元件对基因表达
　　调控的影响 ………………… 168

　二、RNA 聚合酶 II 对基因表达
　　调控的影响 ………………… 170

　三、转录因子对基因表达调控的
　　影响 ………………………… 171

　第四节　真核生物转录后水平基因
　　　　　表达的调控 …………… 178

　一、RNA 可变剪接影响基因转录
　　后水平的表达 ……………… 178

　二、RNA 编辑影响基因转录后
　　水平的表达 ………………… 180

　三、非编码小 RNA 参与基因转录

　　后水平表达的调控 ………… 180

　四、环状 RNA 参与基因转录后
　　水平表达的调控 …………… 185

　第五节　真核生物蛋白质合成水平
　　　　　基因表达的调控 ……… 187

　一、mRNA 的寿命影响编码蛋
　　白质的数量 ………………… 187

　二、mRNA 的末端特征结构调节
　　蛋白质合成的活性 ………… 188

　三、mRNA 的末端非翻译区调节
　　蛋白质合成的起始和效率 … 188

　四、起始密码子附近的核苷酸
　　序列对蛋白质合成的起始有
　　调控作用 …………………… 188

　五、起始因子的修饰对蛋白质
　　合成的起始有调控作用 …… 189

　复习思考题 ……………………… 189

第九章　分子生物学研究方法 ………… 190

　第一节　核酸的分离与鉴定相关
　　　　　技术 ……………………… 190

　一、核酸的提取技术 …………… 190

　二、聚合酶链式反应技术 ……… 192

　三、核酸凝胶电泳技术 ………… 197

　四、DNA 杂交技术 ……………… 198

　五、DNA 分子多态性标记技术 …… 200

　六、基因克隆技术 ……………… 203

　第二节　重组 DNA 与文库构建
　　　　　相关技术 ………………… 206

　一、重组 DNA 技术 ……………… 206

　二、DNA 文库构建技术 ………… 208

　第三节　基因表达分析相关技术 …… 210

　一、RNA 杂交技术 ……………… 210

　二、基因芯片技术 ……………… 211

　三、基因定点突变技术 ………… 212

　四、RNA 干扰技术 ……………… 213

　五、基因敲除技术 ……………… 214

六、蛋白质双向电泳技术 ………… 216
　　七、蛋白质分子杂交技术 ………… 217
第四节　基因功能研究相关技术 ……… 218
　　一、免疫共沉淀技术 ……………… 218
　　二、染色质免疫共沉淀技术 ……… 219
　　三、凝胶阻滞试验技术 …………… 220
　　四、酵母双杂交技术 ……………… 221
　　五、荧光共振能量转移和双分子
　　　　荧光互补技术 ………………… 222
　复习思考题 …………………………… 223

分子生物学常用名词英汉对照 ………… 225
参考文献 ………………………………… 231

绪　　论

一、分子生物学的概念

分子生物学（molecular biology）顾名思义是从分子水平研究生物的科学，它致力于应用高新技术从分子水平上阐述生命现象和生命活动的规律。作为一门新兴学科，分子生物学是由生物化学、遗传学、细胞生物学等多种学科相互融合形成，并且越来越多地影响着这些传统学科领域。对于分子生物学的具体定义，可以从广义和狭义两个不同的角度来把握。

从广义上讲，分子生物学是从分子水平上阐明生命现象的生物学规律，其核心内容是研究核酸、蛋白质等生物大分子的结构与功能，阐述蛋白质与核酸、蛋白质与蛋白质之间相互作用关系及其基因表达调控机制，从而探索生命的奥秘。

从狭义上讲，分子生物学研究的范畴偏重于核酸，主要研究 DNA（或基因）的结构与功能和遗传信息的复制、传递及其调控等，当然也包括参与这些环节的蛋白质、酶等生物大分子的结构与功能的研究。一般对分子生物学的理解主要是其狭义的概念。

二、分子生物学的发展历程

到目前为止，以研究的核心内容为标志，可以将分子生物学的发展历程大致划分为 5 个时代：经典遗传学时代、微生物遗传学时代、分子遗传学时代、DNA 重组时代和后基因组学时代。

1. 经典遗传学时代　1820—1938 年被称为分子生物学发展历程中的经典遗传学时代。1865 年，孟德尔通过豌豆杂交试验提出了遗传学的两大定律——分离定律和自由组合定律，并提出了"遗传因子"的概念。1909 年，丹麦科学家 Johannsen 以孟德尔的工作和假设为前提提出了"基因"一词。1910 年，摩尔根以果蝇为材料所进行的研究开辟了遗传学又一个新天地。他把基因定位在染色体上，并在此基础上提出了连锁遗传定律。连锁遗传定律同分离定律和自由组合定律并称为经典遗传学的三大定律。

2. 微生物遗传学时代　1938—1953 年被称为分子生物学发展历程中的微生物遗传学时代。微生物遗传学是在经典遗传学基础上揭示微生物遗传和变异的一门独立的学科。微生物遗传学研究的内容包括微生物生长、发育、分化、代谢以及进化等生命现象的基本规律。其中，对粗糙脉孢菌（*Neurospora crassa*）四分体的遗传分析为孟德尔遗传定律提供了直接证据，而对大肠杆菌和噬菌体的研究还直接导致了分子遗传学的诞生。

1941 年，Beadle 和 Tatum 通过对链孢霉中生化反应遗传控制的研究提出了"一个基因一种酶"学说。1944 年，Avery 等用生物化学方法证明在肺炎双球菌转化实验中转化的活性物质为 DNA。而随后 1952 年，Hershey 和 Chase 用噬菌体感染实验进一步证实了病毒外壳蛋白留在细胞外，而 DNA 进入细菌内并利用细菌的生命活动过程合成噬菌体自身的 DNA 和蛋白质，更有说服力地证明了 DNA 作为遗传物质控制生物性状并指导病毒后代的形成。这一发现为后来 DNA 结构的确定和基因工程的发展奠定了基础。1953 年，Watson

和 Crick 提出了 DNA 双螺旋模型，合理地解释了 DNA 的二级结构，并推动了遗传信息传递、表达及其调控研究的快速发展。这一模型的提出开启了分子生物学时代，在生物学发展史上具有里程碑式的意义。

3. 分子遗传学时代 1953—1972 年被称为分子生物学发展历程中的分子遗传学时代。分子遗传学是在分子水平上研究生物遗传和变异机制的遗传学分支学科。经典遗传学主要研究遗传信息在亲代和子代之间的传递规律，而分子遗传学主要研究其化学本质，如基因的功能、基因表达的变化等问题。分子遗传学的早期研究都用微生物为材料，它的形成和发展与微生物遗传学和生物化学的发展有密切关系。1957 年，Crick 提出的中心法则揭示了遗传信息的表达是从 DNA 到 RNA 再到蛋白质。随着分子生物学的发展，中心法则的内涵也在不断被丰富和完善。1958 年，Meselson 和 Stahl 通过放射性元素标记的方法证实了 DNA 的复制方式为半保留复制。1961 年，法国巴斯德研究所的科学家 Jacob 和 Monod 首次提出操纵元模型，为原核生物基因的表达调控建立了模式。他们还根据基因调控模式预言了 mRNA 的存在，进而推动了对密码子的研究，并使整个分子遗传体系得以迅速形成和完善。

4. DNA 重组时代 1972—1990 年被称为分子生物学发展历程中的 DNA 重组时代。这一时期，一系列工具酶的发现和新技术的发明使基因的改造和表达调控成为现实，也推动了分子生物学的不断完善。1972 年，Berg 和 Boyer 等建立 DNA 重组技术，成功克隆第一个细菌基因。1973 年，Boyer 和 Holling 等首次在体外构建了具有生物学功能的细菌质粒。1975 年，Temin 发现逆转录酶。1977 年，Sanger 发明了 DNA 测序方法。1978 年，Chang 和 Nunberg 等首次将真核生物基因（$dhfr$）在细菌中进行了表达。1979 年，Wang 和 Rich 等提出 Z-DNA 模型。1980 年，Botstein 和 Davis 用限制性片段长度多态性技术构建人类遗传学连锁图。1981 年，Cech 和 Altman 发现了核酶，Banerji 等发现增强子。1984 年，Smith 建立定点突变技术。1985 年，Mullis 发明 PCR 技术。1986 年，Benne. 等发现 RNA 编辑的现象。

5. 后基因组学时代 1990 年至今被称为分子生物学发展历程中的后基因组时代。1990 年，美国宣布人类基因组测序工作的 15 年计划。1996 年，DNA 芯片进入商业化，Dietrich 等绘制了小鼠基因组的完整遗传图谱，Dib 等绘制了人类的完整遗传图谱。1996 年 10 月，完成了酵母基因组的测序。1998 年，Sanger 等完成了线虫的基因组测序。1999 年，国际人类基因组计划联合研究小组完整地破译出人类第 22 号染色体的遗传密码。2000 年 6 月，中、美、日、德、法、英 6 国发表人类基因组草图。同年 12 月，英、美等国科学家宣布绘出拟南芥基因组的完整图谱，这是人类首次全部破译一种植物的基因组序列。随着一系列物种基因组测序的完成，分子生物学的研究对象也从单个基因转向基因组，并推动了转录组、蛋白质组乃至代谢组等组学时代的到来。

三、分子生物学的主要研究内容

1. 生物大分子的结构及其功能 生物大分子的结构及其功能研究是分子生物学的主要研究内容之一，常常被称为结构分子生物学。一个生物大分子在发挥生物学功能时必须具备一定的空间结构，并且在作用过程中发生结构和构象的变化。结构分子生物学就是研究生物大分子特定的空间结构，以及结构的运动变化与其生物学功能关系的科学。它包括结构的测定、结构运动变化规律的探索和结构与功能相互关系这 3 个主要研究方向。

2. 基因与基因组的结构及其功能 基因与基因组的结构及其功能研究是分子生物学最基础、最核心的研究内容。基因是控制生物性状的基本遗传单位。绝大多数生物的基因数量、结构特点及功能都还未明确，因此，从不同生物中分离新基因，研究该基因的结构特点、进化关系以及生物学功能仍然是分子生物学的核心内容。基因组是一个细胞或者生物体所携带的全部遗传信息。基因组研究主要包括两方面的内容：以全基因组测序为目标的结构基因组学和以基因功能鉴定为目标的功能基因组学。结构基因组学代表基因组分析的早期阶段，以建立生物体高分辨率遗传图谱、物理图谱和转录图谱为主。功能基因组学往往被称为后基因组学，它利用结构基因组提供的信息来系统地研究基因功能，以高通量、大规模实验方法及计算机统计分析为特征。

3. 遗传信息的传递 遗传信息是指生物在个体生长发育或物种繁殖过程中发生的由细胞传递给细胞或由亲代传递给子代的信息，即碱基对的排列顺序（或指 DNA 分子中脱氧核苷酸的排列顺序）。生物体遗传信息的传递大致分为如下几个类型：①DNA 复制型。在 DNA 复制型的生物中，遗传物质是 DNA，遗传信息传递需要 DNA 进行自我复制，遗传信息传递方向由 DNA→DNA。绝大多数的动植物和噬菌体病毒都属于这种类型。②RNA 复制型。在烟草花叶病毒、动物脊髓灰质炎病毒等 RNA 复制型的生物中，遗传物质是 RNA，病毒遗传信息由亲代向子代传递需要在宿主细胞中进行 RNA 的自我复制，遗传信息传递方向由 RNA→RNA。③RNA 逆转录型。这一类型主要见于一些逆转录病毒，如导致艾滋病的人体免疫缺陷病毒（HIV）。病毒的遗传信息传递包括宿主细胞中 RNA 的逆转录（遗传信息传递方向由 RNA→DNA）和转录（遗传信息传递方向由 DNA→RNA）两个连续的过程。④蛋白质复制型。造成羊瘙痒病、疯牛病和人克雅氏病的致病因子也称作朊病毒，实质上是一种构象特殊的小分子无免疫性疏水蛋白质。其遗传信息传递是蛋白质的自我复制，传递方向为蛋白质→蛋白质。

4. 基因表达调控 基因表达是指生物遗传信息的转录和翻译。在生物个体生长发育过程中，基因的表达水平是按一定的时间顺序发生变化的（即时序调控），并随着内外环境的变化而不断加以修正（即环境调控）。在原核生物中，基因表达调控主要发生在转录水平上。在真核生物中，由于存在细胞核结构，转录和翻译过程在时间和空间上被分隔开，且在转录和翻译后都有复杂的信息加工过程，其基因表达的调控存在着多个层次性。目前基因表达调控的研究热点集中在信号转导、转录因子、小分子 RNA（如 miRNA）、RNA 剪辑、DNA 甲基化等方面。

5. 分子生物学技术及其应用 利用分子生物学技术，可以人为调节基因的表达水平，甚至可以将不同的 DNA 片段按照人们的设计定向连接起来，在特定的受体细胞中稳定遗传并表达，产生新的遗传性状。分子生物学技术是核酸化学、蛋白质化学、酶工程学、遗传学、细胞学及微生物学等长期深入研究的结晶，有着广泛的应用前景。例如，生物体内表达量很低的活性物质（包括蛋白质、小分子化合物等）的产业化生产和高产优质抗逆优良品种的培育等。

四、分子生物学的应用现状

分子生物学已经渗透到生物学的各个领域之中，产生了一系列新的交叉学科，改变了或正在改变着整个生物学的面貌，其研究成果已在工业、农业、医学以及生物制药等领域得到广泛的应用。

1. 在其他学科方面的应用　分子生物学是生物化学、遗传学、生物物理学、细胞生物学、微生物学等多学科交叉融合形成的一门新兴学科，是以这些学科为基础发展起来的。随着分子生物学的迅猛发展，其研究成果又不断应用到基础学科中去，极大地促进了这些学科的快速发展。遗传学是分子生物学发展以来受影响最大的学科，著名的孟德尔遗传分离规律在分子水平上得到了进一步的解释，丰富了遗传学的内容，产生了分子遗传学。由于分子生物学的应用，现代的细胞生物学已经不仅仅局限于从细胞水平研究细胞的形态、结构与功能，而是进一步从分子水平上探讨编码细胞各种组分的基因及其表达，产生了分子细胞生物学。分子生物学渗入到发育生物学中，使发育机理的研究不再局限于形态结构的变化，而是深入到基因表达调控的分子水平，产生了分子发育生物学。此外，分子生物学在育种学、栽培学、病理学、生态学、环境保护等生命科学传统学科中也得到了广泛应用，对这些传统学科的快速发展起到了推动作用。

2. 在不同行业方面的应用　分子生物学的快速发展，促进了以基因工程为核心的生物技术的发展和应用，并进一步影响社会发展的诸多领域。环境保护中的生物修复、食品工业中的各种生物酶制剂的生产、司法领域中的亲子鉴定、刑事诉讼中 DNA 证据等都是生物技术应用的体现。基因工程在农业和医药领域中的表现尤其突出：①在农业方面，转基因植物和转基因动物已经得到了广泛的应用，给人类带来了巨大的财富。例如，2014 年全球转基因作物种植面积达到 1.815 亿 hm^2，全球约 82％的大豆、68％的棉花、30％的玉米、25％的油菜是转基因产品，我国抗虫棉种植面积占棉花总种植面积的 93％。②在医药方面，生物技术在人类疾病的发病机制研究、疾病诊断和疾病防治等方面都发挥了重要作用。基因治疗、遗传病的基因检测、无创 DNA 产前筛查等已被医学界广泛应用。基因工程疫苗、基因工程抗体、胰岛素、干扰素和其他抗肿瘤因子基因工程药物已经被广泛使用。

五、分子生物学的发展趋势

分子生物学的迅速发展促进了整个生物学的变革。分子生物学的理念和方法为其他生命科学领域的发展提供了新的思路，通过分子生物学与其他学科的相互融合，形成许多新兴学科，也为许多生物学难题提供了新的解决方案。除此之外，分子生物学自身的发展也有精细化和系统化的趋势，即在分子水平上用精细高端的生物学技术来系统研究各个生命活动整体的机制和调控。这种趋势在以下几个新兴研究领域都有体现。

1. 表观遗传学　表观遗传学（epigenetics）是与传统遗传学相对应的概念，它是研究在基因的核苷酸序列不发生改变的情况下遗传信息的传递和表达规律的一门遗传学分支学科。与传统遗传学不同的是，表观遗传学的遗传信息载体不是 DNA 的碱基序列，而是一种通过级联放大并可以传递给后代的调控信号。这种调控信号通过逐渐积累而级联放大，可以控制遗传物质在何时、何地、以何种方式得到表达，能够遗传且富于变化，成为生物特有的表观遗传记忆。表观遗传的现象很多，已知的有 DNA 甲基化（DNA methylation）、组蛋白修饰、染色体重塑、基因组印记（genomic imprinting）、母体效应（maternal effect）、基因沉默（gene silencing）、核仁显性、休眠转座子激活和 RNA 编辑（RNA editing）等。

2. 结构分子生物学　结构分子生物学（structural molecular biology）是从生物大分子结构及功能的角度阐明生命现象与活动规律的学科。结构分子生物学主要利用物理学实验和理论，阐明生物大分子发挥生物功能时的结构变化及其与其他分子相互作用的过程。结构分子生物学的应用非常广泛，尤其是在医药领域，蛋白质和核酸的晶体结构测定结合分子模拟技术为新药物的设计提供了一个全新的方向，可以大大缩短新药的研制时间。

3. 分子发育生物学 分子发育生物学（molecular developmental biology）是一门从分子水平上研究生物体从精子和卵子发生、受精、发育、生长到衰老、死亡规律的科学。它运用分子生物学手段探索生物个体发育及相关疾病发生的分子机理，为动植物遗传改良和相关疾病的诊治提供理论基础和技术支持。从20世纪八九十年代迄今，生物学领域的重大进展都与分子发育生物学密切相关，或者就是分子发育生物学的进展。近年来，分子发育生物学已成为了生命科学最活跃和最激动人心的研究领域。

4. 代谢组学 代谢组学（metabonomics）是对某一生物或细胞在一特定生理时期内所有低分子质量代谢产物同时进行定性和定量分析的一门新学科。它是分子生物学、生物信息学和现代分析技术等多学科交融产生的一门以组群指标分析为基础，以高通量检测和数据处理为手段，以信息建模与系统整合为目标的系统生物学的一个分支。同时，代谢组学也是基因组学（genomics）、转录组学（transcriptomics）、蛋白质组学（proteomics）等"组学"研究发展到一定阶段的必然产物。基因组学和蛋白质组学说明可能发生的事件，而代谢组学则反映确实已经发生了的事件。基因和蛋白质表达的微小变化在代谢物上会得到放大，使检测更容易。

5. 生物信息学 生物信息学（bioinformatics）是以计算机为主要工具对生物信息进行储存、检索和分析的科学。它是当今生命科学和自然科学的重大前沿领域，同时也将是21世纪自然科学的核心领域之一。随着基因组计划的不断发展，海量的生物学数据必须通过生物信息学的手段进行收集、分析和整理，才能成为有用的信息和知识。生物信息学的研究重点主要体现在基因组学和蛋白质组学两方面，具体说就是从核酸和蛋白质序列出发，分析其中蕴含的结构和功能等生物信息。目前，生物信息学已经深入到了生命科学的方方面面，在分析基因表达及调控、生物进化、生物多样性和蛋白质结构预测、比较基因组学、生物系统模拟和药物研发等研究领域已经并将继续发挥重要作用。

6. 单分子生物学 单分子生物学（single molecular biology）是以单分子技术为基础的物理、化学、生物学等多学科交叉产生的新研究领域。单分子生物学技术主要包括单分子光谱和单分子力学两个方面。单分子光谱旨在研究单个生物分子以及分子之间在光学方面的相互作用，包括荧光共振能力转移、光学干涉和衍射、分子自发荧光等。单分子力学是指生物大分子在力学上的操作和相互作用，包括光镊和磁镊。单分子生物学技术是生物功能研究的重要工具，可以在单分子水平上对生物分子的行为（包括构象变化、相互识别和相互作用等）进行实时动态检测和追踪，并在此基础上对其进行操纵和调控，对于研究细胞、膜和生物大分子的结构和功能有重要意义，是分子生物物理学的自然延伸和必然趋势。

第一章 核酸的结构与生物学功能

核酸是遗传信息的载体，它在生物个体的生长、发育、遗传和变异等生命过程中起着极为重要的作用。

早在1868年，瑞士外科医生Miescher从脓细胞分离到一种含磷量很高的酸性物质，称为核素（nuclein），实际上是DNA和少量残留蛋白质的复合物。1889年，Altmann等相继从酵母细胞、胸腺等动物组织中提取到不含蛋白质的类似物质，命名为核酸（nucleic acid）。此后，人们在细胞质、线粒体、叶绿体、细菌及病毒中都发现了核酸。由于当时科学家普遍认为蛋白质是决定遗传特性的物质，而核酸仅是一种结构简单的多聚物，所以核酸研究并没引起重视。直到20世纪40年代，人们才初步了解了它的化学本质和生物学功能。

1944年，Avery等通过肺炎球菌转化实验证明遗传信息的载体是DNA，而不是蛋白质。此后，越来越多关注遗传物质的科学家将注意力由蛋白质逐渐转移到核酸上。1952年，Hershey等利用噬菌体侵染实验，从分子生物学角度也证实了DNA是遗传信息的载体，核酸是遗传物质的论点才得到科技界广泛接受。1953年，Watson和Crick提出了著名的DNA双螺旋（double helix）结构模型，阐述了DNA二级结构的基本特点。在此后1953—1958年，又先后提出DNA的半保留复制假说以及遗传信息由DNA到RNA再到蛋白质的传递过程的大胆设想，即遗传信息传递和表达的中心法则。此外，他们还进一步准确预见了蛋白质的生物合成需要mRNA，而当时人们还没有发现这种RNA。Watson和Crick的贡献奠定了分子生物学的基础，开创了从分子水平研究生命现象的新纪元，是生命科学发展的里程碑。

第一节 核酸的组成

一、核酸的基本组分

核酸是一种多聚核苷酸（polynucleotide），它的基本结构单位是核苷酸（ribonucleotide）。核苷酸是核苷（nucleoside）的磷酸酯，生物体内游离的核苷酸主要是$5'$-P-核苷。核苷可以进一步分解成碱基（base）和戊糖，碱基和戊糖通过C—N糖苷键相连。碱基分为嘌呤碱（purine base）与嘧啶碱（pyrimidine base）两大类，其中基本的嘌呤碱有腺嘌呤（adenine，A）和鸟嘌呤（guanine，G）两种，而嘧啶碱有3种：胞嘧啶（cytosine，C）、尿嘧啶（uracil，U）和胸腺嘧啶（thymine，T）。戊糖有D-核糖（D-ribose）和D-$2'$-脱氧核糖（D-$2'$-deoxyribose）两种类型，根据戊糖的不同可将核酸分为核糖核酸（ribonucleic acid，RNA）和脱氧核糖核酸（deoxyribonucleic acid，DNA）两大类。DNA中有A、G、C、T共4种碱基，而RNA主要有A、G、C、U共4种碱基。在真核细胞中，DNA主要集中在细胞核内，线粒体、叶绿体中也含有DNA；RNA主要分布于细胞质中，细胞核中也存在着各种RNA。原核细胞没有明显的细胞核结构，DNA存在于称为类核（nucleoid）的结构区，RNA在细胞质中。构成核酸的常见核苷酸列于表1.1中。

表 1.1 常见的核苷酸

碱基	核糖核苷酸	脱氧核糖核苷酸
腺嘌呤	腺嘌呤核苷酸（adenosine monophosphate，AMP）	腺嘌呤脱氧核苷酸（deoxyadenosine monophosphate，dAMP）
鸟嘌呤	鸟嘌呤核苷酸（guanosine monophosphate，GMP）	鸟嘌呤脱氧核苷酸（deoxyguanosine monophosphate，dGMP）
胞嘧啶	胞嘧啶核苷酸（cytidine monophosphate，CMP）	胞嘧啶脱氧核苷酸（deoxycytidine monophosphate，dCMP）
尿嘧啶	尿嘧啶核苷酸（uridine monophosphate，UMP）	
胸腺嘧啶		胸腺嘧啶脱氧核苷酸（deoxythymidine monophosphate，dTMP）

二、核酸的修饰组分

核酸中除了磷酸、2种戊糖和5种碱基这些基本组分外，还有一些特别组分。它们大多是基本组分的衍生物，即在碱基或核糖的某些位置上附加或取代某些基团，称为修饰组分、稀有组分或附加组分，如稀有碱基（minor base）。

修饰组分虽然形式多样，但不会改变核酸主链的组成。修饰基团一般都是在 DNA 和 RNA 大分子合成以后才附加或取代上去的，如甲基化、羟甲基化、甲硫基化、脱氨、加氢等。修饰组分在不同生物体中分布不一致，有的修饰组分普遍存在于各种生物体中（如甲基化核苷），有的仅存在少数生物体中。

DNA 分子中的稀有组分常常在基因信息的表达调控和保护中起作用。研究这些稀有组分在核酸结构与生物功能中的作用，已成为现代分子生物学研究领域的一个重要前沿，而且是外遗传信息的重要研究内容。外遗传信息（epigenetic information）是指不涉及 DNA 自身的核苷酸序列变化且可影响 DNA 活性的任何可遗传的性质。外遗传（epigenetics）又译为表遗传、表观遗传或后生遗传等。譬如，DNA 的甲基化就是外遗传信息的主要形式之一。虽然 DNA 的甲基化并不改变碱基配对的专一性，也不改变 DNA 所携带的遗传信息，但它是可遗传的，而且能调节基因的表达并直接影响生物的表现型，因此甲基化产生的表现型称为后生型（epigenotype），DNA 甲基化的改变称为后生突变（epimutation）。

第二节 DNA 的结构

核酸是由核苷酸通过 3′,5′-磷酸二酯键连接形成的直线形或环形多聚核苷酸链。多聚核苷酸链的结构可以分为多个层次：①一级结构是指核酸链上核苷酸的排列顺序，通常也称为碱基序列。②二级结构是核酸分子通过氢键和碱基堆积等作用力而使多聚核苷酸链呈现的螺旋形卷曲构象。③三级结构是多聚核苷酸链在二级结构的基础之上，进一步扭曲和折叠所形成的特定空间构象。它包括不同二级结构元件间的相互作用、单链与二级结构元件间的相互作用以及核酸的拓扑特征。④核酸与蛋白质结合形成的复合物（如核糖体、剪接体和染色体）可看作是核酸的四级结构。

核酸的结构是其生物学功能的物质基础。核酸的一级结构蕴藏了生物的各种遗传信息，并决定了其高级结构；而高级结构的变化同样可以影响一级结构的信息功能，如基因的启动和关闭。因此，研究核酸的结构对阐明遗传信息的储存、表达、调控以及变异和进化等都是极其重要的，只有在研究核酸结构的基础之上才能开展对核酸功能的研究。

一、DNA 的一级结构

DNA 的一级结构是由 4 种脱氧核糖核苷酸通过 $3',5'$-磷酸二酯键连接起来的直线形或环形多聚体。由于脱氧核糖中 C-$2'$ 上不含羟基，C-$1'$ 又与碱基相连接，所以脱氧核糖核苷酸之间唯一可以形成的键是 $3',5'$-磷酸二酯键，DNA 分子因此没有侧链。

DNA 的一级结构实际上就是 DNA 分子内核苷酸的排列顺序，通常也称为碱基序列，该序列蕴藏了生物的各种遗传信息。研究 DNA 的一级结构主要是确定其核苷酸的排列顺序，这对阐明遗传物质的结构、功能及遗传信息的表达、调控都是极其重要的。

二、DNA 的二级结构

（一）Watson-Crick 双螺旋模型（B 型 DNA 模型）

1953 年，基于 Chargaff 规则和 DNA X 射线衍射结果，Watson 和 Crick 提出了著名的 DNA 双螺旋结构模型，即 B 型 DNA 模型（图 1.1）。这个模型描述的是在相对湿度 92% 时 DNA 的钠盐纤维构象，主要要点如下：①两条反向平行的多聚核苷酸链围绕同一中心轴盘绕成右手双螺旋。②亲水性的脱氧核糖和磷酸组成双螺旋的外侧骨架，疏水性的嘌呤和嘧啶碱位于双螺旋的内侧。③碱基平面与螺旋中轴接近垂直，糖环的平面则与螺旋中轴平行。双螺旋结构上有两个凹槽，一条较宽、较深，称为大沟（宽槽）；一条较窄、较浅，称为小沟（窄槽）。这些沟常常是 DNA 与蛋白质相互作用的部位，称为信息沟。④双螺旋平均直径为 2 nm，螺距为 3.4 nm，相邻碱基距离为 0.34 nm，其夹角为 36°。因此，沿中心轴每旋转一周包含有 10 个碱基对。

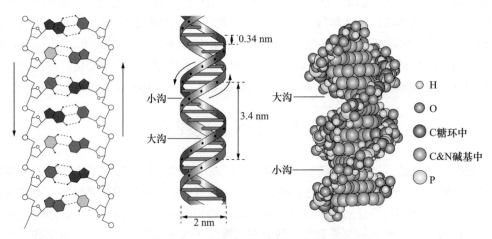

图 1.1　B 型 DNA 双螺旋结构模型
（左为分子结构图，中为简图，右为空间结构模型）

构成DNA分子的两条多聚核苷酸链主要依靠彼此碱基之间形成的氢键和碱基堆积力联结起来。由于两条链之间的距离是一定的,链间的碱基不能随意配对,腺嘌呤只能和胸腺嘧啶通过两个氢键配对(A=T),鸟嘌呤只能和胞嘧啶通过3个氢键配对(C≡G),两条链才能彼此吻合,这种碱基之间的配对方式称为碱基互补。根据碱基互补配对原则,当一条核苷酸链的碱基序列被确定以后,即可推知另一条互补链的碱基序列。碱基互补原则具有重要的生物学意义,DNA的复制、转录和反转录都是以碱基互补配对作为分子基础,它不仅反映出DNA碱基组成的等比规律,同时也是描述遗传信息传递和表达规律的中心法则的结构基础。

(二)维持双螺旋结构稳定状态的因素

DNA双螺旋结构之所以很稳定,主要有氢键、碱基堆积力和离子键等作用力在其中起作用。

1. 氢键 两条多聚核苷酸链互补碱基对之间通过氢键相联系,是维持DNA双螺旋结构稳定的主要作用力之一。在双螺旋中,由于互补碱基对G与C之间有3个氢键,A与T之间有两个氢键,所以G≡C碱基对比A=T碱基对更稳定,因此双螺旋结构的稳定性与G、C的百分含量成正比(图1.2)。

2. 碱基堆积力 碱基堆积力(base stacking force)是维持DNA双螺旋结构的最主要的作用力,这是由于含疏水芳香环的碱基受水分子排斥而形成有规律的堆积,在上下相邻芳香环上的π电子云交错(overlapping)而形成的一种力。其结果是双螺旋结构内部形成了强有力的疏水区,与周围极性的水分子介质隔开,有利于互补碱基间形成氢键,从而稳定双螺旋结构。

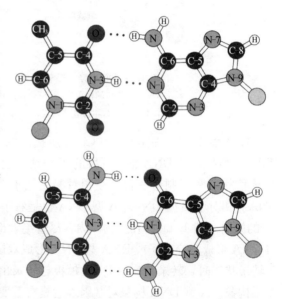

图1.2 DNA分子中的碱基配对模式

3. 离子键(盐键) 双螺旋外侧带负电荷的磷酸基团与介质中的阳离子之间形成离子键,可以有效地屏蔽磷酸基团之间的静电斥力,对维持双螺旋结构的稳定具有重要的作用。

此外,存在于DNA分子中的其他弱键在维持双螺旋结构的稳定上也起一定作用。

(三)DNA二级结构的多态性

Watson和Crick所提出的DNA双螺旋结构模型又称为B型DNA,是生理条件下DNA呈现的最普遍的构象形式。除此之外,在细胞中还观察到与B型DNA结构参数有显著差异的其他一些双螺旋DNA,如A型DNA和Z型DNA等。这一现象称为DNA二级结构的多态性(polymorphism)。

DNA结构具有多态性是因为DNA分子具有高度弹性。这种弹性表现在组成DNA的脱氧核糖-磷酸骨架上的许多单键可以在一定程度上自由转动,脱氧核糖存在不同的折叠构象,而核苷中戊糖和碱基之间的C—N糖苷键也可以自由转动,从而形成不同构象(图1.3a)。

当嘧啶碱基（或嘌呤碱基的嘧啶部分）的 C-2 位于糖环上方时称为顺式（cis）构象，反之则为反式（anti）构象（图 1.3b）。由于立体化学的空间位阻限制，嘌呤碱相对于脱氧核糖而言有反式和顺式构象，嘧啶碱通常仅限于反式构象。

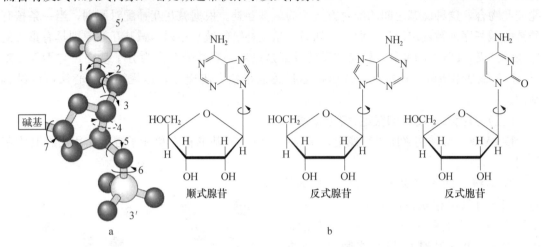

图 1.3　DNA 分子结构的弹性与核苷的顺式构象与反式构象
a. DNA 中核苷酸的构象因 7 个不同键的旋转而受影响，其中 6 个自由转动，第 4 个键使糖环折叠（内式、外式）　b. 核苷的顺式构象与反式构象

1. A 型 DNA　Watson 和 Crick 所提出的 B 型 DNA 的双螺旋结构是根据 Franklin 和 Wilkins 所提供的 DNA 钠盐纤维的 X 射线衍射分析结果推导出来的，此 B 型 DNA 是在相对湿度为 92％时制备获得。在相对湿度低于 75％时获得的 DNA 钠盐纤维构象称为 A 型 DNA。相对于 B 型 DNA，A 型 DNA 也是右手螺旋，但碱基平面相对于螺旋的中心轴有约 25°的倾斜（图 1.4a）。在生物体内，尽管绝大部分的 DNA 均以 B 型 DNA 存在，但当 DNA 与 RNA 形成杂交分子或 RNA 与 RNA 形成双链螺旋结构时，常呈现 A 型构象。在 DNA 处于转录状态时，转录鼓泡中 DNA 模板与转录出来的 RNA 链间形成的暂时的双链分子就是 A 型构象。A 型 DNA 构象对基因表达具有重要意义。

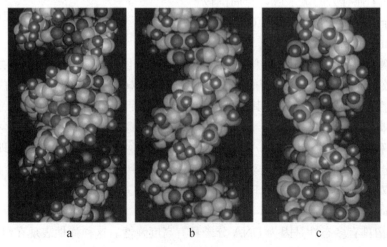

图 1.4　A 型、B 型和 Z 型 DNA 结构比较
a. A 型 DNA　b. B 型 DNA　c. Z 型 DNA

2. 左旋 DNA（Z 型 DNA） 1979 年，Rich 等在对人工合成的脱氧六核苷酸片段 d(CGCGCG) 的结晶体进行 X 射线衍射分析时，发现在这种晶体形成一种独特的左手双螺旋结构（图 1.4c）。由于磷酸基团在脱氧核糖-磷酸骨架上的走向呈"Z"形锯齿状，故命名为 Z 型 DNA。Z 型 DNA 也是 DNA 的一种稳定的构象，常以局部结构存在于 B 型 DNA 中。Z 型 DNA 结构在天然 DNA 分子中存在的广泛性以及在生物体内的功能等有待进一步研究。

Z 型 DNA 的发现曾一度动摇了右手双螺旋学说，被认为是 20 世纪 70 年代继限制性核酸内切酶、逆转录酶之后的又一重大发现。由于当时用 B 型 DNA 的解链过程来解释 DNA 的复制、转录以及 DNA 与蛋白质的相互作用时遇到困难，人们希望能通过对 Z 型 DNA 构象的进一步研究，揭开 DNA 生物学功能的奥秘。但是，迄今并没有发现其在 DNA 复制、转录等过程中扮演重要的角色，Z 型 DNA 可能只是右手螺旋结构模型的一个补充和发展。

在生理状态下，B 型 DNA 可转变为 A 型 DNA 或 Z 型 DNA，也可以再恢复原来的构象，3 种类型的 DNA 可能处在一个动态平衡状态。通常这种构象状态的转变并不影响 Watson 和 Crick 所定义的 DNA 双螺旋结构的关键特征：链间互补，反相平行，A═T 及 C≡G 碱基配对。A 型、B 型和 Z 型 DNA 的一些结构特征见表 1.2。

表 1.2　A 型、B 型和 Z 型 DNA 的一些结构特征

	A 型	B 型	Z 型
螺旋方向	右手	右手	左手
直径	2.6 nm	2.0 nm	1.8 nm
螺旋一周包含的碱基数	11	10.5	12
每个碱基螺旋上升高度	0.26 nm	0.34 nm	0.37 nm
碱基平面与螺旋轴的夹角	20°	6°	7°
戊糖折叠构象	C-3′内式	C-2′内式	嘧啶 C-2′内式、嘌呤 C-3′内式
糖苷键构象	反式	反式	嘧啶反式，嘌呤顺式

（四）DNA 的特殊序列与特殊结构

就某一特定的 DNA 序列来说，也存在着局部多态性。在 DNA 长链某处的一段特殊序列可形成一些特殊结构，如回文序列与镜像重复、三螺旋与四螺旋 DNA 等，并且也会发生螺旋形式转换（helical transition），如 B-Z 转换，从而影响它邻近 DNA 片段的功能和代谢。

1. 回文序列与镜像重复 双链 DNA 上某区段两条链的序列相同，但方向相反，即每条单链以 5′→3′方向阅读时都是相同的，这段具有二重旋转对称性结构的序列称为反向重复（inverted repeat）序列或回文序列（palindromin sequence）。回文序列中两条 DNA 互补链中每一条都可发生链内互补，因而具有单链内形成发夹（hairpin）结构或双链内形成十字形结构（cruciform structure）的倾向（图 1.5）。十字形结构有茎、环两部分，碱基配对的茎部是保持十字形结构稳定的重要因素，而不配对的环则属于不稳定因素。与 DNA 双螺旋相比，十字形结构中氢键减少，而且失去了一部分碱基堆积力的相互作用，因而稳定性不如双螺旋 DNA。几乎所有的大分子 DNA 中均含有这些序列。

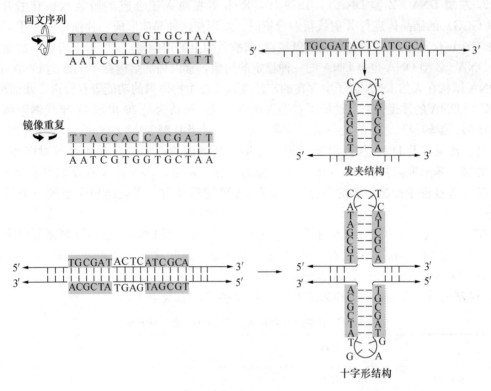

图 1.5　回文序列与镜像重复及回文序列形成的发夹结构与十字形结构

镜像重复（mirror repeat）是在同一条 DNA 链上没有互补序列，但以某中心轴形成两侧对称结构（图 1.5），它不能形成发夹结构或十字形结构，但能形成三螺旋结构（图 1.6）。

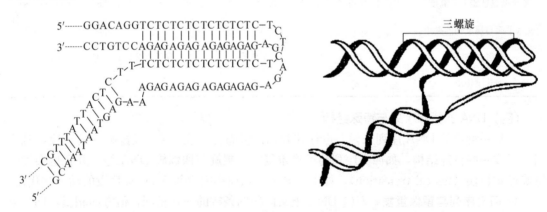

图 1.6　H-DNA 的结构

2. 三螺旋 DNA　Pauling 等最早提出了 DNA 可以具有三螺旋结构，即单链 DNA 可与双链 DNA 分子中的碱基发生相互作用。胞嘧啶质子化后可以和 G≡C 碱基对中的 G 形成 $C^+\equiv G\equiv C$ 配对，T 可以和 A=T 碱基对中的 A 形成 A=T=A 配对，这种非 Watson-Crick 碱基配对形式因其发现者而命名为 Hoogsteen 配对。第三条链在双链 DNA 的大沟中与双链中的一条链互补配对，从而自发地形成 3 股螺旋 DNA，因其高度质子化称为 H-DNA。三螺旋中的第三股链可以来自分子间，也可以来自分子内。分子内折叠形成的三螺旋因其形状又被称为铰链 DNA（hinge-DNA），也简称 H-DNA。一般在酸性 pH 或负超螺旋张力的情况下，富含多聚嘧啶核苷酸或多聚嘌呤核苷酸的镜像重复序列区可发生由 B-DNA 向 H-DNA 的转变（图 1.6）。

3. 四螺旋 DNA　利用 X 射线衍射技术，科学家研究发现多聚鸟苷酸采取的是四螺旋 DNA 的结构形式，其结构单元是鸟嘌呤四联体（G-quartet），即 4 个 G 有序地排列在一个正方形片层中，相邻碱基之间以非正常的 G≡G 氢键相连，形成首尾相接的环形结构，以螺旋方式堆积而成。

真核生物染色体的端粒中富含 G 序列，在一定条件下可采取以 G 四联体为基本单位的四螺旋 DNA 结构。免疫球蛋白铰链区基因序列中富含 G 的部位、成视网膜细胞瘤敏感性基因和 tRNA、*SupF* 基因上的一些特殊序列也可产生以 G 四联体为基础的结构。近年研究表明，人的活细胞中也存在四螺旋 DNA 的结构，特别是在迅速分裂的细胞（如癌细胞）中。

严格地来讲，三螺旋和四螺旋 DNA 都属于 DNA 的三级结构。

三、DNA 的三级结构

DNA 的三级结构是指双螺旋 DNA 分子在二级结构的基础上，进一步通过扭曲和折叠所形成的特定空间构象。核酸的三级结构反映了对其整体三维形状有影响的相互作用。超螺旋是一种代表性的 DNA 三级结构形式。

（一）环形 DNA 与其拓扑学特征

当 DNA 双螺旋分子在溶液中以一定构象自由存在时，双螺旋处于能量最低的松弛（relaxed）态。如果将 DNA 分子额外地多转几圈或少转几圈，就会在 DNA 双螺旋中产生张力，如果这种张力不能释放掉，DNA 分子就会发生扭曲以抵消这种张力，这种扭曲 DNA 称为超螺旋 DNA（superhelix DNA），这种状态称为紧张（intension）态。许多 DNA 是双链环状分子，如细菌基因组 DNA、质粒 DNA、叶绿体 DNA、线粒体 DNA 以及某些病毒 DNA 等。如果双链环状 DNA 的两条链都是闭合的，则称为共价闭环 DNA（covalently closed circular DNA）；如双链环状 DNA 的一条链断裂，则称为开环 DNA（open circular DNA）；如环状 DNA 双链断裂，则称为线性 DNA（linear DNA）。闭环 DNA 常呈超螺旋结构，而开环和线性 DNA 常呈松弛态。

这是因为双螺旋都可以通过一条链相对于另一条链的旋转来释放由外界环境作用产生的张力，恢复松弛态。但对于闭环双螺旋来说，由于不存在自由末端，故当外界环境作用力使之处于过度缠绕或缠绕不足状态时，它只能通过双螺旋自身盘绕形成超螺旋（supercoiling）来缓解扭曲张力（图 1.7）。真核细胞基因组 DNA 虽然是线性的，但由于分子巨大，经过反复盘绕折叠后，局部往往形成许多相当于

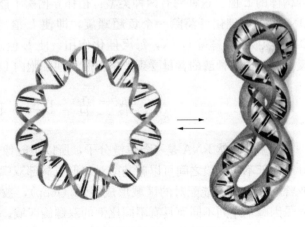

图 1.7　环状 DNA 形成超螺旋

封闭的环状结构，这种封闭结构使得 DNA 分子也能形成超螺旋。

环状 DNA 具有一些重要的拓扑学（topology）特性。其中，连环数（L）、扭转数（T）和缠绕数（W）的关系可以用 $L=T+W$ 来表述。连环数（linking number）就是环状 DNA 一个重要的拓扑学特征，它是指在双螺旋 DNA 中，一条链以右手螺旋缠绕另一条链的次数。L 值不随形状变化而变化，只有当双螺旋 DNA 断裂成为开环状态时才改变这一特征。扭转数（twisting number）是指 DNA 分子中的 Watson-Crick 螺旋数，一般右手螺旋 DNA 的扭转数为正值，B 型 DNA 的 T 值为碱基对数/10.5（10.5 为 B 型 DNA 每圈螺旋所含的碱基对数）。缠绕数（writhing number）即为超螺旋数，根据超螺旋的方向可以为正值，也可以是负值。在一个完整的环状双螺旋分子中，L 为常数，数值必须是整数；而 T 和 W 是变量，数值可以是小数。当双螺旋分子形成超螺旋时，ΔT 和 ΔW 数值相等，方向相反。

一级结构相同而 L 值不同的超螺旋 DNA，称为拓扑异构体（topoisomer）。当拓扑异构体 L 值相差为 1 时，就可以用琼脂糖凝胶电泳的方法将它们分开。

DNA 的超螺旋程度可用比连环差（specific linking difference，λ）来表示，比连环差又称为超螺旋密度（superhelical density），其计算公式如下：

$$\lambda = \tau/L_0 = (L-L_0)/L_0$$

τ 为超螺旋绕数（superhelical winding number），是指 L 与 L_0 间的差值。L 为连环数。L_0 为双链缠绕数（duplex winding number），是指松弛态 DNA 的连环数，它代表了 DNA 最低能量状态的构象。如果 DNA 为松弛态，则 $L=L_0$。当环状 DNA 分子的连环数大于构象决定的螺旋圈数时，DNA 呈正超螺旋，τ 为正值。反之，DNA 呈负超螺旋，τ 为负值。负超螺旋易于解链，有利于 DNA 复制、重组和转录等功能的进行。

DNA 分子形成超螺旋具有两方面的生物学意义：一是超螺旋 DNA 具有更紧密的形状，因此在 DNA 组装中具有重要作用；二是形成超螺旋可以改变双螺旋的解开程度，影响 DNA 分子与其他分子的相互作用，从而执行正常的生物功能。

（二）拓扑异构酶

对于一个环形 DNA 分子来说，L 值的变化必然涉及核酸链中核苷酸之间共价键的断裂。能使多聚核苷酸链发生瞬间切开和连接，从而改变 DNA 分子拓扑状态的酶称为拓扑异构酶（topoisomerase）。它可以催化 DNA 由一种拓扑异构体转变为另一种，改变 DNA 拓扑异构体的 L 值。这种酶有两种类型：拓扑异构酶 I 能使双链超螺旋 DNA 转变成松弛型环状 DNA，每次催化可消除一个负超螺旋，即使 L 值增加 1；拓扑异构酶 II 可使松弛型环状 DNA 变成负超螺旋 DNA，每次催化作用，使 L 值减少 2。两种拓扑异构酶的作用正好相反，细胞内两种酶的含量受到严格控制，使细胞内 DNA 保持在一定的超螺旋水平。

第三节　RNA 的结构

大多数天然 RNA 是一条单链分子，所以不能像 DNA 一样呈整体的双螺旋结构，但在分子内部不同区段之间可以碱基配对，形成局部双螺旋结构。碱基配对部分称为茎（stem）或臂（arm）；不能配对的区域形成突环（loop），被排斥在双螺旋结构之外。不同的 RNA 分子因碱基序列不同而具有不同比例的双螺旋区域。

从含量上看，动物、植物和微生物细胞内都含有 3 种主要 RNA，即核糖体 RNA（ribosomal RNA，rRNA）、转运 RNA（transfer RNA，tRNA）和信使 RNA（messenger RNA，mRNA），它们都参与蛋白质的生物合成。除此之外，真核细胞中还有少量其他具有重要功能的 RNA，如核内小 RNA（small nuclear RNA，snRNA）、非编码小 RNA（small non-coding RNA，sncRNA）以及长链非编码 RNA（long non coding RNA，lncRNA）等。细菌中也有多种非编码小 RNA。

一、tRNA 的结构

tRNA 是蛋白质生物合成过程中氨基酸的转运工具，分子质量较小，一般由 70～90 个核苷酸组成，沉降系数在 4S 左右。细胞内 tRNA 的种类很多，每一种用于蛋白质合成的氨基酸都有相应的一种或几种 tRNA。tRNA 的二级结构呈三叶草形，一般由四臂四环组成，即氨基酸臂、二氢尿嘧啶臂和二氢尿嘧啶环、反密码子臂和反密码子环、额外环、TΨC 臂和 TΨC 环等（图 1.8）。

tRNA 的三级结构像一个倒写的字母"L"，氨基酸臂与 TΨC 臂形成一个连续的双螺旋区，构成字母"L"下面的一横。而二氢尿嘧啶环与反密码臂构成字母"L"的一竖。二氢尿嘧啶环和 TΨC 环组成字母"L"的拐角，反密码子环位于"L"的顶端（图 1.9）。

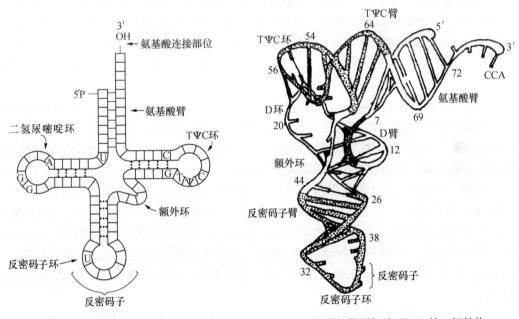

图 1.8 tRNA 的二级结构　　　　图 1.9 酵母苯丙氨酸 tRNA 的三级结构

二、mRNA 的结构

大多数真核细胞 mRNA 在 3′ 末端有一段长约 200 个核苷酸的多聚腺苷酸结构［polya-denylic acid，poly（A）］，它是在转录后经 poly（A）聚合酶的作用添加上去的。poly（A）聚合酶对 mRNA 专一，不作用于 rRNA 和 tRNA。某些病毒 mRNA 也具有 poly（A），但原核生物的 mRNA 一般无 3′-poly（A）。poly（A）与 mRNA 从细胞核到细胞质的转运有关，也与 mRNA 的半衰期有关。新合成的 mRNA 的 poly（A）较长，而衰老的 mRNA 的

poly（A）较短。最新研究表明，poly（A）可能是 mRNA 降解的信号，一些暂时不翻译而需长期储存的 mRNA 需要切去 poly（A）序列，等翻译时再重新添加上。

真核细胞 mRNA 5′末端还有一个特殊的结构：$5'-m^7G-5'PPP5'-NmP-3'$，称为 5′-帽子（cap）。一般 5′末端的鸟嘌呤 N-7 位被甲基化，且鸟嘌呤核苷酸经焦磷酸与相邻的一个核苷酸以 5′，5′-焦磷酸二酯键相连，这种结构有抗 5′-核酸外切酶降解的作用，同时也是 mRNA 翻译起始所必需的。

三、rRNA 的结构

rRNA 在所有种类 RNA 中含量最高，占细胞 RNA 总量的 80% 左右，构成核糖体的骨架。大肠杆菌核糖体中有 3 类 rRNA，分别是 5S rRNA、16S rRNA 和 23S rRNA。真核细胞核糖体中 rRNA 有 4 种，分别是 5S rRNA、5.8S rRNA、18S rRNA 和 28S rRNA。RNA 的二级结构没有典型的特征，由一系列连续的茎-环组成。

四、RNA 功能的多样性

在细胞生物中，只有 DNA 是遗传物质。但在某些病毒中只有 RNA 而没有 DNA，因而 RNA 就是其遗传物质。1956 年，德国科学家 Conrot 将分离出的烟草花叶病毒的蛋白质和 RNA 分别涂抹在健康的烟草叶片上，结果发现只有涂抹 RNA 的叶片发病，而涂抹蛋白质组分的叶片未发病，证明 RNA 是遗传物质。类病毒（viroid）则是一类比较特殊的 RNA 病毒，它一般是分子质量很小的环状 RNA 分子，没有蛋白衣壳，RNA 本身就是一个感染因子。

20 世纪 80 年代以来，对 RNA 的研究取得了一系列生命科学领域最富挑战性的成果，揭示了 RNA 功能的多样性和重要性。目前，RNA 研究已成为最活跃的研究领域之一，已有的研究表明，RNA 广泛参与调控转录后加工与修饰、蛋白质合成、生物催化等遗传信息的表达与进化过程。下面仅就几种功能 RNA 进行简要介绍。

1. 核酶 1981 年，Cech 发现四膜虫 26S rRNA 前体能够自我拼接切除内含子，表明 RNA 具有催化功能。1983 年，Altman 和 Pace 发现在将 RNaseP（由 20% 蛋白质和 RNA 组成）的蛋白质组分除去后，剩余的 RNA 部分仍具有对某种 tRNA 前体进行加工的活性。后来又陆续发现了一些具有催化活性的 RNA。这类具有催化活性的 RNA 称为核酶（ribozyme），核酶的发现是对"酶是蛋白质"的传统观念的一次大的冲击，也是对酶的概念的重要补充。

2. 反义 RNA 反义 RNA（antisense RNA）是 Mizuno、Simous 和 Kleckner 等于 1983 年同时发现的，是指通过与靶 mRNA 互补而干扰 mRNA 翻译的一类小 RNA 分子。

反义 RNA 抑制基因表达的作用体现在抑制靶基因转录、影响靶 mRNA 前体的剪切、抑制靶 mRNA 的翻译和促进靶 RNA 的降解等方面。目前，反义 RNA 技术在基因功能等理论研究和新品种选育中已被广泛应用。

3. siRNA 和 miRNA 小的干涉 RNA（small interfering RNA，siRNA）和微小 RNA（microRNA，miRNA）长 21~30 个核苷酸，主要在转录与转录后水平上调节靶基因的表达。近年研究显示，人类至少 1/3 基因的表达受到 miRNA 的调控。当 siRNA 和 miRNA 与特定靶 mRNA 的碱基完全互补配对时，可介导靶 mRNA 的切割，从而抑制靶 mRNA 的表达。而 siRNA 和 miRNA 与靶 mRNA 只能部分互补配对时，它们一般不能介导靶 mRNA 的切割，而是阻滞 mRNA 的翻译。siRNA 和 miRNA 的主要区别可能是在起源上，而不是在功能上。

4. lncRNA 近年研究显示，人类基因组中的转录物只有 1/5 编码蛋白质，这说明相对于编码 RNA 序列，至少有 4 倍多的基因组转录物不直接参与指导蛋白质的合成。其中长链非编码 RNA 就是很重要的一类非编码 RNA。lncRNA 是一类长度超过 200 个核苷酸且不编码蛋白质的转录物。它有着与 mRNA 类似的分子特性，包括 5′端有帽子、受到剪接及多聚腺苷酸化，但只有很小的开放阅读框（ORF）或根本没有。长链非编码 RNA 总体来说保守性较低，但是许多长链非编码 RNA 也具有较强的保守元件。这类 RNA 起初被认为是基因组转录的"噪声"，不具有生物学功能。近几年，越来越多的证据提示大多数长链非编码 RNA 具有功能，如在表观遗传、转录及转录后水平上调控基因表达，参与 X 染色体沉默、基因组印记以及染色质修饰、转录激活、转录干扰、核内运输等多种重要的调控过程，与人类疾病的发生有着密切联系。

复习思考题

1. Watson 和 Crick 提出的 DNA 双螺旋结构模型的主要特点是什么？
2. 稳定 DNA 双螺旋结构的因素有哪些？
3. 何谓 DNA 二级结构的多态性？DNA 结构具有多态性的原因是什么？
4. 回文序列与镜像重复有何序列特征？
5. 什么是 DNA 的超螺旋结构？有哪些类型？
6. 试总结 RNA 功能的多样性。

第二章 基因与基因组

第一节 基　　因

一、基因的概念

基因是生物（原核生物、真核生物或病毒）的遗传物质（DNA 或 RNA）中具有遗传效应的核苷酸序列，是遗传的基本单位和突变单位，也是控制性状的功能单位。具体的讲，基因是编码一条多肽链或功能 RNA（tRNA、rRNA、mRNA 等）所必需的全部核苷酸序列。它不仅包括编码序列，还包括保证转录和翻译正常进行所必需的调控序列，如上游调控区、启动子、5′端非翻译区、内含子、3′端非翻译区和终止子等。

事实上，对基因涵义的诠释是随着生命科学的进步而不断发展的。1909 年，丹麦科学家 Johannsen 首次提出了"基因"这个名词，用它来定义一种生物中控制任何性状且遗传规律符合 Mendel 定律的遗传因子。1910 年，美国遗传学家 Morgan 发现基因可以发生突变。1941 年，Beadle 和 Tatum 提出"一个基因一种酶"假说，认为一个基因仅仅参与一种酶的生成，决定该酶的特异性而且影响表型。这种假说后来证明是不准确的，因为有的基因能决定具有两种或两种以上作用的酶，有时几个基因所决定的多肽链通过聚合才能发挥作用。1950 年，美国遗传学家 McClintock 在玉米染色体组中首次发现了移动基因。1957 年，美国分子生物学家 Benzer 将基因具化为 DNA 分子上的一段序列。1977 年，科学家提出了重叠基因和假基因的概念，同年还发现很多基因是不连续的（断裂基因）。

二、基因的结构

原核生物基因和真核生物基因都可分为编码区和调控区两部分。典型基因的编码区就是能够编码蛋白质的序列，能转录为相应的 mRNA，进而指导多肽链合成的 DNA 序列。调控区一般不能转录和（或）不能翻译，但是对遗传信息的表达是必不可少的，因为在调控区上有控制遗传信息表达必需的核苷酸序列。转录调控区一般位于转录区的上游和下游，翻译调控区在转录区的两端或内部。对某些基因的表达来说，编码区和调控区并非两种固定不变、非彼即此的基因序列，而是可以相互转换，甚至重叠。

1. 原核生物基因的结构　原核生物的基因以操纵元（operon）的形式存在，是由多个结构基因连在一起，受同一个调控序列的调控，转录成一条多顺反子 mRNA，经过翻译和加工产生多种蛋白质。这里所说的结构基因实际上是指编码任何蛋白质或功能 RNA 的转录区，并非真正意义的基因。典型的原核生物基因的编码区包括多个结构基因，调控区包括在结构基因 5′端上游的操作子（operator）和启动子（promoter）序列以及 3′端下游的终止子序列（图 2.1）。

2. 真核生物核基因的结构　真核生物中大多数编码蛋白质的核基因是不连续的，称为断裂基因。断裂基因是指基因内部的编码区插入了非编码序列，将一个完整的编码区分隔成

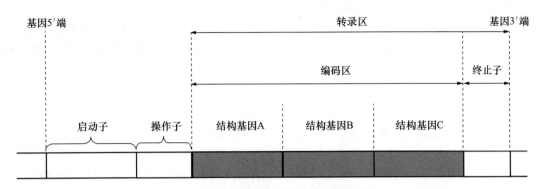

图 2.1　典型的原核生物基因结构模式图

不连续的若干区段。基因的不连续性在真核细胞中是一个普遍的现象，在低等真核生物的线粒体和叶绿体中也有断裂基因，但在原核生物基因组中极为少见，目前只在古细菌和大肠杆菌的噬菌体中发现了基因断裂现象。

真核生物核基因的编码区包括外显子和内含子。我们把基因中有编码功能的区段称为外显子（exon），而没有编码功能的区段称为内含子（intron）。在转录时，内含子和外显子一起被转录，产生一个 mRNA 前体，即核不均一 RNA（hnRNA），然后经过一个剪接过程，将 hnRNA 中的内含子去掉，将剩余的外显子连在一起，然后再经过加工，产生成熟的 mRNA。尽管内含子在转录后加工过程中被剪切掉，但它在生物遗传信息的传递和表达过程中发挥了重要作用，主要体现在：①促进 DNA 重组；②增加基因组的复杂性；③基因组中内含子和外显子是相对的，有些内含子可以具有编码功能，能产生蛋白质；④含有部分 RNA 剪接信号；⑤对基因表达具有调控作用；⑥产生核仁小 RNA 和 miRNA。真核生物核基因的调控区包括上游调控区、启动子、5′端非翻译区、内含子、3′端非翻译区、终止子等（图 2.2）。

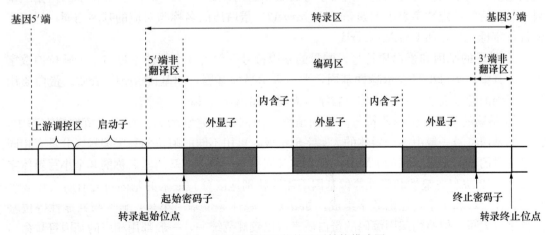

图 2.2　典型的真核生物核基因结构模式图

三、基因的命名

随着分子生物学的快速发展，多种生物的基因组被测序，更多的基因也不断地被鉴定。

为了避免基因和蛋白质的命名及其编排发生混乱，需要一个统一的命名规则。根据国际知名杂志《遗传学进展》(*Trends in Genetics*，TIG) 编辑部编写的《TIG 遗传命名指南》，我们总结了模式生物的一般命名规则，旨在帮助广大分子生物学研究人员了解基因和蛋白质名称的构成及书写规范。

1. 基因命名的一般规则

① 每一个基因的名称具有唯一性，基因名称中不应含标点符号。

② 基因符号是基因名称的缩写，一般不超过 6 个字母。

③ 基因符号应由拉丁字母或其与阿拉伯数字组合而成。

④ 基因符号的第一个字符一般是字母，随后的字符可以是字母或字母与数字的组合。

⑤ 基因符号在书写时应在同一行，一般不在基因符号中使用上标或下标。

⑥ 基因符号一般不使用罗马数字，可以将已使用的罗马数字改为相应的阿拉伯数字。

⑦ 基因符号一般不使用希腊字母，可以将已使用的希腊字母改为拉丁字母，在以希腊字母为前缀的基因符号中须将它改成相应的拉丁字母并放在基因符号的后面。

⑧ 同源基因应有相同的命名，并在基因名称后面加"L"表示类似的 (like) 或加上数字编号表示同一物种的多个同源基因；也可用特殊符号区分来自不同物种的同源基因，可在基因符号前加 2~3 个字母代码，如 HSA 代表人 (*Homo sapiens*)，MMU 代表小家鼠 (*Mus musculus*)，At 代表拟南芥 (*Arabidopsis thaliana*) 等。

⑨ 基因符号应简洁和特异，并能表达基因的功能或特性。

⑩ 基因命名应尽量避免出现基因表达的组织特异性或分子质量，但有些基因是根据蛋白质的分子质量来分类，如热休克蛋白 (HSP, heat shock protein)，基因符号中常出现分子质量。

2. 不同物种基因和蛋白质的表达规范

① 细菌的基因和蛋白质符号。细菌的基因符号一般由 3 个小写斜体字母组成，具有相同表型的不同基因座突变用斜体大写字母后缀相区别，如 *uvrA*、*uvrB*。等位基因用紧随基因座名称后的特定数字表示，如 *araA1*、*araA2*。蛋白质的名称与对应的基因相同，但用正体且首字母大写，如 UvrA、UvrB。

② 酵母的基因和蛋白质符号。酵母的基因符号一般由 3 个斜体字母与 1 个阿拉伯数字组成。其中，字母小写表示隐性基因，大写表示显性基因，如基因 *arg1*、*leu2*。蛋白质用相应基因的符号表示，一般正体且首字母大写，如 Arg1、Leu2。

③ 植物的基因和蛋白质符号。不同植物基因的命名差别较大。在模式植物拟南芥中，野生型基因符号一般由 3 个斜体的大写字母组成，可用不同的阿拉伯数字编号区分具有相同字母符号的不同基因座，如 *EMB1*。突变体基因符号用相应的基因座名称的 3 个小写斜体字母命名，如 *emb1*，显性和隐性等位基因不需要特别地区分。玉米的基因符号有时会用 3 个小写斜体字母和 1 个阿拉伯数字组成，如 *dek1*。隐性等位基因小写，显性与共显性等位基因首字母大写。但植物基因编码的蛋白质表示比较规范统一，一般都用相应的基因符号命名且正体大写，如 EMB1。

④ 动物的基因和蛋白质符号。果蝇的基因符号通常用斜体，小写表示隐性突变基因，首字母大写则表示显性突变基因。蛋白质用相应的基因符号来命名，正体大写。线虫用 3 个小写斜体字母表示突变基因，如存在不止一个基因座，则在连字符后用数字表示，如基因

unc-86、*ced-9*，蛋白质表示为 UNC-86、CED-9。小鼠的基因符号通常用 2～4 个斜体字母和阿拉伯数字表示，首字母大写，如 *Es1*。蛋白质则表示为 ES1。人类基因符号一般为大写斜体拉丁字母或其与阿拉伯数字的组合，如基因 *MYC*、*ENO1*，蛋白质则表示为 MYC、ENO1。

四、基因与染色体

（一）原核生物的染色体

原核生物没有核膜，遗传物质以裸露的核酸分子存在，虽然与少量蛋白质结合，但不形成染色体结构，不过习惯上原核生物的核酸分子也常被称为染色体。在与核酸分子结合的少量蛋白质中，有的与 DNA 折叠有关，有的则参与 DNA 复制、重组及转录过程。原核生物一般只有一个染色体，这个染色体含一个核酸分子（DNA 或 RNA），DNA 大多为双螺旋结构，少数以单链形式存在，而且大多数为环状结构，少数为线状。基因就位于这个核酸分子之内，有些基因之间还出现重叠现象。此外，在很多细菌中染色体 DNA 集中的核区之外，还含有一些染色体外的遗传物质，称为质粒。质粒是一种小的环状 DNA 分子，在一个细胞中可以有几个到数百个拷贝。

（二）真核生物的染色体

真核生物的遗传物质是 DNA，主要位于由双层膜包被形成的一个结构分明的细胞核中。细胞核中的 DNA 与核蛋白构成一种致密的结构，即染色体。一个真核生物的染色体（单体）中只含一个完整的 DNA 分子，并且大多数是线性且不具分支的，其分子质量很大。由于一个真核生物细胞内含有多条染色体，因此也就含有多个 DNA 分子。

真核生物的染色体在细胞生活周期的大部分时间里是以染色质的形式存在的。染色质分为常染色质和异染色质，常染色质结构的折叠压缩程度比较小，密度较低，而异染色质则相反。染色质是由其基本结构单位——核小体——成串排列而成的。每个核小体包括 200 bp 左右的一段 DNA、一个组蛋白八聚体和一分子的组蛋白 H1。组蛋白八聚体的核心颗粒是由组蛋白 H2A、H2B、H3 和 H4 各两分子组成。

真核生物的基因按照一定的顺序排列在染色体的 DNA 链上，某个或某些基因需要复制或表达时，伴随着染色体结构的改变。染色体局部变成结构疏松的常染色质，核小体中的组蛋白脱离从而暴露出 DNA 链，在酶促作用下完成 DNA 的复制或转录之后，又恢复到原来的染色质状态。此外，真核生物也有染色体外遗传物质，如叶绿体、线粒体等细胞器都含有一定的 DNA 序列，其中大部分是具有遗传功能的基因。在某些低等真核生物（如酵母）中，也有质粒 DNA。

1. 核小体 染色体上的蛋白质主要包括组蛋白（histone protein）和非组蛋白（nonhistone protein）。组蛋白主要作为染色体的结构蛋白，与 DNA 构成核小体（nucleosome）（图 2.3）。核小体是染色体 DNA 的基本结构单位，真核细胞中大多数 DNA 都被包装进核小体。每个核小体包括长 200 bp 左右（150～250 bp）的 DNA 和一个组蛋白八聚体，以及一分子的组蛋白 H1。组蛋白八聚体核心颗粒由 H2A、H2B、H3 和 H4 各两分子所组成，因而这 4 种组蛋白又常称作核心组蛋白（core histone）。DNA 像线缠绕线轴一样绕在组蛋白八聚体核心颗粒表面上约 1.75 圈，称为核心 DNA（core DNA）。位于两个核心颗粒之间的 DNA 称为连接 DNA（linker DNA），蛋白质 H1 就位于连接 DNA 上。

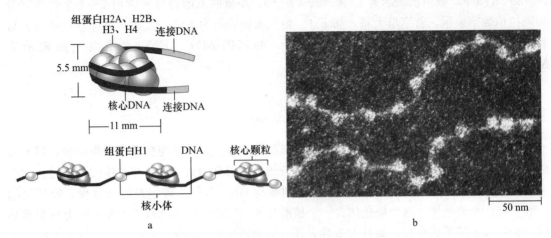

图 2.3　核小体及其串联成染色质结构示意图（a）及其电镜照片（b）

通过核酸酶处理，能降解"裸露"DNA 而不能降解与蛋白质结合的 DNA，可将核小体之间的连接 DNA 降解，获得核小体，进而确定核小体上 DNA 的长度。在所有的真核细胞中，核心 DNA 的长约 147 bp 是核小体的一个不变特征，而连接 DNA 的长度是可变的，距离一般是 20～60 bp，并且具有种属特异性。

在任何细胞中，总会有数段 DNA 没有被包装到核小体中，这些 DNA 区段一般参与基因的表达、复制或重组。这些 DNA 区段尽管未与核心组蛋白结合，但通常与参与组装及调控过程的非组蛋白结合。

2. 组蛋白　组蛋白是目前所知与真核 DNA 组装相关的丰度最高的蛋白质。组蛋白中碱性氨基酸含量较高，赖氨酸和精氨酸的含量超过 20%，因而是一种碱性蛋白质，其等电点一般在 pH10 以上。真核细胞一般包括 5 种组蛋白，即 H1、H2A、H2B、H3 和 H4。组蛋白 H2A、H2B、H3 和 H4 是核心组蛋白并形成蛋白核，核小体 DNA 盘绕其上。核小体的蛋白核是一个圆盘状的结构，只有当 DNA 存在时才能组装成一种有序的结构。没有 DNA 时，核心组蛋白在溶液中形成中间组装体。核心组蛋白是相对较小的蛋白质，分子质量一般为 11～15 ku，是真核生物中最保守的蛋白质之一。但在许多真核生物中仍然产生了一些特殊的变异体，它们的氨基酸序列与通常的组蛋白之间存在着差异。例如，在海胆中有 5 种组蛋白 H2A 的变异体，它们在不同的发育时期表达。

每个核心组蛋白 N 端具有一个没有固定结构的氨基酸尾巴，伸出核心颗粒之外，是完整的核小体中最易接近的部分（图 2.4）。虽然游离的 N 端尾巴对于 DNA 与组蛋白八聚体的结合是非必需的，但尾巴上有许多修饰位点，可以通过高度修饰改变个别核小体的功能。这些修饰包括丝氨酸和赖氨酸残基上的磷酸化、乙酰化和甲基化等。

组蛋白 H1 的分子质量约为 20 ku，其 N 端富含疏水氨基酸，C 端富含碱性氨基酸，保守性相对较差。组蛋白 H1 不是核小体核心颗粒的一部分，相反它与连接 DNA 结合，称为连接组蛋白（linker histone）。

3. 非组蛋白　染色体上除了组蛋白外，还存在许多其他蛋白质，统称为非组蛋白，种类很多，有 20～100 种，它们的含量表现出极端的不均一性。非组蛋白主要包括与 DNA 和组蛋白的代谢、复制、重组、转录调控等密切相关的各种酶类及形成染色质高级结构的支架

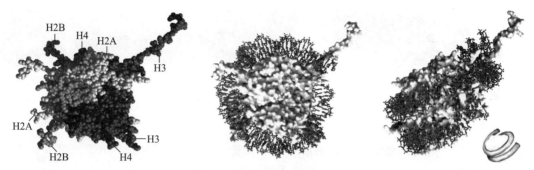

图 2.4　核心组蛋白 N 端的氨基酸尾巴
（引自 Nelson，2008）

蛋白（scaffold protein）和高迁移率群蛋白（high mobility group protein，HMG protein）等。这类蛋白质携带较高的电荷，在染色质组成以及基因表达调控中发挥各种各样的作用。

4. 核小体的组装　核小体的组装是组蛋白与 DNA 有序结合的动态过程。在没有 DNA 时，核心组蛋白在溶液中形成中间组装体；当 DNA 存在时，才能组装成一种有序的结构。4 种核心组蛋白在细胞中等量存在，而 H1 仅有其他组蛋白丰度的一半。组蛋白 H3 和组蛋白 H4 能够形成异源二聚体，然后两个二聚体形成一个四聚体。相反，组蛋白 H2A 和组蛋白 H2B 在溶液中形成异源二聚体而不是四聚体。H3-H4 四聚体的形成启动了核小体的组装，四聚体首先与双链 DNA 结合，然后两个 H2A-H2B 二聚体结合到 H3-H4-DNA 复合体上，形成核小体。核小体的形成是染色体中 DNA 压缩的第一个阶段，从 DNA 到串珠状核小体，DNA 被压缩了 7 倍。

5. 染色体的组装　在活细胞中，染色质中核小体很少以串珠状的舒展形式存在，它们往往堆积在一起形成有规律的排列，由直径 10 nm 的染色质细丝盘绕形成的螺旋管状 30 nm 粗丝，称为螺旋管（solenoid）。这种螺旋管是细胞分裂间期染色质和分裂中期染色体的基本组分。螺旋管的每一螺旋包含 6 个核小体，所以从串珠状核小体到 30 nm 染色质纤丝，DNA 被压缩了 6 倍（图 2.5）。从串珠状核小体到染色质纤丝的包装过程中有两个因素是必需的：一个因素是组蛋白 H1。此组蛋白可与 DNA 双螺旋的两个不同区域结合，一个结合位点是核小体一端的连接 DNA，另一结合位点位于核心 DNA 的中间。组蛋白 H1 的结合可以改变伸出核小体的 DNA 方向，使 DNA 的两个区域紧密靠近，核小体 DNA 的压缩更紧密且结构更固定。另一个因素是核心组蛋白伸出核心颗粒的尾巴。借助核小体间组蛋白 N 端尾巴的相互作用，才能将核小体串珠状结构折叠成 30 nm 纤丝。而组蛋白 N 端尾巴还常常被修饰，这些修饰也可能影响 30 nm 纤丝和其他高级核小体结构的形成。

30 nm 的染色质纤丝继续压缩，最终形成高度致密的染色体结构。从 DNA 到 30 nm 染色质纤丝的组装现在已比较清楚，但对于染色体高级结构的了解仍然十分有限。有研究表明，中期染色质是由 30 nm 螺旋线管缠绕而成的直径为 4 000 nm 的中空圆筒状细长纤丝，压缩比是 40。这个螺旋圆筒进一步压缩 5 倍便成为染色体单体。这样 DNA 总压缩比是 $7 \times 6 \times 40 \times 5$，将近 1 万倍。人类 22 号染色体是人类染色体中最小的一条，含有 4.8×10^7 对核苷酸，其伸展长度达 1.5 cm。然而在有丝分裂期间，这条染色体的长度仅为 2 μm，DNA 被压缩了 7 500 倍！

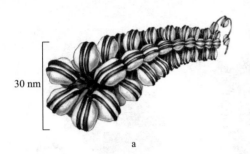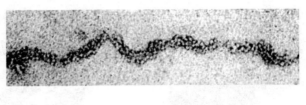

图 2.5　螺旋管状 30 nm 染色质纤丝示意图（a）及其电镜照片（b）

（引自 Nelson，2008）

第二节　基　因　组

一、基因组的概念

基因组的英文单词"genome"最早是在 1920 年由 Winkles 提出来的，它是由基因（gene）和染色体（chromosome）两个单词组成。所谓基因组，概括来说是指一个生物体内全部遗传信息的总和。这里所说的遗传信息主要是指作为遗传物质的 DNA 或 RNA 分子中的序列信息。

病毒是没有细胞结构的生命体，成熟的具有侵染力的病毒颗粒称为病毒粒子。病毒粒子一般由核酸分子和外面包裹的蛋白质衣壳组成，有的病毒在蛋白质的衣壳外面还存在包膜。一种病毒只含有一种类型的核酸分子（DNA 或 RNA），根据其核酸类型分别称为 DNA 病毒或 RNA 病毒。细菌病毒绝大多数是 DNA 病毒，真菌病毒和植物病毒绝大多数是 RNA 病毒，动物病毒中 DNA 病毒和 RNA 病毒存在都比较普遍。病毒基因组一般指病毒粒子中携带全部遗传信息的一整套核酸分子。大多数病毒粒子中只含有一种核酸分子，该核酸分子上的遗传信息就是该病毒的基因组。但也有少数 RNA 病毒含 2 种或 2 种以上的核酸分子，各核酸分子担负不同的遗传功能，它们一起构成了病毒的基因组，所以这些 RNA 病毒的基因组分别称为双组分基因组、三组分基因组或多组分基因组。

在原核生物中，基因组主要是指类核区的大分子 DNA 中的遗传信息。大肠杆菌等很多原核生物的细胞质中还有多拷贝的小分子质粒 DNA，所以广义的原核生物基因组也可以包括质粒 DNA 上的遗传信息。

在真核生物中，基因组又分为核基因组和细胞质基因组。核基因组是指单倍体的细胞核中一套完整的染色体 DNA 中的全部遗传信息。细胞质基因组是指细胞核之外的细胞器或质粒 DNA 中的遗传信息。前者包括线粒体基因组（动物、植物）和叶绿体基因组（植物），分别代表构成线粒体和叶绿体中全部遗传信息的一整套 DNA 分子。一个真核细胞中通常有多个线粒体和叶绿体，而同一个线粒体或叶绿体中又有数量大小不一的 DNA 拷贝，这些 DNA 拷贝的遗传信息是相同的。此外，酵母等低等真核生物中的细胞质中有游离的质粒 DNA 分子，一个细胞中可以有几十到数千个质粒 DNA 拷贝。

真核生物核基因组概念中出现了"单倍体"这一名词，下面就单倍体及相关知识做一简介，以便更好地理解基因组的含义。

① 同源染色体与非同源染色体。同源染色体是有丝分裂中期看到的长度和着丝点位置都相同的两个染色体，或减数分裂时看到的两两配对的染色体。同源染色体一个来自父本，一个来自母本，它们的形态、大小和结构相同。由于每种生物染色体的数目是一定的，所以它们的同源染色体的对数也一定。例如，豌豆有14条染色体，7对同源染色体。一对染色体与另一对形态结构不同的染色体，互称为非同源染色体。

② 染色体组。细胞中的一组非同源染色体，它们在形态和功能上各不相同，但又互相协调，共同控制生物的生长、发育、遗传和变异，这样的一组染色体，称为一个染色体组。一般来讲，染色体组指二倍体生物配子中所包含的染色体或基因的总和。染色体组的特征：不论一个染色体组内包含有几个染色体，同一个染色体组的各个染色体的形态、结构和连锁群都彼此不同，但它们却构成了一个完整而协调的体系，缺少其中任何一个都会造成不育或性状的变异。染色体组数的判定主要从两个方面：一是看细胞或生物体的基因型，若控制同一性状的基因出现几次，则该细胞或生物体就可能含有几个染色体组；二是看染色体的形态和大小，若细胞内形态、大小相同的染色体有几条（即同源染色体有几条），则含有几个染色体组。

③ 染色体倍性。染色体倍性是指细胞内同源染色体的数目，其中只有一组的称为单套或单倍体，即具有配子染色体的细胞或个体。也可表述为，仅由原生物体染色体组一半的染色体组数所构成的个体称为单倍体。例如，蜜蜂的蜂王和工蜂的体细胞中有32条染色体，而雄蜂的体细胞中只有16条染色体，像雄蜂这样，体细胞含有本物种配子染色体数目的个体，称为单倍体。需要注意的是，单倍体与一倍体（一倍体是指体细胞中含一个染色体组的个体）有区别。有的单倍体生物的体细胞中不只含有一个染色体组。绝大多数生物为二倍体生物，其单倍体的体细胞中含一个染色体组，如果原物种本身为多倍体，那么它的单倍体的体细胞中含有的染色体组数一定多于一个。如四倍体水稻的单倍体含2个染色体组，六倍体小麦的单倍体含3个染色体组。

判断几倍体实际上是判断某个体的体细胞中的染色体组数。由于一个染色体组中无同源染色体，则同源染色体个数成为判断染色体组数即判断某个体为几倍体的主要依据。A与A，a与a是相同基因，分列于同源染色体上，而A与a是等位基因，也分列于同源染色体上。同一字母（不论大小写）有几个就有几个同源染色体。因此，Aa为1个同源染色体，含2个染色体组，叫二倍体。AABBCCDD为4个同源染色体，含2个染色体组，叫二倍体。AAaBBbCCc为3个同源染色体，含3个染色体组，叫三倍体。AAaa为4个同源染色体，含4个染色体组，叫四倍体。AAaaBBbb为2个同源染色体，含4个染色体组，叫四倍体。

自然界中几乎所有的动物和过半数的植物都是二倍体生物。对于二倍体生物而言，它的单倍体的体细胞中只含有一个染色体组，例如，玉米是二倍体，它的体细胞中含有2个染色体组、20条染色体，它的单倍体植株的体细胞中含有1个染色体组、10条染色体，但是有的单倍体生物的体细胞中不只含有一个染色体组。例如，普通小麦是六倍体，它的体细胞中含有6个染色体组、42条染色体，而它的单倍体植株的体细胞中则含有3个染色体组、21条染色体。

④ 基因组与染色体组关系。一个染色体组携带着生物生长发育、遗传变异的全部信息，可称为基因组。基因组与染色体组不完全等同。在无性别分化的生物中，如水稻、玉米等，染色体组数＝基因组数。但是在有性别分化的生物中基因组与染色体组就不能等同了，如染色体组数＝n条常染色体＋1条性染色体（假设体细胞的染色体数为$2n$，2条性染色体）；基因组数＝n条常染色体＋2条异性染色体。例如，在XY型性别决定的人类中，其基因组数

是 22 条常染色体＋X＋Y，而染色体组数则是 22 条常染色体＋X 或 22 条常染色体＋Y。

注释：关于 XY 型性别说明。多数生物体细胞中往往有一对同源染色体的形状互不相同，这对染色体跟性别决定直接有关，称为性染色体；性染色体以外的染色体统称常染色体。凡是雄性个体有 2 个异型性染色体，雌性个体有 2 个相同的性染色体的类型，称为 XY 型。这类生物中，雌性是同配性别，即体细胞中含有 2 个相同的性染色体，记作 XX；雄性的体细胞中则含有 2 个异型性染色体，其中一个和雌性的 X 染色体一样，也记作 X，另一个异型的染色体记作 Y，因此体细胞中含有 XY 两条性染色体。XY 型性别决定，在动物中占绝大多数。全部哺乳动物、大部分爬行类、两栖类以及雌雄异株的植物都属于 XY 型性别决定。

在阐述基因组概念的基础上，我们对基因组学及其研究的内容作一简介。基因组学是从整体水平上来研究一个物种基因组的结构、功能及调控的一门科学。它可分为结构基因组学和功能基因组学两大部分。结构基因组学主要研究生物基因组的结构，它是基因组研究的第一阶段工作。结构基因组学的主要内容是绘制生物的遗传图、物理图、转录图和序列图。功能基因组学是建立在结构基因组学基础上的基因组分析的第二阶段。其主要内容是利用结构基因组学所提供的生物信息和材料，全基因组或全系统地理解某种生物的遗传体系，即阐明 DNA 序列的功能。功能基因组学的研究必须结合计算机科学和统计学，采用高产出和大规模的实验技术。

二、基因组 DNA 的 C 值与 C 值矛盾

生物体的基因组所包含的遗传物质是相对恒定的。真核生物核基因组或原核生物基因组所包含的全部 DNA 量称为该物种的 C 值（C value）。

不同物种的 C 值差异很大，最小的支原体只有 10^6 bp，而最大的如某些显花植物和两栖动物可达 10^{11} bp。一般情况下，随着生物的进化，生物体的结构与功能越复杂，其 C 值就越大。图 2.6 为不同物种的 C 值大小及范围。

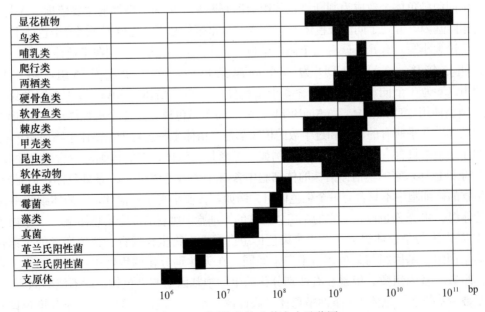

图 2.6　不同物种的 C 值大小及范围

从图 2.6 可以看出，生物基因组的大小同生物在进化上所处地位的高低没有绝对的相关性，存在着生物形态学的复杂程度与 C 值大小不一致的现象，这种现象称为 C 值矛盾（C value paradox）。主要表现为：①C 值不随生物的进化程度和复杂性的提高而增大，如一些显花植物的 C 值比某些哺乳动物的还高。②关系密切的生物 C 值相差很大，如两栖类中这种变化范围较大，而显花植物的 C 值变化范围更为宽广，常成倍地增加。

第三节　不同生物基因组的特点

一、病毒基因组的特点

病毒是最简单的非细胞生物，典型的病毒由外壳蛋白和核酸组成。根据病毒基因组的核酸类型，将病毒分为 DNA 病毒和 RNA 病毒。根据宿主的不同，病毒又可分为动物病毒、植物病毒和噬菌体。由于病毒基因组小，结构较简单，人类对病毒的研究取得了很多重要成果，一些分子生物学上的重大突破都是以病毒作为研究材料而进行的。

病毒基因组具有以下结构特点：①病毒的基因组很小，所含有的遗传信息量也少，只能编码少数的蛋白质，但不同病毒基因组大小相差较大。例如，乙肝病毒 DNA 只有 3 kb，所含信息也较少，只能编码 4 种蛋白质，而痘病毒的基因组有 300 kb 之大，可以编码几百种蛋白质。②病毒基因组可以是 DNA 或 RNA，但每种病毒只含有一种核酸。核酸的结构可以是单链、双链、闭合环状或线状分子。③多数 RNA 病毒的基因组是由连续的核糖核酸链组成，但也有些病毒的基因组 RNA 由不连续的几条核酸链组成。例如，流感病毒的基因组 RNA 分子是节段性的，由 8 条 RNA 分子构成，每条 RNA 分子都含有编码蛋白质分子的信息。目前，还没有发现由节段性的 DNA 分子构成的病毒基因组。④除了逆转录病毒以外，一切病毒基因组都是"单倍体"，每个基因在病毒颗粒中只出现一次。逆转录病毒基因组有两个拷贝。⑤噬菌体的基因是连续的，但大多数真核细胞的病毒都含有不连续基因。⑥病毒基因组大部分为编码序列，基因之间的间隔序列非常短。⑦通常有基因重叠，即同一段 DNA 片段能够编码两种或两种以上的蛋白质分子，这种现象在其他生物中主要见于原核生物和真核生物的线粒体和质粒 DNA。⑧病毒基因组中在功能上相关的基因一般集中成簇，在特定部位构成一个相对的功能单位或转录单元。转录产物一般为多顺反子 mRNA，之后加工成各种蛋白质。

二、原核生物基因组的特点

原核生物一般以单细胞细菌类作为代表，这类生物能自我繁殖，具有复杂的细胞结构和代谢过程，因此细菌基因组比病毒大得多，也复杂得多。原核生物细胞没有明显的细胞核形态，但一般还是用"染色体"来描述细菌的遗传物质。所有原核生物的遗传物质都是 DNA，基因组大小都在 10^6 bp 以上。

原核生物基因组具有以下结构特点：①基因组较小，通常只有一个环状或线状双链的 DNA 分子。②DNA 通常只有一个复制起点。③功能相关的序列常串联在一起，组成操纵元。④基因密度非常高，基因组中编码区大于非编码区，非编码区主要是调控序列。⑤结构基因一般没有内含子，多为单拷贝，但编码 rRNA 的基因一般是多拷贝的。⑥基因组中重复序列较少。

三、真核生物核基因组的特点

真核生物在细胞结构和功能上远远比原核生物复杂。从单细胞的酵母到高等哺乳动物，其细胞核有核膜结构，使细胞核与细胞质分隔开。细胞能够分化成为多种细胞类型，执行不同的生物功能，其基因组也更加复杂。真核生物核基因组具有以下结构特点：

① 基因组较大。真核生物的基因组由多条线状染色体构成，每条染色体有一个线状 DNA 分子，每个 DNA 分子有多个复制起点。

② 存在大量的重复序列。当一个基因组内存在的某一核苷酸序列不止一个拷贝时，则称这个序列为重复序列（repetitive sequence）。真核生物基因组中存在着大量重复序列，根据序列的重复程度，可相对地分成 4 种类型：一是单一序列。这类非重复序列只有一个拷贝，多为编码蛋白质的基因。二是低度重复序列。这类序列一般有 2~10 个拷贝数，往往也是一些蛋白质基因。其中，某些基因的序列或可读框发生变异，成为编码同一类蛋白质的不同基因，即基因家族中的不同成员。三是中度重复序列。这类序列有十个至几百个拷贝数，往往与基因表达的调控有关，包括开启或关闭基因的活性，调控 DNA 复制的起始，促进或终止转录等。中度重复序列常与非重复序列相间排列，构成了序列家族如 Alu 家族、Kpn 家族等。Alu 家族是哺乳动物基因组中 SINE 家族的一员，约有 50 万份拷贝，也就是说平均 4~6 kb 中就有一个 Alu 序列。典型的人基因组 Alu 序列长 282 bp。这种 DNA 序列中有限制性核酸内切酶 $Alu\,\mathrm{I}$ 的识别序列 AGCT，所以称为 Alu 重复序列。Alu 序列可能参与 hnRNA 的成熟与加工，有证据表明它与遗传重组及染色体不稳定性有关。四是高度重复序列。这类序列的重复频率高，可达百万以上。高度重复的 DNA 序列主要指卫星 DNA。

③ 功能相关基因构成各种基因家族（gene family）。基因家族是真核生物基因组中来源相同、结构相似、功能相关的一组基因。成员之间的相似度及组织方式都有所不同，有的基因家族成员可以位于同一染色体上，也有的基因家族成员分布于不同染色体上。基因家族中各成员紧密成簇排列成大段的串联重复单位，定位于染色体的特殊区域，称为基因簇（gene cluster）。基因簇属于同一个祖先的基因扩增产物。

④ 大多数真核生物基因都含有内含子，因此基因的编码区常常是不连续排列的。当然，也有一些基因是连续的，如组蛋白基因和一些小分子热休克蛋白基因。

⑤ 大多数真核生物的结构基因一般以单拷贝形式存在，转录产物为单顺反子 mRNA。只有少数真核生物（如线虫）中存在多顺反子 mRNA。

⑥ 不存在操纵元结构。真核生物的同一个基因簇的基因，不会像原核生物的操纵元结构那样转录到同一个 mRNA 上。

⑦ 真核生物基因组存在着可移动的 DNA 序列。

⑧ 真核生物基因组中存在假基因（pseudogene）。假基因常用符号"Ψ"表示，是源于正常功能基因结构相似，但不能够表达出与原基因相同或相似的功能产物（如蛋白质、tRNA、rRNA 等）的基因组序列。人们一度认为假基因是一类典型的非编码"垃圾 DNA"，但现在发现它在基因表达调控和基因组进化过程中发挥着重要作用。

根据假基因的来源，可以分为重复假基因和加工假基因两种类型。重复假基因是由于在基因组 DNA 重复或染色体不均等交换过程中，基因编码区或调控区发生突变（如碱基置换、插入或缺失），导致复制后的基因丧失正常功能。加工假基因是由于在 mRNA 转录本反转录成 cDNA 后重新整合到基因组过程中，插入位点不合适或序列发生突变而导致基因失去正常功能。

两种类型的假基因各有其结构特点。重复假基因的结构与功能基因非常相似，上游可能有调控序列，在相应的位置上还有相当于外显子和内含子的序列，而且倾向于出现在其祖先基因的侧翼。加工假基因以序列中终止密码子的提前出现、移码突变和没有启动子为主要特征，常常没有启动子等调控元件，也没有内含子。

假基因的生物学意义主要体现在两个方面：一方面，由于假基因是保留了祖先功能基因特征的残余拷贝，为基因组动力学和进化研究提供了非常宝贵的材料及重要线索。另一方面，研究表明有些假基因是有功能的。有些假基因对基因的表达调控发挥着重要作用，如产生小干扰 RNA（siRNA）；有些假基因的转录产物可以作为核仁小 RNA（snoRNA）的载体，对其发挥保护作用；而曾"死去"的假基因有时可重获新生，对新基因的产生及功能扩展有所贡献。

⑨ 细胞核 DNA 与组蛋白形成核小体结构，进而组装为染色体。在染色体组装过程中，核小体可与核内的 RNA、非组蛋白等结合，形成更为高级的结构。

四、真核生物线粒体基因组的特点

线粒体是真核细胞的一种细胞器，有它自己的基因组。除了少数低等真核生物（如四膜虫属、草履虫等原生动物）的线粒体基因组是线状 DNA 分子外，一般都是一个环状 DNA 分子。由于一个细胞里有许多个线粒体，而且一个线粒体里也有几个基因组拷贝，所以一个细胞里也就有许多个线粒体基因组。线粒体是一种半自主性细胞器，线粒体中的结构蛋白和功能蛋白只有 5%～10% 是由线粒体 DNA（mtDNA）编码，并在线粒体内转录、翻译，而绝大部分蛋白质都由核基因编码，在细胞质中转录并翻译成蛋白质后再输入线粒体。

真核生物线粒体基因组具有如下特点：① 多为双链环状 DNA。线粒体基因组是裸露的 DNA 双链分子，大多数生物的线粒体 DNA 为环状，但也有线状分子。② 基因组大小差异大。各个物种的线粒体基因组大小不一，酵母线粒体 DNA 长 8～80 kb；一般动物细胞中的线粒体基因组较小，为 10～39 kb，而四膜虫属和草履虫等原生动物约为 50 kb；植物的线粒体基因组比动物的大而且复杂，从 200～2 500 kb 不等，如西瓜线粒体 DNA 大小是 330 kb，香瓜线粒体 DNA 是 2 500 kb。③ 突变率高。与细胞核 DNA 相比，线粒体 DNA 突变率更高，是核 DNA 的 10 倍左右，因此即使是在近缘物种之间也会很快积累大量的核苷酸置换，可以进行比较分析。④ 母系遗传。因为精子的细胞质极少，所以有性生殖的子代个体线粒体 DNA 基本上都来自卵细胞，所以线粒体 DNA 是母系遗传，且不发生 DNA 重组。因此，具有相同线粒体 DNA 序列的个体必定是来自一共同的雌性祖先。⑤ 利用率高。线粒体基因组中各基因之间排列十分紧凑，部分区域还可能出现重叠（即前一个基因的最后一段碱基序列与后一个基因的第一段碱基序列相衔接）。例如，人类线粒体 DNA 中基因的间隔区总共只有 80 bp，只占线粒体 DNA 总长的 0.5%。

五、真核生物叶绿体基因组的特点

叶绿体也是半自主性细胞器，有自己的蛋白质合成系统。叶绿体中合成蛋白质所需要的 rRNA 和 tRNA 也全部由叶绿体 DNA（ctDNA）编码。虽然叶绿体基因组比线粒体基因组复杂，编码的蛋白质也比线粒体多，但仍有70%～80%的叶绿体蛋白质是由核基因编码，在细胞质中合成后输入。每个成熟的叶绿体叶肉细胞中有20～40个叶绿体，而每个叶绿体中通常含有几十个同质的DNA分子。

真核生物叶绿体基因组具有如下特点：①叶绿体基因组是一个裸露的双链环状DNA分子，其大小随生物种类而不同，一般为120～220 kb。②基因组由两个反向重复序列（IR）、一个短单拷贝序列和一个长单拷贝序列组成。尽管不同生物中叶绿体DNA大小各不相同，但基因组成是相似的，而且所有基因的数目几乎是相同的，它们大部分产物是类囊体的成分或和氧化还原反应有关。③相同或相关功能的基因组成操纵元结构，其表达调控与原核生物相似，但也有一些区别。④光和细胞分裂素对叶绿体基因的表达起着重要的调节作用。⑤每个叶绿体中DNA的拷贝数随着物种的不同而不同，但都是多拷贝的，这些拷贝位于类核区。叶绿体DNA不含5-甲基胞嘧啶，这是鉴定ctDNA及其纯度的特定指标。

复习思考题

1. 名词解释

基因　基因组　基因组学　基因组DNA的C值与C值矛盾　断裂基因　假基因　基因家族和基因簇　重复序列　Alu家族　染色体组

2. 解释内含子和外显子的含义，以及内含子的生物学功能。

3. 分别用图示意原核生物基因的结构组成和真核生物基因的结构组成。

4. 简述假基因的结构特点、产生的原因及生物学意义。

5. 分别阐述病毒基因组、原核生物基因组和真核生物基因组的特点。

6. 简述真核生物线粒体基因组和叶绿体基因组的特点。

第三章　DNA 的复制与损伤修复

在生物体生长和发育过程中，随着细胞分裂，亲代细胞所含的遗传信息会原原本本地传递到子代细胞中。作为遗传物质，亲代细胞的 DNA 准确地复制成两个完全相同的拷贝，然后分配到两个子代细胞中去，对保持物种细胞和世代间的遗传稳定性至关重要。DNA 复制过程非常复杂，至今人们对于这个过程还没有了解得十分清楚。

第一节　DNA 的半保留复制

1953 年，Watson 和 Crick 确立了 DNA 双螺旋模型，揭示了相互缠绕的 DNA 双链上碱基之间的互补配对关系，即 A=T、G≡C 碱基配对原则，并由此 DNA 结构上的自身互补性质，提出了 DNA 的复制是半保留复制（semiconservative replication），即新合成的每个子代 DNA 分子中，有一条链是完整的亲代 DNA 链，而另一条是新合成的链。然而这不是 DNA 复制唯一的可能方式，在理论上还可以是全保留复制（conservative replication），即在两个子代 DNA 分子中，一个分子完全是亲代的，而另一个分子是新合成的。也可以是随机散布式复制（random dispersive replication）方式，即复制时将亲代 DNA 双链分子分解成若干片段，散布到每个新的子代 DNA 分子中（图 3.1），这种复制方式被认为可以避免双股螺旋 DNA 解旋时所产生的难以应对的缠绕问题。

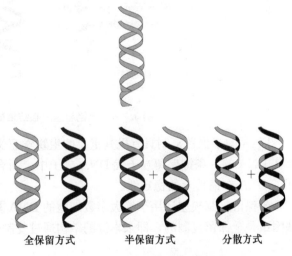

图 3.1　DNA 复制的可能方式

尽管半保留复制这一假说一经提出就被认为是最合理可行的，但仍需实验支持。1958 年，Meselson 和 Stahl 用氯化铯密度梯度离心法结合同位素标记技术，证明了 DNA 复制是以半保留方式进行的（图 3.2）。他们首先将大肠杆菌在以 $^{15}NH_4Cl$ 作为唯一氮源标记的培养基中连续培养 14 代，以保证大肠杆菌 DNA 上的氮原子都是 ^{15}N。然后再转移到含 ^{14}N 的正常培养基中连续培养 4 代，分别取样提取每一代大肠杆菌的 DNA 进行氯化铯密度梯度离心分析。由于 ^{15}N-DNA 分子的密度比 ^{14}N-DNA 的密度大，在氯化铯密度梯度离心时，这两种 DNA 会形成位置不同的区带。离心结果显示，在 ^{14}N 培养基中培养一个世代后，所有 DNA 分子的密度都在 ^{15}N-DNA 和 ^{14}N-DNA 双链之间，将该分子加热变性，可以拆开成标记的 ^{15}N-DNA 单链和不标记的 ^{14}N-DNA 单链，确定它是一个杂合分子。再经过一个世代后,出现了等量的^{14}N-DNA分子和杂合分子。若再继续培养,^{14}N-DNA分子逐渐增多。这个实验结果表明复制后的DNA是由一条亲代链和一条子代链组成的,其复制过程只能按半保留复制的机制解释。

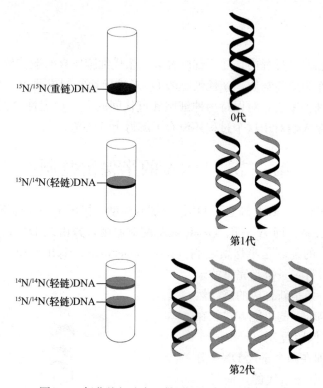

图3.2 氯化铯超速离心结果证明半保留复制机制

DNA的半保留复制具有极其重要的生物学意义。生物的遗传信息通过半保留复制,将亲代DNA的一条链保留在子代DNA分子中,新合成的链必须与模板链碱基配对,从而保证了DNA在遗传上的稳定性。

半保留复制模型适用于绝大多数细胞的DNA复制,但也有少数病毒和一些质粒的单链基因组是全保留复制的,即亲本链的结构通过复制保持不变,子代链是新合成的。

第二节 DNA复制的起始点与方向

一、DNA复制的起始点

大多数生物体内DNA复制都是从固定起始点开始的。在基因组中,复制是以复制子(replicon)为单位进行的。复制子是生物体内一个能独立进行复制的DNA序列。复制子含有DNA解旋和复制起始发生所需的特殊位点,称为复制起始点或复制原点(origin of replication)。一个复制子只含一个复制起始点,可能还有控制复制终止的终止点(terminus),因此,从复制起始点到终止点的区域即为一个复制子。通常原核生物和真核生物的环状DNA分子都只含有一个复制子,而真核生物的线状双链染色体DNA含有多个复制子。

1963年,Jacob等提出复制起始的复制子模型(图3.3),来解释大肠杆菌中复制起始的控制，认为所有DNA均从复制子的特定起始点开始复制。复制起始点一般具有以下特点：

① 大多数复制起始点在DNA上有特定位置。所有基因组DNA的复制原点都处于双螺旋结构的内部，即使线状DNA也不是从末端开始复制的（引物不是RNA的复制例外）。DNA在复制起始点处开始复制时，总是先解链从而出现一个复制泡。已有许多实验证明，病毒、细菌和线粒体DNA中复制泡的起始皆出现在一个特定位点上。线状T7噬菌体DNA的复制起始点是在离它一端的17%处；质粒Col E1和猴空泡病毒40（SV40）DNA复制起始点总是在离限制性内切酶EcoRⅠ切点一定距离的位点上。大肠杆菌DNA的复制起始点位于天冬酰胺合成酶和ATP合成酶操纵子之间，共有245 bp，称为oriC位点。

② 复制起始点上具有复制起始蛋白识别的特异起始序列。这对于在起始点装载复制所需要的酶或形成开放性复制起始复合物起着关键作用。大肠杆菌在oriC处起始复制，要依赖于复制起始蛋白DnaA，以诱导邻近富含A-T的区段解链。SV40基因组DNA所编码的蛋白质中，只有一个大T抗原参与其DNA的复制，其他参与复制过程的蛋白质都是由寄主DNA编码。大T抗原的N端是DNA结合区，能识别SV40复制起始点中的GAGAC序列，C端有解旋酶的活性。大T抗原与起始点结合后，能沿DNA链从3′端向5′端移动，在ATP和复制因子A（replication factor A，RFA）的协助下，其解旋酶活性使起始点的双链解开。

③ 复制起始点一般富含A-T，DNA容易在此处解螺旋，以便开始复制。

④ 复制起始点都含有多个短的重复序列。E.coli DNA的复制起始点oriC，有两个重要的重复基序：4个9 bp基序的重复序列，是E.coli起始蛋白DnaA的结合位点；3个13 bp基序的重复序列，是单链DNA形成的起始点（图3.4）。

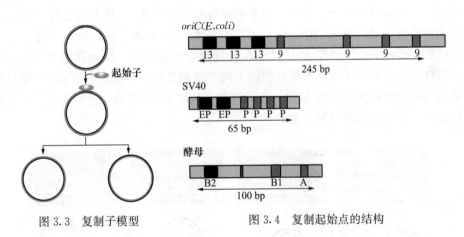

图3.3 复制子模型　　　　　图3.4 复制起始点的结构

虽然真核生物病毒和单细胞酿酒酵母复制起始点的特殊序列不同，但其整体结构却很相似（图3.4）。对多细胞真核生物复制起始点的了解还不是很多，仅有少数几例复制起始点得以鉴定，它们比酿酒酵母和细菌染色体中的复制起始点大得多，长度一般超过1 000 bp。

二、DNA复制的方向

通常原核生物的环状DNA分子都是以双向方式进行复制，有些病毒线状双链DNA的复制是单一起始点的单向复制（如腺病毒，只有一个复制叉移动走完全程），也有些是单一起始点的双向复制（如 T7 噬菌体）（图 3.5）。真核生物的线状双链染色体 DNA 可以同时在多个复制起始点上进行双向复制。而在真核生物线粒体中，环状 DNA 是一种特殊的单向复制方式，一条链先单向起始复制，合成一定长度后，再起始另一条链的单向复制（参见 D 环复制）。

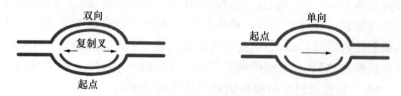

图 3.5 线性双链 DNA 的单起点双向和单向复制

第三节　DNA 复制的主要形式

不同生物的 DNA 分子大小不同，形状有线状和圆形之分，复制形式也各不相同。

一、双链环状 DNA 的复制

（一）θ 形复制

大肠杆菌的 DNA 是双链环状，其复制形式是 θ 形复制。复制开始时，DNA 首先在复制起始点 *oriC* 处解开成单链状态，形成复制眼（replication eye）。在复制眼的两端，DNA 的两股链呈"Y"状，称为复制叉（replication fork）。具有双链环状 DNA 的细菌和病毒，复制的中间产物都有这样两个生长点，由于形状像希腊字母 θ，又称 θ 形复制（图 3.6）。这种复制方式是凯恩斯（Cairns）用含有 ³H-dTTP 的培养基培养大肠杆菌，通过放射自显影观察到的结果，因此又称凯恩斯方式。DNA 从复制起始点开始，以解开的两条单链分别作为模板，各自合成互补的子链。根据复制眼上两个复制叉能否连续进行复制，θ 形复制又分为双向复制和单向复制两种（图 3.7）。大肠杆菌染色体 DNA 在两个复制方向上的复制速度相等，因此是一种双向等速复制方式。

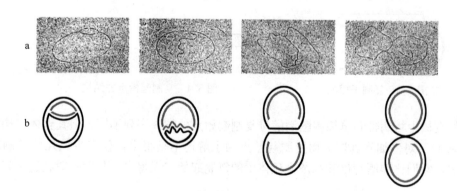

图 3.6 大肠杆菌 DNA 的 θ 形复制
a. 大肠杆菌 DNA 复制电镜图　b. 大肠杆菌 DNA 复制示意图
（改编自 *Lehninger Principles of Biochemistry*，4th Ed.）

复制的θ结构　　　　θ双向复制　　　　θ单向复制

图 3.7　θ形复制的方向

（二）滚环式复制

有些噬菌体（如 λ 噬菌体）利用滚环（rolling circle）机制复制双链 DNA，这是一种特殊的单向复制形式。λ 噬菌体感染细菌后的短时间内，其基因组由线状 DNA 分子形成环状 DNA 分子。在 DNA 复制的早期阶段，噬菌体按照 θ 形复制产生若干个环形 DNA 拷贝，作为滚环复制的模板。双链 DNA 的一条链被核酸内切酶切割形成一个切口，以另外一条完整链作为模板，在切口的 $3'$-OH 端逐步添加脱氧核苷酸，置换出切口 $5'$ 端的单链。在这一复制过程中，被置换出的 $5'$ 端单链尾巴的延伸伴随着双链 DNA 的绕轴转动，故称为滚环式复制。因复制过程的中间分子形状像倒写的希腊字母 σ，所以滚环复制机制又称为 σ 复制（图 3.8）。

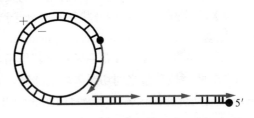

图 3.8　滚环式复制

滚环复制过程中，切口的 $5'$ 端被置换出的单链可以作为模板合成其互补链，进而切割产生可被包装的双链线状 λDNA 分子。由于产生的子代 DNA 在被切割包装前可达几个基因组的长度，这种多倍长度的 DNA 称为多联体（concatemer）。多联体分子必须切割成一个基因组长度的线状 DNA，才能包装到 λ 噬菌体头部蛋白外壳中，产生新的病毒。

（三）D 环复制

D 环复制首先发现于动物线粒体 DNA 的复制中，也是一种单向复制的特殊方式。线粒体 DNA 的双链由于浮力密度不同而分为轻链（L 链）和重链（H 链），两条链的复制起始点不在同一位点上，而且两个复制起始点的激活有先有后，因此这两条链的合成高度不对称。复制先从 H 链的起始点开始，以 L 链为模板，迅速合成其互补链，新合成的 H 链将原来的 H 链置换出来，形成游离的环状单链，称为取代环（displaced loop），简称 D 环（D-loop）。当 H 链的合成进行到 2/3 时，L 链的合成起始点即被暴露，从而引发 L 链的合成，后者的延伸方向与 H 链延伸方向相反（图 3.9）。

有些线粒体 DNA 在复制过程中可

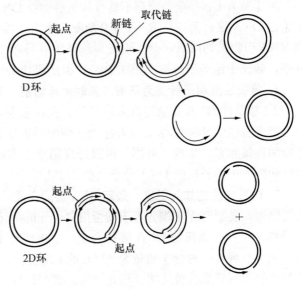

图 3.9　D 环复制和 2D 环复制

以形成几个 D 环结构，表明其有多个复制起始点。叶绿体 DNA 的复制也是 D 环复制，高等植物叶绿体 DNA 复制时一般有 2 个 D 环结构，故称为 2D 环复制（图 3.9）。

二、单链环状 DNA 的复制

自然界中除了双链环状 DNA 外，某些病毒或细菌是单链环状 DNA，如 fd、M13、S13 和 ΦX174 等。它们的单链 DNA 复制也是采用滚环式复制。复制时这些单链环状 DNA 首先要转变为双螺旋的复制型（replicative form，RF 型），即首先合成单链分子的互补链。

ΦX174 的单链环状 DNA 有 5 386 个碱基，当其进入寄主细胞后，其单链 DNA 会被单链结合蛋白（single-strand binding protein，SSB 蛋白）全部覆盖。ΦX174 的复制起始点长约 55 个核苷酸，有一小段发夹结构，先由多个协助 DNA 复制起始的蛋白质装配成一个复合体，然后开始单链 DNA 互补链的合成，形成 RF 型 DNA 分子。ΦX174 噬菌体的单链环状 DNA 称为正链，新合成的互补链称为负链。

ΦX174 噬菌体从双链环状复制型分子产生子代单链分子的滚环式复制过程称为噜噗滚环式复制（looped rolling circle replication）。由 A 蛋白结合在复制原点（4 299～4 328）上，DNA 双链解开，然后 A 蛋白转移到其作用位点，借助其内切酶活性，在正链的第 4 305 和第 4 306 两个核苷酸之间切断磷酸二酯键，切口的 5′端核苷酸与 A 蛋白的酪氨酸羟基形成磷酸酯键而共价连接，另一端为自由的 3′-OH。DNA 聚合酶催化 3′-OH 端不断延伸，而结合有 A 蛋白的 5′端不断被置换，并被 SSB 蛋白所覆盖。当置换出的正链 DNA 达到单位基因组长度时，A 蛋白识别复制原点序列将正链切断，并利用上次水解磷酸二酯键所获能量将这一段子代 DNA 环化，然后 A 蛋白又重新连接于新合成正链 DNA 的 5′-P 末端以进行下一个循环。环化的子代正链 DNA 由外壳蛋白包装起来，成为成熟的有侵染能力的 ΦX174 噬菌体。

三、双链线状 DNA 的复制

由于所有 DNA 聚合酶都不具有从头启动新 DNA 链合成的活性，而且已知核酸聚合酶，无论是 DNA 聚合酶还是 RNA 聚合酶都只能由 5′端向 3′端移动，所以在线状 DNA 复制中，当 RNA 引物被切除后，会在模板 3′端留下互补单链 DNA 缺口，不能为 DNA 聚合酶催化补平，致使子链短于母链（图 3.10a），因此线状 DNA 的末端复制需要有特殊的机制。

1. 将线性复制子转变为环形或多联体再切割　T4 和 λ 噬菌体就是利用这种机制。

T4 噬菌体 DNA 是通过其末端的简并性使复制产生的不同子链的 3′端互补结合，多余的单链部分被 DNase 除去，互补序列一侧的单链缺口被 DNA 聚合酶催化补平，再由 DNA 连接酶连接起来，生成二联体，再通过复制生成四联体、八联体等多联体后，由 DNase 特异性切割成单位长度的 DNA 分子（图 3.10b）。

2. 由蛋白质的加入引发一条新 DNA 链的合成　有些噬菌体和病毒基因组的末端含反向重复序列，复制时 5′末端先与末端蛋白（terminal protein）共价结合，并由末端蛋白提供一个 C 端来引发一条新的 DNA 链的合成，解决线性 DNA 分子末端复制问题。腺病毒 DNA 的 5′末端发现有一种分子质量为 80 ku 的末端蛋白，其丝氨酸残基的—OH 通过磷酸酯键与 dCMP 的 5′端磷酸共价连接，与此同时，dCMP 与模板 3′端的 G 以氢键相结合，成为 DNA 合成的引物。枯草杆菌噬菌体 Φ29 DNA 的复制也是这种情况。

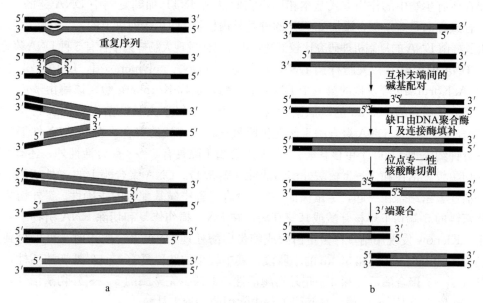

图 3.10 T4 DNA 的复制
A. 线状 DNA 3′端的不完全复制 B. 多联体的形成和复制

3. 在 DNA 末端形成发夹结构　草履虫（*Paramecium*）的线粒体 DNA 分子复制中就形成了这种发夹结构，使该分子没有游离末端。

4. 末端长度可变的非精确复制　真核生物染色体 DNA 的复制可能采用这种方式。真核生物染色体末端具有端粒结构，由端粒酶来负责末端 DNA 的复制。在这种复制机制下，真核生物的染色体末端含有短串联重复单元的拷贝数会发生改变，因此使得末端精确复制变得没必要了。

第四节　原核生物 DNA 的复制

一、参与原核生物 DNA 复制的主要成分

DNA 的复制需要具备 2 个关键底物，一个是 dGTP、dCTP、dATP、dTTP 共 4 种脱氧核糖三磷酸（dNTP），另一个是引物-模板接头（primer-template junction）。恰如其名，引物-模板接头有 2 个重要元件。模板是指提供指导合成互补链脱氧核苷酸添加信息的单链 DNA，引物是指与模板互补但比模板短的一小段单链 DNA 或 RNA 序列。引物 3′最末端的互补核苷酸上必须具有一个游离的 3′-OH，新加入的核苷三磷酸上的 5′-α-磷酸酰基基团能和引物上该 3′-OH 发生脱水缩合反应，通过形成 3′,5′-磷酸二酯键而连接起来。因此，新合成的 DNA 链延伸方向都是 5′→3′。由于双螺旋的两条链为反向平行的走向，所以新合成的 DNA 链延伸方向与模板链走向相反。

DNA 复制是一个很复杂的过程，除 4 种 dNTP 和引物-模板接头外，在起始、延伸和终止的各个阶段中，还需要许多酶和蛋白质因子以及金属离子（如 Mg^{2+}）等的参与。

（一）原核生物 DNA 聚合酶

DNA 聚合酶（DNA polymerase）是以 dNTP 为底物催化合成 DNA 的一类酶。DNA

聚合酶在所有生物中的作用方式基本相同，它们催化 dNTP 加到复制中 DNA 链的 3′-OH 末端，合成方向是 5′→3′，添加 dNTP 的种类是由模板 DNA 序列决定的。

大肠杆菌 DNA 的复制机理研究比较清楚，现在已经发现大肠杆菌中含有 5 种 DNA 聚合酶。

1. DNA 聚合酶 Ⅰ　大肠杆菌 DNA 聚合酶 Ⅰ（DNA polymerase Ⅰ，DNA Pol Ⅰ）是 1956 年 A. Kornberg 等发现的第一个 DNA 聚合酶，也称 Kornberg 酶。该酶由 *pol A* 基因编码，是分子质量为 103 ku 的单肽酶，含一个 Zn^{2+}。每个大肠杆菌细胞内大约含 400 个 DNA 聚合酶 Ⅰ 分子。DNA 聚合酶 Ⅰ 能催化脱氧核糖核苷酸的聚合，在 37 ℃ 条件下每个酶分子每分钟约添加 1 000 个单核苷酸。DNA 聚合酶 Ⅰ 除具有 5′→3′ 聚合活性外，还有 3′→5′ 核酸外切酶校正活性和 5′→3′ 核酸外切酶活性（表 3.1）。DNA 聚合酶 Ⅰ 的 3′ 外切酶活性和聚合酶活性紧密结合在一起，尽量保证 DNA 聚合过程中碱基配对的正确性。5′ 外切酶活性可以从双链的 5′ 端切下单核苷酸或寡核苷酸，在 DNA 损伤修复和切除 RNA 引物中起着重要作用。Klenow 发现用枯草杆菌蛋白酶或胰蛋白酶处理 DNA 聚合酶 Ⅰ 时，可以得到分子量分别为 68 ku 的大肽段和 35 ku 的小肽段。其中较小的肽段具有 5′→3′ 外切酶活性，而大肽段具有 5′→3′ 聚合酶活性和 3′→5′ 外切酶活性，但缺少完整酶的 5′→3′ 外切酶活性，又称为 Klenow 片段或 Klenow 酶，是基因工程中常用的一种工具酶。

1969 年，Delucia 和 Cairus 分离到大肠杆菌的一个突变菌株，它的 DNA 聚合酶 Ⅰ 的活性极低，仅为野生型的 0.5%～1%，但该突变菌株可以和野生型一样以正常速度繁殖，只是对 DNA 损伤的理化因素比野生型敏感得多。说明 DNA 聚合酶 Ⅰ 不是染色体 DNA 复制的主要酶。

2. DNA 聚合酶 Ⅱ　1970 年，T. Kornberg 等发现了 DNA 聚合酶 Ⅱ（DNA Pol Ⅱ），它是一种分子质量约为 120 ku 的寡聚酶，其聚合活性只有 DNA 聚合酶 Ⅰ 的 5%。每个大肠杆菌细胞内约含有 100 个 DNA 聚合酶 Ⅱ 分子。它也是以 4 种脱氧核糖核苷三磷酸为底物，从 5′→3′ 方向合成 DNA，反应需要 Mg^{2+} 和 NH_4^+ 激活。DNA 聚合酶 Ⅱ 具有 3′→5′ 核酸外切酶活性，但无 5′→3′ 核酸外切酶活性（表 3.1）。研究表明 DNA 聚合酶 Ⅱ 也不是 DNA 复制的主要酶。目前认为，该酶的生理功能主要是负责 DNA 损伤修复。

表 3.1　大肠杆菌三种 DNA 聚合酶的性质比较

	DNA 聚合 Ⅰ	DNA 聚合酶 Ⅱ	DNA 聚合酶 Ⅲ
结构基因	*pol A*	*pol B*	*pol C*（*dna E*）
不同种类亚基数目	1	≥7	≥10
相对分子质量	103 000	120 000	180 000
3′→5′ 核酸外切酶	+	+	+
5′→3′ 核酸外切酶	+	−	−
聚合速度（每分钟聚合核苷酸数）	1 000～1 200	2 400	15 000～60 000
持续合成能力	3～200	1 500	≥500 000
功能	切除引物，修复	修复	复制

3. DNA 聚合酶 Ⅲ　1971 年，T. Kornberg 和 Gefter 分离到了大肠杆菌 DNA 聚合酶 Ⅲ（DNA Pol Ⅲ），分子质量为 180 u。每个大肠杆菌细胞中仅含有 10～20 个 DNA 聚合酶 Ⅲ 分

子。对一些温度敏感的大肠杆菌突变株的研究证明，DNA 聚合酶Ⅲ是大肠杆菌 DNA 复制的主要酶。DNA 聚合酶Ⅲ的温度敏感突变型（PolC）大肠杆菌在高温（45 ℃）下不能繁殖，原因是它们体内的 DNA 聚合酶Ⅲ对温度十分敏感，在 30 ℃时 DNA 聚合酶Ⅲ的活性正常，而在 45 ℃时就会失去活性，所以在高温（45 ℃）下，这些突变株不能维持菌体内的 DNA 的复制。但是这种突变菌株体内的 DNA 聚合酶Ⅰ和 DNA 聚合酶Ⅱ的活性在 45 ℃条件下是正常的，也证明它们不是 DNA 复制的主角。

现在认为 DNA 聚合酶Ⅲ全酶（holoenzyme）是由 α、β、γ、δ、δ′、ε、θ、τ、χ、ψ 共 10 种不同亚基组成的多亚基复合体（表 3.2）。α、ε 和 θ 是组成 DNA 聚合酶Ⅲ核心酶的 3 个亚基，其中 α 亚基具有 5′→3′方向合成 DNA 的聚合作用，ε 亚基具有 3′→5′核酸外切酶校正活性，θ 亚基的功能还不清楚，可能与亚基间的结合有关。β 亚基能围绕 DNA 形成钳状结构，相当于一个滑动的夹子（sliding clamp），使 DNA 聚合酶Ⅲ全酶能沿 DNA 滑动但难于脱落。DNA 聚合酶Ⅲ全酶为不对称二聚体，由 2 个核心酶活性中心构成二聚体的对称部分，可以在催化解开 DNA 双链的同时进行复制（图 3.11）。

表 3.2　DNA 聚合酶Ⅲ全酶的亚基组成

亚基	相对分子质量（×10³）	功　能	
α	129.5	5′→3′DNA 聚合作用	核心酶 (αεθ)
ε	27.5	3′→5′外切力	
θ	8.6	刺激 ε 的 3′→5′外切力	
τ	71.1	依赖 DNA 的 ATPase，核心二聚化	
γ	47.5	结合 ATP	
δ	38.7	结合 β	
δ′	36.9	γ 亚基 ATPase 辅因子，刺激 β₂ 定位	
χ	16.6	结合 SSB	
ψ	15.2	χ 和 γ 之间的桥梁	
β	40.6	将核心酶夹在 DNA 模板上	

4. DNA 聚合酶Ⅳ和Ⅴ　大肠杆菌 DNA 聚合酶Ⅳ和Ⅴ是 1999 年才被发现的，它们的作用主要是对 DNA 进行错误倾向修复（error prone repair）。当 DNA 受到严重损伤时，即可诱导产生这两种酶。尽管复制过程中可能保留或引入序列突变，但能够克服复制障碍，使 DNA 能在许多损伤部位继续进行复制，从而保证少数突变的细胞得以存活。

（二）引发酶与引发体

DNA 从头起始（*de novo* initiation）的复制需要带有游离 3′-OH 的引物（primer）来引发。引发酶（primase）是一种特殊 RNA 聚合酶，能在

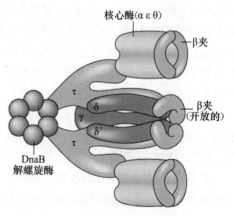

图 3.11　DNA 聚合酶Ⅲ全酶的构成
（改自 Boyle，2005）

单链 DNA 模板上按 $5'\rightarrow 3'$ 方向合成长 5~10 个核苷酸的互补短 RNA 链。引发酶只有在与其他 DNA 复制蛋白（如 DNA 解旋酶等）组装成引发体（primosome）时才被激活，合成一条 RNA 引物。这些引物随后由 DNA 聚合酶进行延伸。虽然 DNA 聚合酶只能将脱氧核糖核苷酸添加到 DNA 中，但它们都能从与 DNA 模板碱基配对的 RNA 引物或 DNA 引物的游离 $3'$-OH 末端启动后续互补 DNA 链的合成。

（三）DNA 连接酶

DNA 连接酶（DNA ligase）是 1967 年被发现的，$E.\ coli$ 的 DNA 连接酶是一条分子质量为 74 ku 的多肽链，每个 $E.\ coli$ 细胞中约有 300 个连接酶分子。

该酶催化一条 DNA 链上相邻核苷酸的 $5'$-P 和 $3'$-OH 生成磷酸二酯键，所连接的两个 DNA 片段必须都互补于同一条链，而且两个片段必须是相邻的。连接反应需要能量，细菌的 DNA 连接酶以 NADP 作为能量来源，动物细胞和噬菌体的连接酶以 ATP 作为能量来源。DNA 连接酶在 DNA 复制、重组和修复中都有着重要作用。

（四）DNA 解螺旋酶

一般而言，DNA 聚合酶解离双链 DNA 的能力较差。因此，在复制叉上，由称为 DNA 解螺旋酶（DNA helicase）的另一组酶催化双链 DNA 两条链的分离。解螺旋酶具有 ATPase 活性，能够利用水解 ATP 释放的能量，在 DNA 上沿一定方向解开 DNA 双链，每解开一对碱基需要水解 2 分子 ATP。但解螺旋酶的结合部位必须在双链 DNA 中有单链末端或缺口，解螺旋酶即可结合于单链部分，然后向双链方向移动。

生物体内含有多种解螺旋酶，有的解螺旋酶参与 DNA 的复制，有的参与 DNA 修复和重组等过程。$E.\ coli$ 的解螺旋酶有 DnaB、PriA 和 Rep 蛋白，DnaB 蛋白可以沿模板链的 $5'\rightarrow 3'$ 方向移动，而 PriA 和 Rep 蛋白则沿 $3'\rightarrow 5'$ 方向移动。由于它们在 DNA 链上移动的方向不同，这样可以在 DNA 双链上协同作用解开双链。

（五）单链 DNA 结合蛋白

DNA 解螺旋之后，在被用作 DNA 合成的模板之前，新产生的单链 DNA 必须始终保持碱基未配对的状态。为了保持单链 DNA 构象的稳定，一种被称作单链 DNA 结合蛋白（single-strand DNA binding protein，SSB 蛋白）的蛋白质分子迅速与之结合。在大肠杆菌中，一个 SSB 蛋白的结合会促进另一个 SSB 蛋白与其紧邻的单链 DNA 结合，这种效应称为协同结合（cooperative binding）。这是因为与紧邻的单链 DNA 区结合的 SSB 蛋白分子之间也能够相互结合，这大大稳定了 SSB 蛋白与单链 DNA 之间的相互作用，使得已有一个或多个 SSB 蛋白结合的区域比其他位点更易结合新的 SSB 蛋白。单链 DNA 被 SSB 蛋白覆盖后，不易被 DNase 降解，而且变成更为伸直的构象，抑制链间的碱基配对，有利于其作为模板进行互补 DNA 合成或 RNA 引物的合成。

$E.\ coli$ 的 SSB 蛋白是由 4 个相同的亚基组成的寡聚蛋白，分子质量为 75 ku，每个细胞中约含 300 个 SSB 蛋白分子，每个 SSB 蛋白分子可覆盖长 32 个核苷酸的一段 DNA 单链。

（六）DNA 旋转酶

随着复制叉上双链 DNA 链的解离，复制叉前的 DNA 变得更加正超螺旋化。如果没有机制来消除这些超螺旋积累的扭曲张力，复制将会因解旋越来越困难而趋于停顿。$E.\ coli$ 的 DNA 拓扑异构酶（topoisomerase）可以消除由 DNA 解螺旋酶的作用而引入的正超螺旋。DNA 旋转酶（gyrase）为拓扑异构酶的一种，它可以连续地将正超螺旋结构或松弛的双链

DNA 分子转化为负超螺旋结构。

E.coli 的旋转酶是由两个相同的 A 亚基和两个相同的 B 亚基组成的四聚体，这两种亚基分别由 gyrA 和 gyrB 基因编码，每个 A 亚基分子质量为 105 ku，每个 B 亚基分子质量为 95 ku，整个旋转酶的分子质量为 400 ku。A 亚基具有切断双链 DNA，进行拓扑转变和重新连接的功能，B 亚基具有 ATPase 的性质。在旋转酶结合在 DNA 上催化 DNA 进行拓扑转变的过程中，首先使两条链同时交错的 4 个碱基对断开，断链的两个 5′-磷酸基分别与两个 A 亚基的酪氨酸结合，在酶构象改变的作用下，断裂的 DNA 双链穿过切口，然后两条链又重新连接。旋转酶每作用一次产生两个负超螺旋，ATP 水解产生的能量用来恢复酶的构象，从而使其可以进行下一次循环利用。

拓扑异构酶有两种基本类型：拓扑异构酶 I 和拓扑异构酶 II。细菌中普遍存在拓扑异构酶 II，即上述 DNA 旋转酶。而另外一类拓扑异构酶 I 一步就可以改变 DNA 的连环数，其作用是使 DNA 暂时产生单链切口，让未被切割的一条单链在切口结合之前穿过这一切口。拓扑异构酶 I 最初是从大肠杆菌中分离到的，过去曾被称为 ω 蛋白，由 topA 基因编码，其主要作用是消除负超螺旋，而对正超螺旋不起作用。拓扑异构酶 I 作用不需要 ATP。由于拓扑异构酶 I 是减少负超螺旋，而且它主要集中在转录活性区，因此它可能不是在复制时起作用，而是复制结束后通过它降低负超螺旋水平，以便在活性染色质部位进行转录。

二、原核生物 DNA 复制的过程

在细胞中，DNA 复制不是瞬间完成的，而是在空间上井然有序的生物化学反应过程。双链 DNA 的两条链是同时进行复制的，这要求双螺旋的两条链分开以形成两条单链 DNA 模板。复制叉向着未复制的 DNA 双链区域连续运动，其身后留下两条单链 DNA 模板，指导两个子代 DNA 互补链的合成。

复制的过程可以分为 3 个阶段。第一阶段是亲代 DNA 分子超螺旋构象的松弛、双螺旋的解旋及引物的合成，即复制的起始（initiation）过程；第二阶段是 DNA 链的延伸（elongation）过程，即在引物 RNA 合成的基础上，转换成互补 DNA 链的合成；第三阶段是复制的终止（termination）过程，即当复制进行到终止点，由蛋白因子 Tus 参与结束复制。

（一）原核生物 DNA 复制的起始

目前对大肠杆菌的复制起始过程了解的最透彻，其复制的起始发生在起始点 oriC 上。oriC 位点必须全部被甲基化，由 DnaA 蛋白识别并结合在 oriC 位点上，并和其他蛋白质一起装配成一个大的蛋白质复合物，驱动复制的起始。

参与 E.coli 复制起始的部分酶和蛋白质因子列于表 3.3。

表 3.3 E.coli 复制起始有关的酶和蛋白质因子

蛋白质	相对分子质量	亚基数	功能
DnaA	52 000	1	识别起始序列，在起点特异位置解开双链
DnaB	300 000	6	解开 DNA 双链
DnaC	29 000	1	帮助 DnaB 结合于起点
HU	19 000	2	类组蛋白，DNA 结合蛋白，促进起始
引物合成酶（DnaG）	60 000	1	合成 RNA 引物

(续)

蛋白质	相对分子质量	亚基数	功能
单链 DNA 结合蛋白（SSB 蛋白）	75 000	4	结合单链 DNA
RNA 聚合酶	454 000	5	促进 DnaA 活性
旋转酶（topoⅡ）	400 000	4	释放 DNA 解链过程产生的扭曲张力
Dam 甲基化酶	32 000	1	甲基化起点 GATC 序列中的腺嘌呤

目前，尽管复制叉组装的很多细节还尚未定论，但 DNA 的复制起始一般可以分为如下几个步骤：

1. DnaA 蛋白引发复制的起始 首先是 E. coli 编码的 DnaA 蛋白识别并结合于复制起始点 oriC 位点右侧的 4 个 9 bp 重复序列处，形成复合物。由 20～40 个 DnaA 蛋白结合成一个核心，oriC DNA 盘绕在此核心上。然后 DnaA 蛋白作用于 oriC 左侧的 3 个 13 bp 重复序列上，在这些重复序列上解开 DNA 链形成开放型复制泡复合体。在起始过程中，还需要 ATP，DnaA 蛋白只有结合 ATP 才有活性，但 ATP 并不被水解，只有起始结束后 ATP 才水解成 ADP，从而使自身失去活性。同时，还需要其他酶和蛋白质的参与。如拓扑异构酶使可能形成的正超螺旋恢复为负超螺旋结构，以利于许多酶和蛋白质的结合及复制眼的形成。HU 蛋白是非序列特异的 DNA 结合蛋白，也称为 DNA 结合蛋白Ⅱ，在体外 DNA 复制起始时，它并不是必需的，但可以刺激这种反应。HU 蛋白具有弯曲 DNA 的能力，可能参与 DNA 的变构从而导致开放复合体的形成。此外，还需要 SSB 蛋白保护 DNA 单链并防止其恢复成双螺旋。

2. 预引发复合体（pre-priming complex）**的形成** 解旋的单链 DNA 和 DnaA 共同招募解旋酶 DnaB 和解旋酶装载器 DnaC 组成的双蛋白复合体。这两种蛋白质在复合体中均为 6 拷贝。在 DnaB-DnaC 复合体中，DnaB 解旋酶保持非活性状态，一旦在起始点结合单链 DNA，DnaC 催化它结合的 DnaB 解旋酶蛋白环打开，环套在单链 DNA 起始点位置上，使单链 DNA 穿过 DnaB 解旋酶六聚体蛋白环中央。DnaB 解旋酶的安装导致解旋酶装载器 DnaC 从复制起始点上解离下来并激活 DnaB 解旋酶。值得注意的是，DnaB 解旋酶不能从头打开双链 DNA，只能从已打开的 DNA 的两条分离的单链 DNA 结合，沿着所结合的单链 DNA 按 $5'\rightarrow 3'$ 极性相向而行，由此产生两个复制叉。

3. 引发体的形成 在模板高度解链及 DnaB 蛋白质复合体的招募作用下，引发酶 DnaG 进入并形成引发体，在起始点的每条链上合成一条 RNA 引物。DNA 解旋酶的移动可去除复制起始点上剩余的 DnaA 蛋白。

4. DNA 的合成 通过与引物-模板接头及解旋酶的相互作用，DNA 聚合酶Ⅲ全酶被引导到复制起始点上。当全酶出现后，进而在 RNA 引物上组装滑动夹，全酶的一个核心酶随之启动前导链的合成。在解旋酶的作用下，新的单链 DNA 不断暴露并被 SSB 蛋白结合。当 DNA 解旋酶移动约 1 000 bp 后，引物酶开始合成第一条后随链片段的引物。滑动夹被安装在后随链上，并随之被 DNA 聚合酶Ⅲ全酶中另一空闲的核心酶识别，启动后随链的合成。此时，两个复制叉都已经组装完成，复制的起始阶段结束。

（二）原核生物 DNA 复制的延伸

1. 半不连续复制 在细胞中，双链 DNA 的两条互补链是同时进行复制的，这要求

DNA 双螺旋的两条链分开后都要作为模板。刚分开的模板链与未复制的双链 DNA 之间的连接区称为复制叉（replication fork）（图 3.12）。复制叉向着未复制的 DNA 双螺旋区连续运动，其身后留下两条单链 DNA 模板，分别指导两个子代 DNA 双链互补链的合成。

DNA 反向平行的性质给复制叉上两条暴露的模板同时复制制造了难题。DNA 两条模板链中一条是 $5'\to3'$ 方向，另一条是 $3'\to5'$

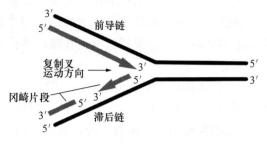

图 3.12 DNA 复制叉模型

方向，但迄今发现的天然 DNA 聚合酶都只能以 $5'\to3'$ 方向延伸 DNA 链。如何解决复制过程中两条不同方向的链的同时延伸这个问题呢？1968 年，冈崎（Okazaki）用脉冲标记实验和脉冲追踪实验进行了研究。他用 $[^{3}H]$ dT 加入到 E. coli 培养基中，30 s 后杀死细菌提取 DNA，在 pH12 的碱性条件下破坏氢键，然后通过蔗糖密度梯度离心进行分离，并对新合成的 DNA 进行放射性强度测定。结果发现，脉冲标记的单链核苷酸片段沉淀系数为 20S 左右，多数长度只有 1 000~2 000 个核苷酸，而亲本链要比它大 20~50 倍。脉冲标记后的追踪是在标记 30 s 后，将细菌立即转移到无放射性的 dT 中培养数分钟，然后提取 DNA 进行蔗糖密度梯度离心，发现有许多较长的片段被标记，沉淀系数为 70S~120S，与总 DNA 的情况相似。按照这个结果，冈崎认为，小片段是复制过程中的中间产物，长片段是由小片段连接而成的，因此 DNA 合成至少在一条链上是不连续的。这些小片段称为冈崎片段（Okazaki fragment）。还有一些实验也证明复制过程中出现冈崎片段，例如发现在 DNA 连接酶基因突变的菌株中积累冈崎片段，而 DNA 连接酶的作用是在 DNA 模板上把新合成的相邻两个片段连接起来。

复制叉上沿 $5'\to3'$ 方向解链的模板链上的互补链的不连续合成已被上述实验证实，但长期以来人们不清楚沿 $3'\to5'$ 方向解链的模板链上的互补链的合成方式。在 E. coli 的两条模板上，所有新合成的 DNA 都发现有短的片段，从表面看来似乎两条链上都是不连续合成的。科学家后来发现，前导链上的短片段是由于尿嘧啶核苷酸替代胸腺嘧啶核苷酸掺入到新合成的 DNA 链中造成的。DNA 中掺入的尿苷酸可被尿嘧啶-N-糖基酶切除，该处的磷酸二酯键就是断裂的，另外一些核苷酸也可能会被水解从而造成一个缺口。在这些缺口被填补和修复之前，前导链上部分区域出现了短片段。另外很多因素也会影响到前导链的连续性，如模板的损伤、复制因子和底物的供应不足等，都会引起前导链复制的中断并从另一新点开始。

目前人们普遍认为，DNA 合成时，两条暴露的模板中仅有一条能够随着复制叉的运动进行连续复制，此模板指导下新合成的 DNA 链称为前导链（leading strand）。另一条单链 DNA 模板指导下的新 DNA 链合成的方向与复制叉前进的方向相反，此条 DNA 链必须以不连续方式合成，合成的新 DNA 链称为滞后链或后随链（lagging strand）。因此，DNA 复制的这种方式称为半不连续复制。前导链开始合成后通常都一直进行下去，先在起始点处合成一段 RNA 引物。前导链的引物一般比冈崎片段的引物略长一些，为 10~60 个核苷酸，某些质粒和线粒体 DNA 由 RNA 聚合酶合成引物，其长度会更长。随后 DNA 聚合酶Ⅲ即在引物末端添加脱氧核糖核苷酸，以延长互补 DNA 链。前导链在模板解开后就能开始复制，其合成与复制叉的移动保持同步。后随链必须等复制叉移动至暴露出足够长的模板后才能进行合成，而且是分段进行的，每个冈崎片段都需要 RNA 引物，然后由 DNA 聚合酶Ⅲ在引物上添加脱氧核糖核苷酸，并持续合成至后随链 DNA 上前一个新合成片段的 5′端为止。

2. DNA 回环复制模型 研究表明，每个复制叉仅含有一个 DNA 聚合酶Ⅲ全酶，这说明前导链和后随链上的 DNA 合成是由同一复制体完成的。但是，两条模板链上的互补 DNA 链的合成不是同步进行的，而且方向相反，那么复制是怎样进行的呢？对此，人们提出了一个 DNA "回环复制模型"。该模型认为，DNA 聚合酶Ⅲ不对称二聚体复合物能同时完成前导链和后随链的合成，但前导链总比后随链先行合成一个片段，所以同时进入合成反应的两条亲代模板链片段不互补。当复制叉向前移动且前导链开始合成时，后随链模板绕 DNA 聚合酶Ⅲ向后回折成环，穿过 DNA 聚合酶Ⅲ的裂缝，从而使两条模板链在回环区呈相同的 3′→5′走向。随着后随链模板在聚合酶中穿行，聚合酶便从 RNA 引物的 3′末端开始合成冈崎片段。当子链合成到达下一冈崎片段的 5′-P 端时，后随链模板即脱离开 DNA 聚合酶Ⅲ，回环解开，然后再进行循环合成下一个冈崎片段。这个模型又称为长号模型（trombone model），以比喻后随链上所形成的 DNA 环状结构大小的变化（图 3.13）。

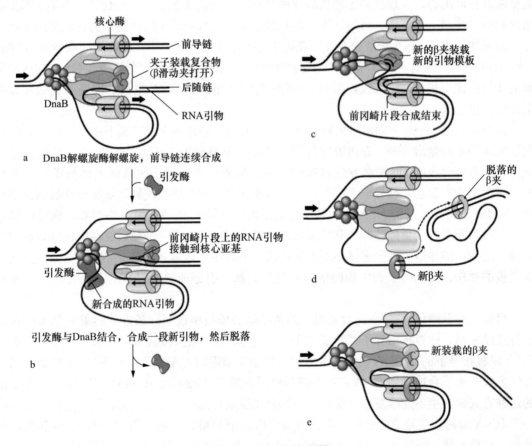

图 3.13　DNA 回环复制模型
（改自 Boyle，2005）

（三）原核生物 DNA 复制的终止

在延伸阶段结束后，在酶促作用下迅速切除 RNA 引物，然后填补缺口，完成一次复制过程。RNaseH 能识别 DNA-RNA 杂交链，并能水解杂交链中的 RNA，但 RNaseH 不能完全去除 RNA，原核生物体内 RNA 引物的去除还需要 DNA 聚合酶Ⅰ来完成，因为该酶具有 $5'\rightarrow 3'$ 外切酶活性。引物去除后，留下的缺口要靠 DNA 聚合酶Ⅰ的聚合酶活性按照模板序列要求将缺口补满。缺口补满后，再靠 DNA 连接酶将缺口末端相邻的两个核苷酸以磷酸二酯键连接起来，形成完整的互补 DNA 链。

对于 λ 噬菌体和其他一些噬菌体而言，复制的终止相对较简单。一般来说，终止不需要特定的信号，也不需要特殊蛋白质的参与。λ 噬菌体 DNA 按 θ 方式复制时，它的终止点和起始点在 DNA 环上相差 180°，如果删去一些非必需区域或插入一些无关的片段，可以改变起始点和终止点的相对距离，但其终止点仍在相距起始点 180° 的位置，而不是原来的终止点，这就表明 λ 噬菌体 DNA 分子上没有特定的终止序列。

对细菌而言，其 DNA 复制有明确的起点和终点，复制的终止机制要复杂得多。DNA 复制的结束既需要特定的终止序列，又需要特殊的酶。*E. coli* 是一个双链环状 DNA 分子，它的两个复制叉进行双向复制，会合点就是复制终止点，一般位于 *oriC* 的相对处。在复制叉会合点两侧约 100 bp 处，各有一个终止区，其中含有能与特异蛋白 Tus 结合的 22 bp 终止子位点，也称为 *ter* 位点。Tus 蛋白与终止子位点的结合，可以阻止解旋酶 DnaB 的解链，从而抑制复制叉的前进。在终止区两个复制叉相遇而停止复制，并造成复制体解离。在复制的最后阶段，*E. coli* 的环状 DNA 复制产生的两个子代环状双螺旋 DNA 分子相互套锁在一起，形成连环体（catenane），在分配到两个子代细胞中之前必须解连环。*E. coli* 中的 TopoⅣ（属于Ⅱ型拓扑异构酶）参与解连环过程，使 DNA 双股螺旋穿过终止区双链断口从而分开，然后再分别完成复制（图 3.14）。

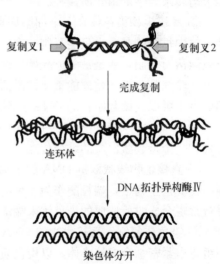

图 3.14 大肠杆菌染色体复制的终止

第五节 真核生物 DNA 的复制

真核生物与原核生物的 DNA 复制相比，相同之处在于它们都是半保留、半不连续复制，复制过程都存在起始、延伸和终止 3 个阶段，都必须有相应功能的蛋白质（如 SSB 蛋白）和酶（如 DNA 聚合酶）的参与。但由于真核生物基因组比原核生物的大得多，而且基因组 DNA 要与众多组蛋白及非组蛋白构成染色质的形式存在于细胞核中，在细胞分裂期核内染色质还会发生形态和结构上的重大变化，形成高度浓缩的染色体。因此，真核生物 DNA 的复制与原核生物 DNA 复制有很多不同。

一、真核生物 DNA 复制的特点

与原核生物 DNA 复制相比，真核生物的 DNA 复制除了复制体系组分的结构和种类有很多差异之外，其特点主要表现为以下几个方面：

① 真核细胞分裂所需要的事件发生在细胞周期的不同时期，DNA 复制仅发生在细胞周期的 S 期。

② 真核生物每条染色体上可以有多处复制起始点，是多复制子。一种典型的动物细胞 DNA 的总长度大约是大肠杆菌的 50 倍，其 DNA 聚合酶的活力比大肠杆菌的低得多，复制速度（500～5 000 bp/min）也明显低于大肠杆菌（10^5 bp/min）。然而，实际上动物细胞中 DNA 复制时间是比较短的，与大肠杆菌 DNA 的复制时间差异远小于长度和复制速度的总差异，这是因为真核生物复制采取的是多起点复制，而大肠杆菌只有一个复制起点。真核生物染色体上的复制子数目取决于物种和组织类型，复制子的大小也是不均一的，从 13 kb 到 900 kb 不等。同一生物在不同的生长条件下，复制子数目和大小也不同，一般生长快的时候，复制子就小，复制子的数目也相应更多。譬如，果蝇大约有 5 000 个复制子，但在卵受精后其复制子数目增加到大约 50 000 个，整个基因组复制时间缩短到仅需 3 min。真核生物染色体上各复制起始点并非全部同时启动，而是由引物的转录触发，由与起始点相联系的增强子与转录因子的结合所调控。

③ 真核生物染色体在一个细胞周期内只精确地复制一次。真核细胞每分裂一次，每条染色体中每个碱基对也只能复制一次。因此，在一个细胞分裂周期中，一个起始点不管是自身被激活而复制，还是被邻近起始点产生的复制叉所复制，复制后的起始点都必须失活，直到下一轮细胞分裂开始才能重新被激活。而在快速生长的原核生物中，一个细胞周期内复制起始点上可以连续起始新的 DNA 复制，表现为一个复制子上可以有多个复制眼存在。

④ 真核生物复制起始点的 DNA 序列一般并无固定的模式，但大多包含一个富含 AT 的序列和一个特异蛋白质的结合位点。

⑤ 真核生物线状双链 DNA 的末端具有端粒结构，并通过端粒酶来负责端粒 DNA 的复制。在真核生物中，端粒酶作为一种特殊 DNA 聚合酶负责延长染色体的 3′ 端，消除复制叉进行常规合成时所造成的染色体末端渐进性丢失问题。

⑥ 染色质复制。真核生物的 DNA 要比原核生物 DNA 分子大得多，而且不是裸露的，与组蛋白紧密结合成核小体，以染色质结构形式存在。在细胞分裂的 S 期，真核生物 DNA 的各个区域的复制不是同步的，而是分区先后进行。一般相邻的复制子依次被活化，直至整个染色体 DNA 完全复制。复制时染色质结构受到精致复杂的调控，涉及 DNA 与组蛋白八聚体的分离过程，复制完成后的 DNA 还要重新与组蛋白八聚体形成核小体，也就是每个子代 DNA 要重新组装到核小体中。以前，人们普遍认为虽然 DNA 复制是半保留形式，但组蛋白八聚体的合成却是全保留的，但是最近有研究表明组蛋白八聚体的合成可能并非如此。

二、真核生物 DNA 复制的酶和蛋白质因子

（一）真核生物 DNA 聚合酶和引发酶

真核细胞中 DNA 聚合酶种类比原核生物更多，通常细胞中有 15 种以上，分别用 α、β、γ、δ、ε 等希腊字母来表示（注意：大肠杆菌 DNA 聚合酶Ⅲ的 10 个亚基也是用 α、β、γ、δ、ε 等希腊字母来表示），部分列于表 3.4 中。真核生物 DNA 聚合酶和原核生物 DNA 聚合酶的基本性质相同，但由于真核生物 DNA 聚合酶的分离纯化相对较难，不同组织和不同时期细胞中的 DNA 聚合酶也有差异，又难于得到相应的突变体等原因，所以对真核生物

DNA 聚合酶的了解不如原核生物清楚。

1. DNA 聚合酶 α　DNA 聚合酶 α 是第一个从哺乳动物细胞中纯化到的聚合酶，具有聚合酶活性，但无外切酶活性。几乎所有真核细胞里都存在 DNA 聚合酶 α，分子质量相当不均一，为 120～300 ku。一个典型的动物细胞含有 2 000 个以上的 DNA 聚合酶 α 分子（polα）。

DNA 聚合酶 α 通常与 DNA 引发酶结合成 polα/引发酶复合体，并且结合得相当紧密，很难用一般方法分开。实验表明，这个复合物是复制体系所必需的，两种酶的活性可能是偶联的。polα/引发酶在复制叉上首先合成长度为 8～12 个核苷酸的 RNA 引物，然后它的 DNA 聚合酶 α 活性将 RNA 引物继续延伸，产生一个称为起始 DNA（initiator DNA, iDNA）的短 DNA 序列，于是形成 RNA-DNA 混合的引物。SV40 复制起始的体内和体外实验证明，polα/引发酶合成的引物 RNA-DNA 长度约 40 个核苷酸，其中包括 5′端约 10 个核苷酸的 RNA。随后 polα/引发酶因缺乏持续合成 DNA 的能力而离开模板链 DNA，DNA 聚合酶 δ 利用 RNA-DNA 引物继续合成前导链。polα/引发酶可能更适合于后随链 DNA 的复制，它可以和复制因子 C（replication factor C, RFC）共同结合到后随链的模板上，不断为后随链的不连续复制合成引物，进而合成后随链 DNA 片段。

2. DNA 聚合酶 δ　DNA 聚合酶 δ 是参与真核 DNA 复制的主要聚合酶，它既有持续合成 DNA 链的能力，又有校正功能。动物 DNA 聚合酶 δ 有两个亚基，与辅助蛋白增殖细胞核抗原（proliferating cell nuclear antigen, PCNA）连接在一起才能发挥作用。PCNA 大量存在于增殖细胞的核中，作用相当于大肠杆菌 DNA 聚合酶Ⅲ全酶中的 β 亚基，可使聚合酶与模板紧紧夹在一起。由牛胸腺中分离得到的 PCNA 分子质量为 36 ku，能使 DNA 聚合酶 δ 的持续合成能力增加 40 倍。

3. DNA 聚合酶 ε　DNA 聚合酶 ε 具有 4 个亚基，也是参与 DNA 复制的重要聚合酶。有研究表明，它具有和细菌 DNA 聚合酶 Ⅰ 相似的功能，但不具有 5′→3′核酸外切酶活性。RNA 引物被 RNaseH Ⅰ 和其他具有 5′→3′核酸外切酶活性的酶水解后，DNA 聚合酶 ε 能填补缺口，并由 DNA 连接酶将片段连接起来。

4. DNA 聚合酶 β　除植物和原生虫外，几乎其他所有其他真核生物细胞中都含有 DNA 聚合酶 β。它的分子质量约为 430 ku，具有有限的修复作用。

5. DNA 聚合酶 γ　所有真核生物细胞中都含有 DNA 聚合酶 γ，分子质量为 150～300 ku，其主要功能是负责线粒体 DNA 的复制。

表 3.4　哺乳动物的 DNA 聚合酶

项　目	DNA 聚合酶 α（Ⅰ）	DNA 聚合酶 β（Ⅳ）	DNA 聚合酶 γ（M）	DNA 聚合酶 δ（Ⅲ）	DNA 聚合酶 ε（Ⅱ）
定位	细胞核	细胞核	线粒体	细胞核	细胞核
亚基数目	4	1	2	2	>1
外切酶活性	无	无	3′→5′外切酶	3′→5′外切酶	3′→5′外切酶
持续合成能力	中等	低	高	有 PCNA 时高	高
生物学功能	引物合成	修复	线粒体 DNA 复制	核 DNA 复制、修复	核 DNA 复制、修复

（二）真核生物的其他复制因子

真核生物 DNA 的复制还需要其他一些蛋白质因子（表 3.5）的作用，特别是复制因子 RFA 和 RFC，它们广泛存在于从酵母到哺乳动物中。RFA 为真核生物单链 DNA 结合蛋白，相当于原核生物的 SSB 蛋白。RFC 具有依赖于 DNA 的 ATPase 活性，可促进复制复合物的组装，主要作用是促使同源三聚体的 PCNA 环状分子与引物-模板链结合，或者使 PCNA 结合在双螺旋 DNA 的切口处，因此是一种复制必需的活化蛋白。

表 3.5　真核细胞 DNA 复制叉上的蛋白质及其功能

蛋白质	功能
RFA	单链 DNA 结合蛋白，激发 DNA 聚合酶，促进解链酶的负载
增殖细胞核抗原（PCNA）	将聚合酶 δ 两个亚基夹在模板上，类似于 E. coli 聚合酶的 β 亚基
复制因子 C（RFC）	依赖 DNA 的 ATP 酶，结合引物-模板 DNA，促进 DNA 聚合酶负载 PCNA
polα/引发酶	合成 RNA-DNA 引物
polδ/ε	DNA 聚合酶，具有 $3'\rightarrow 5'$ 外切酶活性
FEN I	去除 RNA 引物的核酸酶
RNaseH I	去除 RNA 引物的核酸酶
T 抗原	DNA 解链酶，装配引物体

三、真核生物 DNA 复制的过程

（一）真核生物 DNA 复制的起始

原核细胞中复制起始点 DNA 的识别与 DNA 的解旋以及聚合酶的募集是偶联的。但在真核细胞中复制起始过程中，复制器起始点的识别和激活发生在细胞周期的不同时期，这种时间的短暂分离保证了在细胞周期中每条染色体仅复制一次。基因组 DNA 中复制起始点序列的识别过程发生在细胞分裂间期的 G_1 期，此过程使得复制子起始位点上组装形成一个多蛋白复合物。而复制起始点的激活只发生在 S 期，使与复制起始点结合的蛋白复合物启动 DNA 的解旋和 DNA 聚合酶的募集。

真核生物细胞中复制起始点的识别和激活相分离是由多种酶和辅助蛋白共同参与调控的。在真核细胞中，一种称为起始点识别复合体（origin recognition complex，ORC）的六蛋白复合体负责识别复制起始点。酵母中 ORC 的功能研究的最清楚，它可以识别酵母复制子中 A 元件的保守序列以及次保守的 B1 元件（图 3.4）。像 DnaA 一样，ORC 与起始点上特异序列的作用也需要结合 ATP。但与 DnaA 不同的是，与酵母复制起始点结合的 ORC 自身并不指导相邻 DNA 链的分离，但可将其他复制蛋白全部召集到复制起始点上。在酵母细胞周期的 G_1 期，结合在复制起始点上的 ORC 募集两个装载蛋白 Cdc6 和 Cdt1，继而招募一个解旋酶 Mcm2-7，形成前复制复合体（pre-RC）（图 3.15）。但在前复制复合体形成后，DNA 并没有立即解旋或者招募 DNA 聚合酶。只有在细胞进入 S 期后，pre-RC 才被两种细胞周期调控激酶 Cdk 和 Ddk 激活，引发 DNA 聚合酶的组装从而启动复制。DNA 聚合酶在起始点上的组装是以一定的顺序进行的，DNA 聚合酶 δ 和 DNA 聚合酶 ε 首先结合，然后才形成 polα/引发酶复合体，此顺序保证了 DNA 聚合酶在起始点的出现先于首个 RNA 引物合成。在起始点组装的蛋白质中，只有一部分可以作为延伸复合体的一部分继续使用，其他因子（如 Cdc6 和 Cdt1）都是在参与复制起始后即被释放或降解。

真核细胞如何调控复制起始点的活性，以确保在一个细胞周期内没有一个位点被激活超过一次？答案在于细胞周期蛋白依赖性激酶（Cdk）对前复制复合体的形成和激活所进行的严格调控。在细胞周期的 G_1 期，pre-RC 可以形成但是不能指导复制的起始，在细胞周期的其他时期内（S、G_2 和 M 期），任何已有的 pre-RC 都能指导启动 DNA 的复制，但是不能形成新的 pre-RC。因此，一个细胞周期内，任何 pre-RC 都只能指导一轮起始，这保证了 DNA 只被精确的复制一次。

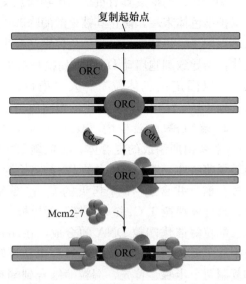

图 3.15 复制叉前复制复合体的形成过程

（二）真核生物 DNA 复制的延伸

与原核生物一样，真核细胞中 DNA 的复制也需要多种 DNA 聚合酶，但 DNA 聚合酶的种类和作用不同。每个复制叉上有 3 种不同的 DNA 聚合酶：DNA 聚合酶 α/引发酶、DNA 聚合酶 δ 以及 DNA 聚合酶 ε，DNA 聚合酶 α/引发酶首先启动新链的合成，继而由 DNA 聚合酶 δ 和 DNA 聚合酶 ε 进行链延伸。虽然有证据表明 DNA 聚合酶 δ 和 DNA 聚合酶 ε 分别负责两条 DNA 模板链上的合成，但是尚不清楚哪一个聚合酶负责合成前导链，哪一个聚合酶负责合成后随链。目前，对在真核生物 DNA 复制叉上募集 3 种聚合酶并协调它们作用的蛋白质尚不清楚。

（三）真核生物 DNA 复制的终止

原核生物的染色体 DNA 是环状的，在复制时其 $5'$ 最末端冈崎片段的 RNA 引物去除后，可用另半圈 DNA 链作为引物向前延伸填补空隙。但真核生物是线状 DNA，其末端 RNA 引物被切除后，没有可用做引物的 $3'-OH$ 末端，而空缺如果不能填补，会导致 $5'$ 末端序列缩短。细胞将如何解决这个问题呢？Blackburn 等给出了问题的答案。在真核生物染色体末端，能够形成一种特殊的端粒（telomere）结构，它是由一种被称作端粒酶的特殊 DNA 聚合酶负责合成，以此消除复制叉进行常规合成时可能造成的染色体末端渐进性丢失问题。

端粒已经成为现代生物学的研究热点，它与肿瘤发生、基因表达调控、衰老、细胞永生化等有着密切的关系。

1. 端粒 DNA　端粒是真核生物染色体的两个末端 DNA 序列与特定的蛋白质结合形成的复合物。端粒 DNA 由许多富含 GC 的串联重复序列组成，其总长度可达几百到几千个碱基对。其中一条单链的 $3'$ 末端区富含碱基 G，叫做 G 链，另一条与其互补的链叫做 C 链。端粒中的重复序列具有种属特异性，在四膜虫（*Tetrahymena*）中该序列为 TTGGGG/AACCCC，在人体以及其他许多脊椎动物中核心重复序列为 TTAGGG/AATCCC。端粒中 G 链在端粒酶作用下以非半保留复制方式按 $5'\rightarrow 3'$ 方向延伸，并超出其互补 C 链 12~16 个核苷酸。

端粒结构的形成具有重要的生物学意义。它不仅可以防止染色体复制时末端丢失,还可以保护染色体末端,防止其被核酸酶降解;同时还可以防止 DNA 修复系统错误地将染色体末端识别为染色体断口而将染色体粘连起来。末端缺少端粒的染色体看起来更像是断裂的染色体,会导致细胞启动 DNA 损伤检测系统,最终造成细胞停止分裂而死亡。此外,端粒结构还可以固定染色体位置。人类染色体末端位于细胞核的边缘,其端粒 DNA 可通过"TTAGGG"结构和核基质中的蛋白质相互作用,从而附着于细胞核基质上。

2. 端粒酶 端粒酶(telomerase)是由 RNA 和蛋白质组成的复合体,有依赖 RNA 的逆转录酶活性。端粒酶所含的 RNA 链长约 150 个核苷酸,并含 1~5 个拷贝的 C_yA_x 重复序列,是合成端粒 T_xG_y 链(G 链)的模板。

端粒酶催化端粒 DNA 的合成,在端粒延长中起主要作用。端粒的合成过程包括逆转录和复制两个步骤。首先,端粒酶结合到端粒 G 链的 3′末端上,其 RNA 的 5′末端与 G 链的 3′末端碱基互补配对,并以此 RNA 链为模板催化 G 链 DNA 的延伸,合成一个重复单位后端粒酶再向前移动一个单位,如此连续循环反应,使端粒 DNA 序列以串联重复的形式不断延伸。然后,以 G 链上串联重复序列的 3′单链末端回折作为引物,由 DNA 聚合酶活性催化合成其互补 DNA 链,同时弥补 5′末端引物切除后的空缺(图 3.16)。在生殖细胞和大多数肿瘤细胞中,都可以检测到很高的端粒酶活性,这也是其端粒长度能够维持稳定的重要原因。此外,端粒酶具有 3′→5′核酸外切酶活性,可以在聚合反应中起校正作用。端粒酶还可愈合染色体断裂端,从而保护染色体结构的完整。

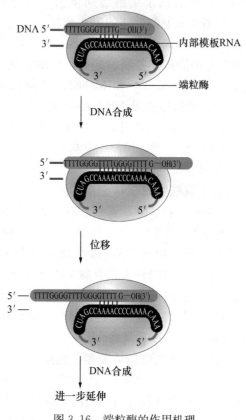

图 3.16 端粒酶的作用机理

端粒酶不仅在端粒延长过程中起着不可替代的作用,而且与细胞的衰老和癌变密切相关。通常情况下端粒酶在生殖细胞中保持较高的活性,以维持其端粒长度不变。但在体细胞中,端粒酶活性大大降低,导致端粒长度随个体的老化而逐步缩短,成为诱导细胞衰老和死亡的重要原因。因此,体细胞染色体复制时末端的丢失决定了细胞分裂次数的有限性,端粒的长度决定了细胞的寿命。在肿瘤细胞中,也能检测到较高的端粒酶活性,这可能是肿瘤细胞成为永生性细胞的重要原因之一。

3. 端粒结合蛋白 在端粒结构的维持过程中,除端粒酶外还需要一类端粒结合蛋白结合在染色体末端,赋予末端特有的结构特征。从酵母到哺乳动物都有一套端粒结合蛋白,既可以保护端粒以防止降解,同时也可以隐藏端粒末端,防止 DNA 损伤因子将其识别为染色体断裂。在哺乳动物中,端粒结合蛋白因为其对端粒的庇护作用又称为庇护蛋白(shelterin)。

第六节　DNA 的复制错误和损伤修复

遗传信息的长期稳定存储对生物的繁衍是至关重要的，体细胞中严重的遗传信息改变能造成个体死亡，生殖细胞中遗传信息的改变甚至能导致物种灭绝。DNA 作为遗传信息的载体是因为它具有遗传上的稳定性，但是这种稳定性并非绝对不变。在一定程度上，大部分 DNA 的结构损伤和变异能够被生物体自身的修复系统恢复正常，也有一些不能被修复。那些不能修复的可遗传的 DNA 结构变异称为突变。DNA 的理化损伤、复制的不准确性及转座元件的插入是造成 DNA 突变的主要来源。

DNA 的复制错误和损伤会产生两个后果，一是给 DNA 带来永久性的改变（突变），这可能改变基因编码的蛋白质序列或者基因的调控序列信息；二是 DNA 的某些化学变化使得 DNA 不能再用作复制或转录的模板。对于前一个后果，突变的效果一般在发生了序列改变的后代细胞上才显现出来。例如通过脱氨基作用胞嘧啶转化为尿嘧啶产生 U:G 错配，在一轮复制后，完成由一条子代染色体上的 C:G 到 T:A 的转换突变。这些类型的损伤改变了碱基组成，在复制上没有立即产生结构性后果，但是引起了碱基错配，并在复制后导致 DNA 序列上突变。对第二种后果，妨碍复制或者转录的损伤（如胸腺嘧啶二聚体或 DNA 骨架的断裂）能立即在当代细胞的功能甚至存活能力上发挥作用。细胞要应对以上两方面的挑战，一是要扫描基因组，以便及时准确地检查出 DNA 的损伤及合成中的错误；二是要对损伤进行修复，而且最好能恢复其原始 DNA 序列。

一、DNA 的复制错误修复

（一）DNA 聚合酶的校正修复

在所有生物的复制体系中，都存在具有 $3'\to 5'$ 核酸外切酶校正活性的 DNA 聚合酶，能够在复制过程中切除错误掺入的核苷酸，对碱基错配进行实时校正。通过这种校正读码作用，可以将 DNA 复制的忠实度提高约 100 倍。

（二）错配修复

虽然在合成 DNA 时 DNA 聚合酶能够进行校正修复，但仍有一些错误掺入的核苷酸会逃脱检测，并在新合成的 DNA 链与模板链之间形成碱基错配。在第二轮复制的时候，错误掺入的核苷酸已经是模板链的一部分，将指导其互补核苷酸掺入到新合成的链中，导致突变被永久固定下来。由于掺入核苷酸对的化学结构是正常的，所以依赖识别结构异常进行修复的碱基切除修复和核苷酸切除修复系统也不能发挥作用。幸运的是，细胞有一套错配修复系统（mismatch repair system）用来检验错配并对其进行修复，可以将 DNA 合成的精确性提高 2~3 个数量级。

复制时错配的碱基在子代互补链上，错配修复系统是如何区分新合成的子链和模板链的呢？答案是其依赖于 DNA 链上甲基化程度的差异。在大肠杆菌中，DNA 腺嘌呤甲基化酶（DNA adenine methylase，Dam）催化"$5'-GATC-3'$"序列上的"A"甲基化，并且由于结构上的二重对称性，Dam 同时催化两条链上的 A 甲基化。当复制叉经过两条链都已甲基化的 GATC 序列时，新合成的 DNA 子代链暂时是未甲基化的，直到 Dam 甲基化酶赶上并将新合成的子代链甲基化为止。在这个处于不对称甲基化状态的 DNA 区，错配修复系统可以识别出没有被甲基化的新合成的子代链，将其作为被修复的对象。大肠杆菌中 Muts 蛋白能识别错配的碱基并结合在错配位点，招募 MutL 蛋白并激活 MutH 蛋白。MutH 蛋白具有核酸内切酶活性，选择性地将未甲基化的子代链 GATC 序列切开，并由其他核酸外切酶从切口处向错误掺入核苷酸方向切割，直到越过该错误插入的核苷酸，继续切除错配碱基对附近一段新合成的 DNA 序列，产生的缺口由 DNA 聚合酶Ⅲ填补并由 DNA 连接酶连接。

事实上，错配修复系统主要在较高等生物中发挥修复作用。多数细菌没有 Dam，也不能用半甲基化来标记新合成的子代链。真核细胞中也有错配修复系统，虽然缺少 MutH 以及像大肠杆菌那样用半甲基化标记新合成子代链的策略，但真核生物 DNA 复制时新合成的子代链会出现缺口，这些缺口可能为识别新合成的链提供标记。

二、DNA 的损伤修复

由于引发 DNA 损伤的因素复杂多样，而且损伤不一定发生在 DNA 复制过程中，所以细胞进化出更多的 DNA 损伤修复系统，以确保在损伤阻碍细胞正常进行复制、转录或者产生突变之前就识别并修复损伤。

（一）DNA 损伤的直接修复

DNA 损伤的直接修复也叫做直接逆转或恢复修复，是指修复酶直接将损伤逆转从而使 DNA 结构恢复正常的一种损伤修复方式，修复过程仅涉及损伤部位。

直接修复的一个代表实例是光裂合酶的光复活作用（photoreactivation），它可以直接逆转紫外辐射造成的嘧啶二聚体结构。在光复活反应中，光裂合酶（photolyase）能特异性识别 DNA 链上的嘧啶二聚体结构并与其结合，利用从可见光中捕获的能量来断开连接相邻嘧啶碱的共价键，将二聚体分解为两个正常的嘧啶单体。光裂合酶在生物界分布很广泛，从低等单细胞生物一直到鸟类都有，但在高等哺乳动物中没有发现。

除光修复作用外，生物体内针对其他的损伤方式也有多种直接修复方法。例如，鸟嘌呤甲基转移酶可以直接转移鸟嘌呤上错误修饰的甲基从而修复 DNA 的这种烷基化损伤，DNA 连接酶可以将断裂的 DNA 链重新连接起来，DNA 嘌呤插入酶（insertase）可以将核苷酸上脱掉的嘌呤碱基重新以糖苷键连接到核糖分子上。这些直接修复方式不需要光激活，所以都属于暗修复机制。尽管各种直接修复机制有各种条件的限制，但都是损伤修复的有力补充。

（二）剪切修复

剪切修复系统（excision repair system）可以将结构改变的核苷酸除去并替换为正常核苷酸，是清除 DNA 损伤最普遍的一种方法。根据修复对象和修复方式的差异，剪切修复主要分为碱基切除修复（base excision repair）和核苷酸切除修复（nucleotide excision repair）。两种修复都是在一系列酶作用下，将 DNA 分子中的损伤部分切除，并以另一完整的链为模板，由 DNA 聚合酶补平切除缺口，恢复其正常的 DNA 结构。

1. 碱基切除修复 碱基切除修复是由一类称为 DNA 糖基化酶（DNA glycosylase）的修复酶识别并切除单一损伤碱基而引发的修复，包括损伤位点的周围一个或几个核苷酸的切除和置换。碱基切除修复是由修复酶通过碱基弹出方式除去受损碱基的。修复过程分为碱基切除和脱碱基位点修复两个阶段。首先，DNA 糖基化酶能识别并通过水解受损核苷酸上的 $N-\beta$-糖苷键除去受损碱基，在 DNA 链上产生脱嘌呤或脱嘧啶位点，统称为 AP 位点。然后，AP 核酸酶识别脱去碱基的脱氧核糖，并从 DNA 骨架上将包括 AP 位点在内的 DNA 小片段切除，再由修复 DNA 聚合酶（如大肠杆菌中的 DNA 聚合酶 I）和连接酶补平缺口。

DNA 糖基化酶是损伤特异性的修复酶。细胞中有多种具有不同特异性的 DNA 糖基化酶，一种糖基化酶一般只对应于某一特定类型的损伤。如一种特殊的糖基化酶只识别 DNA 中胞嘧啶自发脱氨后产生的尿嘧啶，而不识别 RNA 中的尿嘧啶。DNA 糖基化酶可以沿着 DNA 的小沟纵向扩散检测受损碱基，利用 DNA 分子具有的令人惊叹的高度柔韧性，仅需中等的双螺旋结构扭曲即可使包埋在 DNA 螺旋中的碱基弹出并进入糖基化酶的活性中心，在酶促作用下脱去碱基。当然，糖基化酶沿着 DNA 扩散的时候，不可能将每一个碱基都弹出来检测是否异常，DNA 糖基化酶对受损碱基的扫描机制目前还不清楚。

2. 核苷酸切除修复　与碱基切除修复不同，核苷酸切除修复酶不能区分各种不同的损伤，而是识别双螺旋形状上的扭曲，如胸腺嘧啶二聚体或碱基被大的化学基团修饰结合而形成的扭曲结构。这种扭曲会引发切除修复，导致含有损伤核苷酸的一小段单链片段被切除，产生的单链缺口由 DNA 聚合酶以未受损的链为模板来补平，从而恢复原始的核苷酸序列。这个过程与碱基切除修复十分类似，只是核苷酸切除修复不是特异性的清除损伤的碱基，而是切除包括损伤碱基在内的一段核苷酸序列（图 3.17）。

（三）重组修复

重组修复（recombinational repair）是当 DNA 两条链都受损伤或断裂时采用的一种更精致的 DNA 修复系统。由于损伤或断裂来自双链，所以一条链不能作为另一条链修复的模板，因此重组修复也称为双链断裂修复（double-strand break repair, DSBR）。而根据这种修复发生在 DNA 复制之后，又称为复制后修复（post-replication repair）。

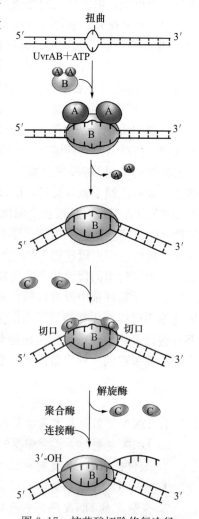

图 3.17　核苷酸切除修复途径

在重组修复中，损伤部位的序列信息实际是从姐妹染色体中取回，损伤部位也没有真正恢复正常，只是以损伤 DNA 为模板合成出正常的子代 DNA，从而将损伤 DNA 进行"稀释"。

DNA 重组修复还可以帮助修复 DNA 复制中的错误。如复制叉在 DNA 中遇到没有被核苷酸切除修复纠正的损伤（如嘧啶二聚体），DNA 聚合酶有时会越过此损伤部位进行复制。虽然模板链不能使用了，但是其互补链序列信息仍能通过重组从复制叉的另一个分子上取回。当重组修复完成后，核苷酸切除修复系统又有一次修复嘧啶二聚体的机会。当在 DNA 模板链上遇到一个缺口，复制叉越过缺口将会产生 DNA 断裂，这种缺口只能通过重组途径来进行修复。所以，虽然一般认为重组是进行序列组合的一种进化策略，但它最初的功能可能是为了修复 DNA 的损伤。

只有细胞中存在断裂染色体的姐妹染色体时，双链断裂修复途径才能起作用。在细胞周期早期尚未通过 DNA 复制形成姐妹染色体以前，如果遇到染色体断裂，细胞会采用一种称为异源末端连接（non-homologous end joining，NHEJ）的防故障系统进行修复。NHEJ不涉及同源重组，取而代之的是通过断裂末端突出的单链上的几个碱基（最短可以到一个碱基）之间互补配对，将断裂DNA的两个末端直接连接，单链尾巴用核酸酶去除，缺口用DNA聚合酶填补。在细菌、酵母和人类中已发现了Ku蛋白介导的异源末端连接。这种Ku蛋白介导的NHEJ是一个低效的过程（在引入染色体断裂的1 000个酵母细胞中仅有一个存活），会在染色体断裂最初发生的位置上导致几个至几千个碱基的缺失。

（四）移损DNA合成

移损DNA合成（translesion DNA synthesis，TLS），也称为跨损伤合成，是细胞复制进程被损伤碱基阻碍的情况下迫不得已采用的一种应急容错复制机制。移损DNA合成是由一类特殊的移损DNA聚合酶催化，虽然该类酶的作用是模板依赖性的，但是它们掺入核苷酸的方式不依赖于碱基配对，所以该类酶能经过模板链上损伤位点进行DNA合成。由于移损DNA聚合酶没有从模板上阅读序列信息，所以移损DNA合成不可避免地具有很高的易错性，引入突变的频率很高。移损DNA合成使细胞避免了因为染色体不完全复制导致死亡等更坏的命运，所以移损DNA合成被认为是细胞最后可选择的求助系统。它能使细胞存活下来，但是付出的代价是高突变发生率。

正常大肠杆菌中没有移损合成酶，此酶只有在对DNA损伤应答的时候才被诱导合成。因此编码移损合成酶的基因是作为SOS反应（SOS response，也称应激反应）途径中的一部分进行表达。SOS反应是细胞DNA受到损伤或复制系统受到抑制的紧急情况下，细胞为求生存而采取的一种应急措施。至今，移损合成的许多机制还不清楚。

复习思考题

1. DNA复制的基本规律是什么？
2. DNA复制的方式有哪些？
3. 如何证明DNA复制是以半保留复制的方式进行的？
4. 参与DNA复制的酶和蛋白质有哪些？它们的作用是什么？
5. 复制器的DNA序列一般具有什么特点？
6. 简述原核生物DNA复制的过程。
7. 真核生物DNA复制的特点有哪些？
8. 叙述原核生物和真核生物DNA复制的调控机制。
9. 真核生物细胞是靠什么机制保证一个细胞周期DNA只被精确地复制一次的？
10. DNA损伤的来源和遗传后果是什么？
11. 生物进化出的DNA损伤修复系统有哪些？
12. 碱基切除修复与核苷酸切除修复有何区别？
13. DNA复制错误修复系统有哪些？

第四章 DNA 的重组

DNA 分子内或分子间发生遗传信息重新组合的现象，称为遗传重组（genetic recombination）。DNA 的重组是生物体遗传信息变异的主要来源，是生物遗传多样性的分子基础，也是生物体适应环境进化选择的物质基础。

根据对 DNA 序列和所需蛋白质因子的要求不同，DNA 重组主要分为同源重组（homologous recombination）、保守性特异位点重组（conservative site-specific recombination，CSSR）和转座重组（transposition recombination）等类型（表 4.1）。

表 4.1 三种 DNA 遗传重组的特征

类型	需同源序列	需 RecA 蛋白	需序列特异性的酶
同源重组	+	+	−
保守性特异位点重组	+	−	+
转座重组	−	−	+

第一节 同源重组

同源重组是真核生物和原核生物基因重组中最普遍的类型，故又称一般重组（general recombination）。同源重组是细胞的一个基本过程，涉及 DNA 分子的断裂和修复，受到细胞编码的一些酶的催化和调控。

一、同源重组模型

1. Holliday 模型 Holliday 等于 20 世纪 60 年代提出的模型是第一个被普遍接受的同源重组模型。

该模型的关键步骤（图 4.1）是：①同源 DNA 分子的联会。所谓同源指的是两个 DNA 分子序列中至少有 100 个碱基对以上的序列相同或几乎完全相同。②引入 DNA 链断裂。两个双螺旋 DNA 分子中各有一条单链的相应位置，被 DNA 内切酶切断。③DNA 链入侵（strand invasion）。每条断开的链"侵入"对方同源双链 DNA 分子的双螺旋中。侵入的链通过与对方 DNA 分子中的互补链碱基配对而结合，形成一个异源双链（heteroduplex）区，该配对过程称为 DNA 链入侵。连接酶缝合断口形成"X"形结构，两个 DNA 分子被相互交叉的 DNA 链联系在一起。这个"X"形交叉结构称为 Holliday 联结体（Holliday junction）。④Holliday 联结体的移动。一个 Holliday 联结体可以通过原亲本链上两条 DNA 单链间配对碱基的连续解链和来源于两个重组 DNA 分子上的异源单链 DNA 间的连续配对而沿着 DNA 分子左右移动，这种移动称为分支迁移（branch migration）。⑤Holliday 联结体的剪切（图 4.2）。在 Holliday 联结体处切断 DNA，产生两个重组体 DNA 分子，这一过程叫做联结体拆分（resolution）。切开的方式不同，得到的重组体就不同。如果剪切位点位于一开始未曾被切割过的 2 条 DNA 单链上，形成的重组体由两个亲本双螺旋 DNA 分子链通过形成异源双螺旋区而共价拼接在一起，即在这一重组位点两侧 DNA 序列是来自不同亲本的 DNA，故这种产物称为剪接（splice）产物或交换产物（crossover product）。如果剪切位点在曾被断裂过的 2 条单链上发生，形成的重组体在两次剪切位点之间含有一段外来 DNA 单链（补丁），称为补丁产物（patch product）。因为最初断裂的位点附近的基因并未因重组而重新配对，即其两侧仍为同一亲本 DNA，故又称非交换产物。

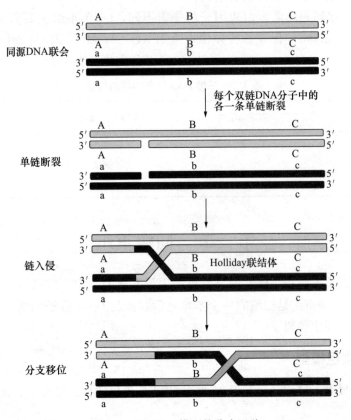

图 4.1　Holliday 模型的分支迁移

虽然现在已证明大多数重组涉及新的 DNA 合成（Holliday 模型中没有提及），但是 Holliday 模型仍然很好地解释了 DNA 链入侵（strand invasion）、分支迁移（branch migration）和 Holliday 联结体（Holliday junction）拆分等同源重组的核心过程。在噬菌体中拍到的电镜照片，为该模型的 Holliday 结构提供了直接证据（图 4.3）。

2. Meselson-Radding 重组模型　由于很难想象 Holliday 模型提出的两个重组 DNA 分子在各自对应链的相同位置发生断裂（图 4.4a），1975 年，Meselson 和 Radding 在 Holliday 模型的基础上提出了一个修正方案，即 Meselson-Radding 重组模型（图 4.4b）。该模型认为 DNA 单链切口的形成及其向相邻 DNA 双链的侵入为非对称产生。即在两个重组 DNA 分子中，只有一个双螺旋 DNA 分子中的一条单链断裂，产生的游离核苷酸单链侵入另一个

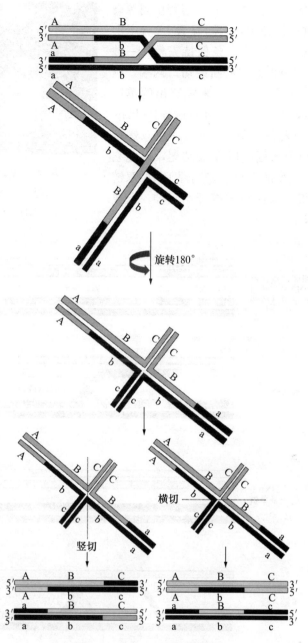

图 4.2 Holliday 联结体的剪切

DNA 分子的完整双链中，并与之配对结合，在相应位置被置换出的一条同源 DNA 单链形成一个逐渐增大的 D 环结构（D-loop）。随后被置换的单链核苷酸在单链和双链相连的地方被切断，形成异源双链 DNA，接着按 Holliday 模型的后续步骤完成重组。

3. 双链断裂修复模型　虽然 Holliday 模型和后来由之改进的 Meselson-Radding 模型能够解释大部分生物同源重组的结果，但是它们仍然具有局限性，如两种模型都不能解释基因转换现象（gene conversion）。

1983 年，Szostak 等提出了双链断裂修复（double-stranded break-repair，DSBR）模型

(图 4.5)。和 Holliday 模型一样，这个过程由同源染色体联会开始，在这一模型中，两同源 DNA 分子中有一条发生了双链断裂，而另一条保持完整。一种 DNA 核酸外切酶沿 5′→3′方向从断裂切口两端，顺序降解断裂的 DNA 分子以产生 3′末端突出的单链 DNA 区域。产生的单链 DNA 以 Meselson-Radding 模型所提到的方式侵入另一条完整的 DNA 双螺旋中，并进行置换。因为入侵链以 3′端结尾，因此它们可以作为合成新 DNA 的引物，以同源 DNA 双链中的互补链作为模板，从这些 3′端开始延伸，合成断裂处被降解的 DNA。

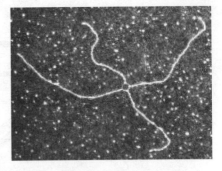

图 4.3 在噬菌体中拍到的 Holliday 结构的电子显微镜照片
（引自 Boyle，2005）

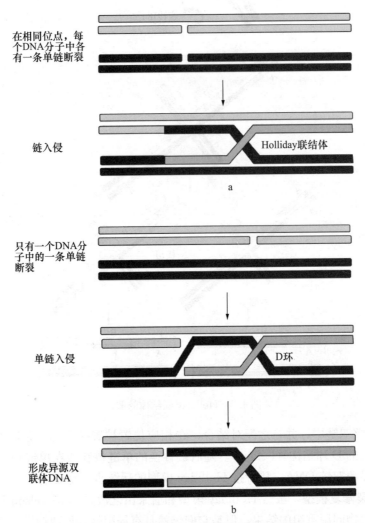

图 4.4 两种重组模型在起始阶段的比较
a. Holliday 重组模型　b. Meselson-Radding 重组模型

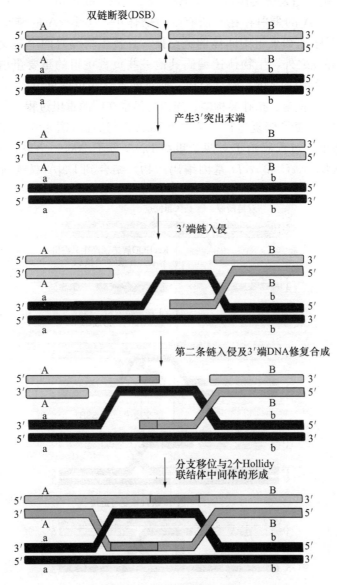

图 4.5 双链断裂修复模型

双链断裂模式产生的重组中间体——两个 Holliday 联结体，以分支迁移的方式沿着 DNA 移动，并最终被切断而结束重组事件。同样的，每一个 Holliday 联结体都有两种拆分方式，依据拆分 Holliday 联结体所采用的方式，可决定得到的最终 DNA 分子重组位点侧翼序列的基因是否发生重新配对（即导致交换）。

二、同源重组蛋白

所有的生物都编码能催化 DNA 重组过程的蛋白质，有些重组步骤中同源蛋白质家族的成员在所有的生物中提供同样的功能，有些重组步骤中不同生物由不同种类的蛋白质催化，但都产生类似结果。

同源重组的关键蛋白是链交换蛋白（strand-exchange protein）。其中，大肠杆菌的 RecA 是个先例，类 RecA 的蛋白存在于所有的生命体中，类 RecA 的链交换蛋白促进两条 DNA 分子寻找同源序列和重组中间体的链交换。真核生物编码两个链交换蛋白，分别为 Rad51 和 Dmc1。除此之外，生物体还编码其他一些负责重组的重要蛋白，如原核生物的 RecBCD 酶和真核生物中的 MRX 酶复合体。而且除了这些负责重组的蛋白质外，DNA 聚合酶、单链 DNA 结合蛋白、拓扑异构酶、连接酶等也在同源重组过程中起着关键作用。

大肠杆菌中的双链断裂修复途径，又称为 RecBCD 途径（图 4.6），是研究得最透彻的同源重组途径。该重组过程起始于对两个重组 DNA 分子中的一个进行双链切割的诱导。RecBCD 蛋白（recB、recC 和 recD 基因编码产物）结合到 DNA 双链断裂区，并利用其

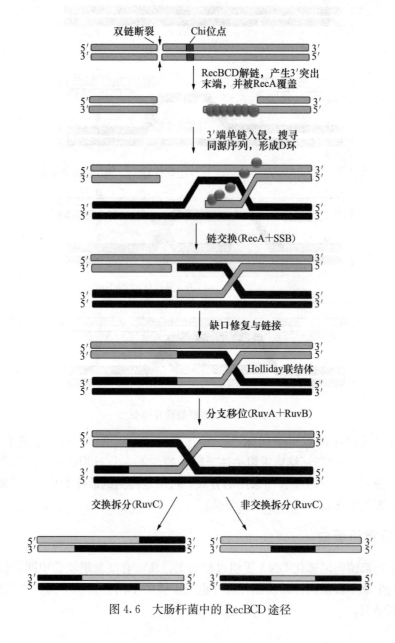

图 4.6　大肠杆菌中的 RecBCD 途径

DNA 解旋酶活性解开双链，直到 8 个核苷酸的保守序列 5'-GCTGGTGG-3'出现为止，该序列在大肠杆菌基因组中平均每 5 000 bp 就出现一次，称为 Chi 位点。RecBCD 蛋白具有外切双链和单链核苷酸的活性，也具有单链内切核苷酸酶活性，这使得 RecBCD 蛋白可以产生单链末端，然后单链末端被 RecA 蛋白（recA 基因编码产物）和单链 DNA 结合蛋白（SSB 蛋白）包裹。RecA 蛋白是参与同源重组的关键蛋白质，是链交换蛋白酶家族的基本成员，这些蛋白质催化同源 DNA 分子的配对。RecBCD 蛋白也协助 RecA 蛋白在单链 DNA 上的组装。

RecA 蛋白的亚基相互协助地结合到 DNA 上形成蛋白丝，蛋白丝通过 5'→3'加入 RecA 亚基来延长，这意味着 3'端结尾的 DNA 链更易被 RecA 蛋白覆盖。RecA 蛋白促进 RecA-单链 DNA 复合体中的单链 DNA 末端侵入其他双链 DNA 分子中搜寻与其互补的同源序列。当发现同源区域后启动链交换，链交换反应产生 D 环结构。当重组的链侵入步骤完成后，两个重组的 DNA 分子被一个 DNA 分支连接起来形成所谓 Holliday 联结体结构（图 4.6）。

大肠杆菌还存在 RuvABC 系统，负责催化同源重组中的交叉点迁移和 Holliday 联结体的拆分（图 4.6）。RuvA 蛋白识别并结合到 Holliday 联结体上，并促使 RuvB 蛋白结合到这个位点上，RuvB 是一个六聚体 ATP 酶，利用 ATP 中的能量促进分支迁移。结束重组需要拆分两个重组 DNA 分子间的 Holliday 联结体。RuvC 蛋白是拆分 Holliday 联结体的主要核酸内切酶。RuvC 与 RuvA 和 RuvB 形成 RuvABC 复合物的形式（即拆分复合体）识别 Holliday 联结体并特异性地拆分，拆分过程可能依赖于分支迁移。RuvC 蛋白剪切 DNA 有一定程度的序列特异性，剪切只发生在 5'-（A/T）TT↓（G/C）-3'序列位点上。这种序列在大肠杆菌基因中十分常见，当分支迁移到达这样一个保守区域时，RuvC 蛋白特异剪切两条同极性的同源 DNA 链，从而结束重组过程。

三、同源重组机制的遗传结果

同源重组可以允许遗传交换、染色体上基因重排、断裂 DNA 和停滞复制叉的修复。此外，特殊类型的重组还能调控某些基因的表达，例如原本休眠的基因可通过染色体特定区域的交换被转换到可表达的区域。

真核生物非姐妹染色单体的交换、姐妹染色单体的交换，细菌和某些低等真核生物的转化，细菌的接合和转导等都属于这一类型。

同源重组的一个重要特点是，无论何种序列，只要两个 DNA 分子片段之间有足够的相似区域（即同源性），就可以在这两个区域间发生同源重组。

两个 DNA 分子间发生重组的关键步骤在于 RecA 家族的一个关键蛋白质能成功地将两个具有同源序列的 DNA 分子配对，任何具有能正确碱基配对的普通 DNA 链都可以指导这一过程。整个同源重组过程不涉及特异 DNA 序列的识别，即同源重组基本上独立于序列发生。因此，任何两个基因间发生交换的频率取决于它们之间的物理距离，相距越远，越易发生交换。同源重组的这个基本特性，可以使我们基于重组率的测量来构建遗传图（genetic map），以显示染色体上的基因顺序和距离。

在 DNA 重组区域中，高重组概率的区域称为热点，低重组率的区域称为冷点。因此，在热点区的两个基因，在遗传图上要比在物理图上的相对距离更远，反之，在冷点区的两个基因在遗传图上的距离比他们在物理图上的距离要更近（图 4.7）。当 DNA 的一个区域在形成重组时，如不具有这种平均概率，则遗传图就不会与物理图（physical map）产生等比对应。

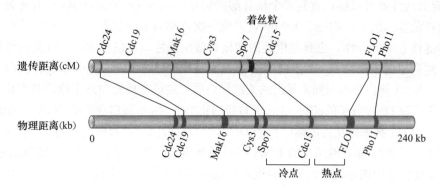

图 4.7　酵母染色体一个典型区域的遗传图与物理图对比
(引自 Alberts，2003)

利用同源重组的原理，将外源 DNA 与受体细胞染色体 DNA 上的同源序列发生重组，并整合在预定位点上，从而改变细胞遗传特性的方法称为基因打靶（gene targeting），又称基因靶位整合。由此已发展出一系列基因工程操作技术。依靠重组在整个生物体的背景下去掉或引入基因或定点修改基因序列，是鉴定基因功能非常有效的方法。

第二节　保守性特异位点重组和转座重组

DNA 作为遗传信息的载体是一种非常稳定的分子，DNA 的复制、修复以及同源重组过程都保持了很高的精确性，为物种的基因组在世代传递过程中几乎保持完全一致提供了保证。然而，还有一些遗传过程造成了 DNA 序列重排，从而造成了一个更具动态性的基因组结构。很多重要的 DNA 重排都是由两类遗传重组造成的：保守性特异位点重组（conservative site-specific recombination，CSSR）和转座重组（tanspositional recombination）。CSSR 发生在两端特定的序列之间，转座发生在特定的序列和非特定的 DNA 位点之间。由这些重组活动促成的生物过程包括病毒感染过程中病毒基因组插入宿主细胞 DNA，DNA 片段倒位造成基因结构的变化，以及转座元件（transposable element）从染色体上一个位点移向另一个位点。

这些 DNA 重排对染色体结构和功能具有深远的影响。对许多物种而言，转座是自然突变的主要来源，人类基因组中几乎一半的序列来自转座子，并且病毒感染和脊椎动物免疫系统的发育都是靠这种特殊的 DNA 重组完成的。

CSSR 和转座具有共同的关键机制。由蛋白重组酶（recombinase）识别 DNA 分子上要发生重组的特定序列，并与这些特定序列的 DNA 结合，催化 DNA 分子的断裂和重新结合，造成 DNA 片段的倒位或位移，通常只需要一个蛋白重组酶就可以完成 DNA 片段重组的所有过程。这两种类型的重组都受到精细的调控，把在 DNA 中引入断裂和重组 DNA 片段对细胞造成的危害降到最低。

一、保守性特异位点重组

保守性特异位点重组（CSSR）是发生在 DNA 特定位点上的断裂和重新连接过程，很多由一个特定 DNA 片段发生重排的反应都是由 CSSR 造成的。这类反应一个关键的特性是发生移动的 DNA 片段都带有短而特殊的序列元件，称为重组位点（recombination site），在这里可以发生 DNA 交换。

CSSR 能够产生 3 种不同类型的 DNA 重排（图 4.8）：

① DNA 片段在特定位点的插入；
② DNA 片段的丢失；
③ DNA 片段的倒位。

无论重组的结果是造成 DNA 片段的插入、丢失还是倒位，都是由参与重组的 DNA 分子上重组识别位点上的结构决定的。

重组位点的结构决定 DNA 重组的类型。每个重组位点由一对对称排列的重组酶识别序列（recombinase recognition sequence）构成，识别序列中间所包围的是一个短的不对称序列，称为交换区（crossover region），DNA 的断裂和重新连接就发生在这里。重组位点一般很短，大约只有 20 bp，也有更长的，并带有结合其他蛋白质的结合序列。

由于交换区是不对称的，所以每个重组位点都有特定的极性。如果两个重组位点以相反方向存在于同一 DNA 分子上（反向重复，inverted repeat），重组结果发生倒位；反之，若两个重组位点以相同方向存在于同一 DNA 分子上（同向重复，direct repeat），重组发生切除；若两个重组位点存在于不同 DNA 分子上，重组发生整合（integration）（图 4.8）。

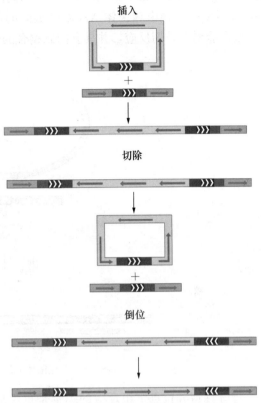

图 4.8　三种典型的保守性特异位点重组
（深色区域表示重组识别序列，>>> 为交换区）

保守性特异位点重组广泛存在于各类不同细胞中，如 λ 噬菌体基因组整合到细菌染色体中的过程即属于保守性特异位点重组。重组总是精确地发生在两个重组位点之间的相同序列处，一个在噬菌体 DNA 上，一个在细菌 DNA 上。

在大肠杆菌细胞中，λ 噬菌体进入溶源状态（lysogenic state）时需要 λ 噬菌体 DNA 整合到寄主 DNA 中。由溶源状态转变为裂解生长（lytic growth）时，λ 噬菌体 DNA 又从寄主 DNA 中被切离出来。这种整合和切离是通过 λ 噬菌体 DNA 和寄主 DNA 上专一位点之间的重组实现的，这些专一位点称为附着点（attachment site），或者 att 位点（图 4.9）。大肠杆菌上的附着位点称为 attB（B 代表细菌），噬菌体上的附着位点称为 attP（P 代表噬菌体）。attB 由称为 BOB′ 的序列组成，而 attP 由 POP′ 组成。O 是核心序列，是 attB 和 attP 所共有的。而其两侧的序列分别是 B 和 B′、P 和 P′，称为臂。由噬菌体整合酶蛋白（integrase, Int）在这两个特定位点之间催化重组的进行。除整合蛋白外，这个反应过程还需要其他辅助蛋白，并由辅助蛋白控制着这一反应过程，确保在噬菌体生命周期的正确时间进行 DNA 的整合与切除。参与整合与切离的酶略有不同，在整合重组阶段，除整合酶（λInt）外，还需要一种由宿主基因编码的宿主整合因子（integration host factor, IHF）的作用。

在 λ 噬菌体 DNA 从宿主染色体 DNA 上切离阶段，除需要 λ 噬菌体 Int 蛋白和宿主整合因子外，还需要另一种由噬菌体 *Xis* 基因编码的剪切酶（excisionase，又称 Xis 蛋白）的参与，Xis 蛋白能诱导外切反应，并具有抑制整合的作用。

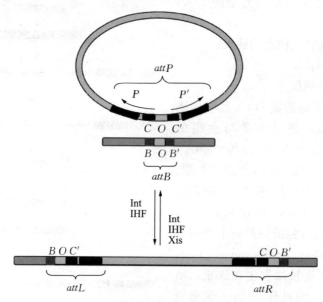

图 4.9 λ 噬菌体 DNA 的整合及切除示意图

保守性特异位点重组反应的关键是重组酶与 DNA 的结合，使两个重组位点聚合在一起。对于一些重组反应来说，仅需要重组酶和它的 DNA 识别序列即可完成，而另一些重组反应则需要辅助蛋白，这些辅助蛋白对重组反应的发生具有重要的调节功能。

二、转座重组

转座重组一般称为转座，也称移位（transposition），是一种特殊的遗传重组，是指染色体或质粒上的一些 DNA 序列，能在同一细胞的不同染色体之间，或同一染色体的不同位点之间转移的现象。这些可以移动的序列称为转座子（transposon）、转座元件（transposable element）、插入序列（insertion sequence，IS）或跳跃基因（jumping gene），在原核生物和真核生物中均有所发现。移位的发生是通过转座元件两端的 DNA 序列与宿主 DNA 的一段序列间发生重组实现的，有些移位过程可能会伴随着转座区域 DNA 的复制，有些移位过程可能不会伴随转座区域 DNA 的复制，还有些移位过程会涉及暂时性的 RNA 中间体（图 4.10）。

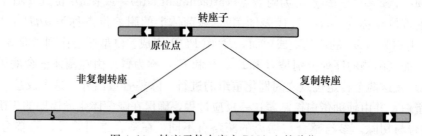

图 4.10 转座元件在宿主 DNA 上的移位

转座元件移位时,不依赖于转座元件与靶位点同源性而形成重组,即对插入靶位点几乎没有序列选择性,所以转座子可能会插入到基因内部,造成基因完全失活;也有可能插入到一个基因的调控区,造成基因表达的改变,从而影响个体发育。正是这种对基因功能和表达的影响使得转座元件最早在玉米中被发现。

转座子是许多物种中新突变的主要来源,由转座导致的基因突变也是导致人类遗传疾病的一个重要原因。但也有一些转座现象是在细胞遭受损害时激发产生的,是机体对环境的一种适应性表达,在基因组进化中起着重要的作用。由于转座子对插入位点具有随机性,使得它们在经过修饰改造后作为一种诱导突变工具和 DNA 载体而应用于生物实验中。

(一) 转座元件的种类和特点

根据转座子的结构及其转座机制,可将其分为 3 大类:①DNA 转座子;②类病毒逆转录转座子,包括逆转录病毒,这些因子又称为 LTR (long terminal repeat,长末端重复序列) 逆转录转座子;③多聚腺苷酸 [poly(A)] 逆转录转座子,这类因子又称为非病毒逆转录转座子 (图 4.11)。

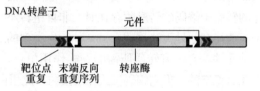
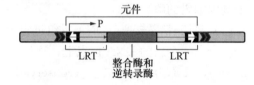
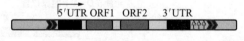

图 4.11 三类转座子的遗传结构

DNA 转座子在整个重组周期中一直保持 DNA 的形态,它通过 DNA 链的断裂和重新连接实现移位。这一点与保守性位点特异重组元件的移位方式类似。而两种逆转录转座子的移位都需要一个暂时性的 RNA 中间体的参与。

(二) DNA 转座子

对 DNA 转座子而言,转座作用的最低条件是要有转座酶 (transposase) 及它所识别的顺式作用位点,此位点能使转座子确定自身 DNA 与宿主 DNA 之间的边界。对于逆转录元件而言,在需要转座酶的同时,还需要逆转录酶。

DNA 转座子既带有作为重组位点的 DNA 序列,又带有参与重组的蛋白质编码序列。转座子两端的重组位点以反向重复序列排布,这些终端反向重复序列的长度从 25 bp 到几百个碱基对不等。它们并不是严格意义上的重复序列,并且带有重组酶识别序列。催化转座的重组酶通常称为转座酶,有时又称为整合酶 (intergrase)。

DNA 转座子除带有编码自己转座酶的基因外,还可能带有一些其他基因,这些基因编码的蛋白可能调节转座,也可能为转座因子或宿主细胞提供一些有益的功能。例如,很多细菌 DNA 转座子上携带有提高细菌对抗生素抗性的蛋白基因,这种转座子的存在使得宿主细胞具有了对该抗生素的抗性。

在紧邻转座子两端的 DNA 序列上有一个 2~20 bp 的短重复序列,这些序列的排布为正向重复,称为靶位点重复 (target site duplication),是在重组过程中产生的 (图 4.12)。

1. 自主转座子和非自主转座子 转座子包括自主转座子（autonomous transposon）和非自主转座子（non-autonomous transposon）。有些转座元件携带一对终端反向重复序列和编码其自身转座所需的酶基因，本身具备了催化自身转座的所有条件，此类转座元件是有活性的，称为自主转座子。另有一些转座元件是有缺陷的，仅有转座所需的顺式作用序列，但失去了编码转座酶的功能，称为非自主转座子。细胞中自主转座子表达的转座酶可以识别这些终端顺式作用元件，从而帮助非自主转座因子发生移位。当没有活化的转座子编码的转座酶存在时，非自主转座子只能待在原处无法移动。另一种衍生类型的移动元件，它没有转座所需的顺式作用位点，

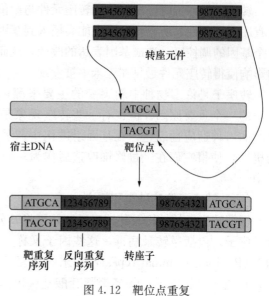

图 4.12 靶位点重复

因此是稳定的，但它编码反式作用蛋白，此蛋白可作用于同一细胞中顺式作用元件使其转座。

2. DNA 转座子的转座机制 目前已知有两种不同的转座机制，两种机制通常都需要转座子基因编码的酶。

（1）剪切-粘贴转座。DNA 重组过程中，转座子从 DNA 初始位置上切除，切下来的转座子整合到一个新的 DNA 位点上，这种转座机制称为剪切-粘贴转座（cut-and-paste transposition），又称为保守性转座（conservative transposition）（图 4.13）。

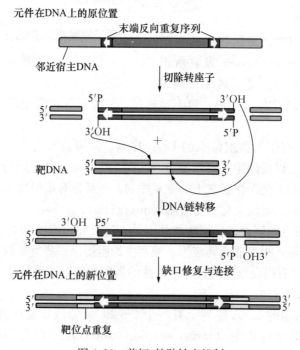

图 4.13 剪切-粘贴转座机制

在转座时，转座酶结合到转座子两端的反向重复序列上，识别这些序列并将这两端聚集在一起形成一个稳定的蛋白质-DNA 复合体，称为联合复合体（synaptic complex）。这个复合体确保转座子移位所需的 DNA 断裂和重新连接都能够在转座元件两端的 DNA 上发生。

然后转座酶将转座子 DNA 从基因组的原始位置上切除，被释放的转座子 DNA 两端的 3′端羟基同时对新插入位点的 DNA 两条链上的磷酸二酯键分别进行攻击，被攻击的 DNA 片段称为靶 DNA。对大多数转座子而言，对靶 DNA 序列没选择性。攻击的结果是将转座子 DNA 连接在靶 DNA 上。DNA 连接反应是通过一步酰基转移作用实现的，又称为 DNA 单链交换（DNA strand transfer）。由于靶 DNA 两条链上被攻击的位点通常相距几个碱基（错位剪切），这个距离对每种转座子而言都是固定的，常见的是 2 个、5 个、9 个。这样导致插入的转座子两端出现了短小的单链 DNA 缺口，这些缺口会被宿主细胞自身的 DNA 修复聚合酶填补。填补缺口的结果是产生围绕转座子两端的靶位点正向短重复序列，这是转座子的一个特征。

剪切-粘贴转座在它原来所在 DNA 分子上的插入位点处留下一个断裂的双链，它必须被修复以维持宿主基因组的完整。可以通过同源重组来修复双链 DNA 的断裂，有时这些断裂也会直接被重新连接起来，如 Tc1/*mariner* 转座子家族。

（2）复制性转座。一些 DNA 转座子使用的转座机制是复制性转座（replicative transposition），其转座子在转座过程中进行了复制（图4.14）。即通过供体转座子和靶位点间的直接相互作用，产生供体转座元件的拷贝，在原位点上这种序列也不丢失，只是它的一个新拷贝插入到新的位点。虽然转座反应的结果不同，但其重组的机制与剪切-粘贴转座非常相似。

复制性转座常常会造成染色体的倒位和丢失，这对宿主细胞有很大的危害性。这种转座导致的重排有时会对复制性转座子造成不利的结果。这也许就是为什么很多转座子进化为在插入到新位点前会将自身从原位点完全切除。转座子切除后就避免了对宿主基因造成的较大干扰。

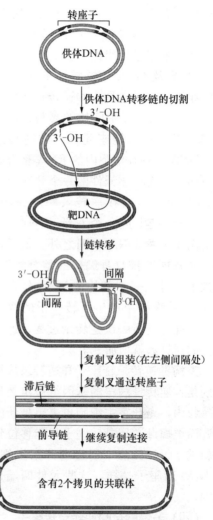

图 4.14　复制性转座机制

[转座体在转座子两端诱导形成缺口，漏出 3′-OH 端，然后这些羟基攻击靶 DNA，并通过 DNA 单链转移与之连接。注意在转座子的每一端只有一条链插入靶位点，形成了一个双交叉的 DNA 结构。细胞中的复制成分在其中一个交叉上组装（图中左边），将整个转座子序列进行复制，生成产物称为共联体（cointegrate），它有两个通过 2 拷贝的转座子连接起来的起始环状 DNA 分子。交叉中间体的单链 DNA 缺口产生了靶位点重复，这些复制在图中没有明确标出]

（改自 Watson，2003）

（三）类病毒逆转录转座子和逆转录病毒

类病毒逆转录转座子（retrotransposon）和逆转录病毒（retrovirus）很相似，也带有末端反向重复，它们是重组酶结合和作用的位点。末端反向重复序列嵌入在较长的重复序列中，它们以正向重复形式排列在转座子两端，称为长末端重复序列。类病毒逆转录转座子编码移位所需要的蛋白质：整合酶（转座酶）和逆转录酶。

类病毒逆转录转座子和逆转录病毒插入到宿主细胞基因组的新位点，所涉及的 DNA 断裂及 DNA 单链转移步骤与 DNA 转座相同。不同的是这些逆转录元件的重组需要一个 RNA 中间体的参与。转座周期起始于逆转录转座元件（或逆转录病毒）DNA 序列在细胞内的 RNA 聚合酶催化下转录合成转座元件的一个几乎全长的 RNA 拷贝，然后在逆转录酶的作用下，RNA 逆转录生成一个双链 cDNA 分子，它游离于宿主 DNA 序列之外。最后，这个 cDNA 能够被自身编码的整合酶识别，并被重组进入一个新的靶 DNA 位点（图 4.15）。最终结果产生了转座子的两个拷贝。因此每进行一次逆转录过程，逆转录元件的拷贝数就增加一个。

类病毒逆转录转座子和逆转录病毒的区别是：逆转录病毒的基因组被组装到病毒颗粒内，离开宿主细胞再去感染新的细胞；而类病毒逆转录转座子只能移位到一个新的 DNA 位点，不会离开宿主细胞。

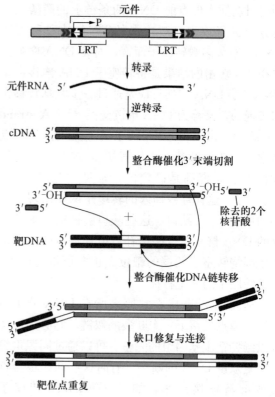

图 4.15 逆转录病毒整合机制与类病毒逆转录转座子的转座

与 DNA 转座子一样，这些元件两端也有短的靶位点重复序列，它们是在重组过程中产生的。

（四）多聚腺苷酸逆转录转座子

多聚腺苷酸逆转录转座子没有其他转座子所携带的末端反向重复序列，它的两端含有完全不同的序列成分。一端称为 5′端 UTR（untranslated region，非翻译区），另一端称为 3′端 UTR，带有一段称为多聚腺苷酸序列［poly（A）sequence］的 A-T 碱基对，在多聚腺苷酸逆转录转座元件两端也有短的靶位点重复序列（图 4.16）。

多聚腺苷酸逆转录转座子带有两个基因，*ORF1* 和 *ORF2*。*ORF1* 编码一个 RNA 结合蛋白，*ORF2* 编码的蛋白质同时具有逆转录酶和核酸内切酶的功能，在重组过程中起关键作用。与 DNA 转座子和类病毒转座子一样，多聚腺苷酸逆转录转座子也存在自主转座子和非自主转座子两种类型。

多聚腺苷酸逆转录转座子，如人的 LINE 元件（散布在核内的长元件，long interspersed nuclear element，又译为长散布元件）的移位也需要一个 RNA 中间体，但其转座机

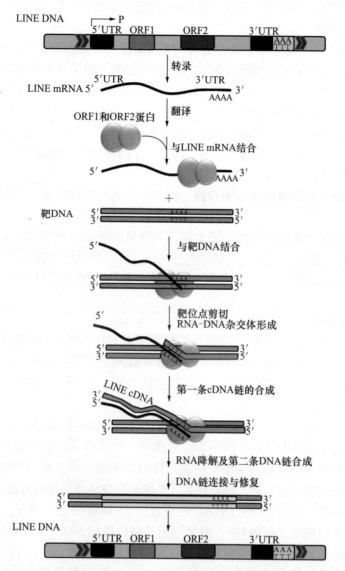

图 4.16 多聚腺苷酸逆转录转座子通过靶位点引导的逆转录过程完成转座

制与类病毒逆转录转座子不同，称为靶位点引导逆转录（target site primed reverse transcription）。首先，细胞内的 RNA 聚合酶对多聚腺苷酸逆转录转座元件进行转录，新合成的 RNA 被送到细胞质中翻译成 ORF1 和 ORF2 两个蛋白质，这些蛋白质与编码它们的 RNA 结合形成蛋白质-RNA 复合体，重新进入细胞核内，结合到富含胸腺嘧啶（T）的细胞 DNA 靶位点上。ORF2 具备的核酸内切酶活性可以断裂靶 DNA，断裂位点出现的多个 T 使得 DNA 与 RNA 元件上的多聚腺苷酸尾巴形成碱基配对，ORF2 的逆转录酶活性以断裂反应产生的 DNA $3'-OH$ 末端作为引物逆转录 RNA 转座元件得到 cDNA 单链，后续的转座步骤还不太清楚，但应包括 cDNA 第二链的合成、DNA 的连接以及断点修复，最终生成一个新插入的 LINE 元件（图 4.16）。

大规模的基因组序列分析表明，很多多聚腺苷酸逆转录转座子都被截短了。其中大部分都丢失了 5′ 端的区域，使得转座子因 5′ 端 UTR 或编码基因不完整而丧失了转座能力。

（五）转座子调控

转座子成功地侵入和繁殖于所有生物体的基因组中，可能占据了生物体全 DNA 序列的很大比例。例如，人和玉米基因组的 50% 以上是由转座子相关序列组成的。这些成功部分归功于转座过程的调控，正是这种调控使转座子与宿主细胞间建立了一种和谐共生关系。这种共生关系对转座子而言至关重要，因为没有了宿主，转座子就无法生存。同时，转座子也会对宿主细胞造成严重破坏，如插入突变、改变基因表达、形成大规模基因重排等，这些干扰破坏在植物中尤其明显。因此对于转座子的调控作用对转座子和宿主而言非常重要。有两种调控类型比较常见：

1. 细胞中转座子对自身拷贝数的控制　转座元件通过调控拷贝数，限制自身给宿主细胞带来的有害影响。

2. 转座子对靶位点选择的控制　已发现两类常见的靶位点调控方式：①一些转座元件偏向于插入到对宿主细胞不造成危害的染色体区域，这些区域称为转座子的避风港。②一些转座元件特异性地避免插入到自身序列中。这种现象称为转座目标免疫性（transposition target immunity）。

（六）转座子实例

1. 原核生物的 DNA 转座子　虽然 DNA 转座子在真核生物中相对少见，但在原核基因组结构中却发挥着重要的作用。细菌转座子携带有编码其自身转座所需的酶基因，转座时，可能还需要细菌细胞的一些辅助因子的协助，如 DNA 聚合酶和旋转酶等。原核生物的 DNA 转座子主要有以下几类：

（1）插入序列。插入序列（insertion sequence，IS）也称简单转座子（simple transposon），是细菌染色体或质粒 DNA 的正常组成部分。细菌插入序列中仅含转座所必需的元件。第一种元件是两端携带短的末端反向重复序列，末端反向重复序列的长度 15~25 bp，可能是转座蛋白的识别位点。第二种元件是一个编码自身转座需要的酶基因。转座时往往复制宿主靶位点一小段（4~15 bp）DNA，形成位于 IS 两端的正向重复（direct repeat）序列。这就告诉我们转座酶剪切靶 DNA 时采用的是错位剪切方式，靶 DNA 链上错位剪切时两个切点之间的距离决定了正向重复的长度（图 4.12）。

（2）复合转座子。复合转座子（composite transposon）除带有与自身转座有关的基因外，还带有其他基因。故称复合转座子，复合转座子以 Tn 加一个数字来表述，如 Tn10 和 Tn5。复合转座子含有一个中心序列和两端重复序列，中心序列往往含有抗生素抗性基因等遗传信息，两端重复序列往往就是插入序列，构成了转座子的"左臂"和"右臂"，两"臂"转座酶的编码方向可以是相同的，也可以是相反的。由于每个 IS 又都有自己的末端反向序列，所以无论两端序列方向相同或相反，两个臂的最外侧序列总是表现为末端反向重复（图 4.17）。这些两端的重复序列可以作为复合转座子的一部分随同整个转座子转座，也可以单独作为 IS 而转座。复合转座子两端的 IS 有的是完全相同的，有的则有差别，有的两个 IS 元件都有功能，有的只有一侧有功能。当两端的 IS 元件完全相同时，每一个 IS 都可使转座子转座；当两端是不同的 IS 元件时，则转座子的转座取决于其中的一个 IS。复合转座子带有的抗生素抗性基因，能让转座子的受体细菌获得抗生素的抗性，这不仅对细菌有利，也有利于我们利用这些基因来追踪转座子。

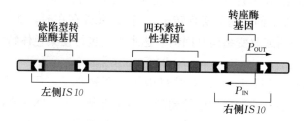

图 4.17　细菌转座子 Tn10 的遗传结构

复合转座子的转座以剪切-粘贴机制进行，由一个或两个 IS 元件编码的转座酶催化。

（3）TnA 转座子。除了末端带有 IS 的复合转座子外，还有一些末端没有 IS、体积庞大的转座子——TnA 家族。这类转座子它们携带编码自身转座的转座酶基因和诸如抗生素抗性基因等其他基因。如 Tn3 总长约 5 kb，带有 3 个基因，其中一个是抗生素抗性基因，另两个则是转座所必需的基因。这类转座子两端虽然没有 IS，但两端都带有约 38 bp 的反向重复序列。转座酶识别位于转座元件末端 38 bp 反向重复中的 25 bp 序列，并在靶 DNA 5 bp 上交错切割产生切口，以便转座子的插入。由此在靶位点处插入的转座子序列两端产生一个 5 bp 的正向重复序列。

（4）转座噬菌体。转座噬菌体（transposable phage）是一种细菌病毒，如 Mu 噬菌体是一种溶原性细菌噬菌体，是一种较大的 DNA 转座子，Mu 噬菌体基因组大小约 40 kb，带有 35 个以上基因，其中只有两个基因编码的蛋白质参与转座。它们是基因 A 和 B，分别编码 MuA 蛋白和 MuB 蛋白。MuA 是一个转座酶。MuB 是一个 ATP 酶，它促进 MuA 的活性，并控制对 DNA 靶位点的选择，防止 Mu 转座子插入到自身 DNA 上（转座目标免疫）。

Mu 噬菌体侵染宿主细胞时用与逆转录病毒类似机制将自己的 DNA 插入到宿主的染色体上，在裂解性生长时也通过多轮的复制性转座扩增自身 DNA。在裂解周期中，Mu 噬菌体每小时能完成大约 100 轮的转座，是目前已知的最高效的转座子。即使在静止溶原态，与传统的转座子（如 Tn10）相比，它的转座频率仍然相当高。Mu 就是突变子（mutator）的缩写，源于其很强大转座的能力。像许多转座子一样，Mu 噬菌体对靶位点的转座也很少显示出偏好性。

2. 真核生物的转座子　真核生物的转座子及转座过程与原核生物相似，转座子两端有被转座酶识别的顺式作用元件，转座需要转座酶，转座的靶位点一般是随机的，由于靶位点交错切开，插入转座子后，经修复在插入的转座子元件两侧产生短的靶 DNA 正向重复序列。

真核生物中三类转座子都有，DNA 转座子，如玉米的 Ac-Ds 系统、果蝇的 P 元件和 FB 元件等；逆转录转座子，如果蝇的 copia 元件和酵母的 Ty 元件等；脊椎动物的多聚腺苷酸逆转录转座子 LINE 等。

（1）Ac-Ds 系统。玉米的 Ac-Ds（activator dissociation）系统，即激活-解离转座元件，是 20 世纪 50 年代，Barbara McClintock 在研究玉米颜色遗传变化时发现的第一个转座元件，通过剪切-粘贴机制进行转座。在这个转座系统中，Ac 元件，又称激活子，是一个自主转座子，携带编码转座酶的基因，能自主转座，并能形成不稳定的基因突变，但不使染色体断裂。Ds 元件，又称解离子，因其能使染色体断裂而得名，Ds 与 Ac 属于同一家族的控制因子。已知所有 Ds 都是 Ac 转座子的缺失突变体，丧失了自主转座能力。Ds 的移位需要 Ac 元件的存在，利用 Ac 提供的转座酶实现转座。当 Ac 元件存在时，能活化 Ds，使其在基因组内转座，导致基因失活或改变结构基因的表达水平，也可使染色体特定部位断裂，引起缺失或重组。

（2）酵母 Ty 元件。酵母 Ty 元件是酵母中的重要转座子，属于类病毒逆转录转座子。事实上，它们与逆转录病毒的相似性已经超越了转座机制。Ty RNA 在细胞中组装类病毒的颗粒，所以这些元件好像病毒一样，只是不能离开一个细胞去感染另一个细胞。在酿酒酵母中已有很多类型的 Ty 元件得到充分研究，如 Ty1、Ty2、Ty3、Ty4 元件等。Ty 元件偏向整合到染色体的特定区域，可能是这种靶位点的选择性，使得大多数的插入远离基因组中编码蛋白质的重要区域，让转座子活性能够持续进行。目标性转座方式的使用对这种小而富含基因的基因组有更加重要的意义。

（3）长散布元件和短散布元件。自主性多聚腺苷酸逆转录转座子 LINE 在脊椎动物中大量存在，人的基因组中 20% 以上是 LINE 序列。这些元件最初是当做重复序列家族发现的，因此命名为"散布在核内的长元件"（long interspersed nuclear element，LINE，或称长散布元件）。L1 是人体内研究最清楚的一个 LINE 元件。LINE 除了推动自身移位外，还能提供一些蛋白质，用于反转录和整合其他相关重复序列，如称为"散布在核内的短元件"（short interspersed nuclear element，SINE，或称短散布元件）的非自主性多聚腺苷酸逆转录转座子。SINE 在基因组内也是大量出现，通常大小为 100~400 bp，在人类基因组中普遍存在的 Alu 序列就是一个例子。LINE 和 SINE 元件典型的遗传结构如图 4.18。

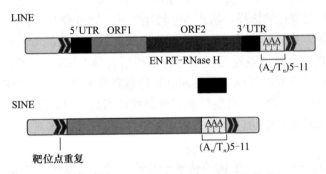

图 4.18　一个典型的 LINE 和 SINE 的遗传结构

LINE 和 SINE 的序列看起来像是一个简单的基因。转座所需的重要顺式作用元件仅包括指导该元件转录产生 RNA 的启动子和一个多聚腺苷酸序列。这些多聚腺苷酸残基与靶 DNA 配对，帮助形成逆转录所需的末端引物。

转座所需的序列如此简单，如何避免对细胞内 mRNA 的逆转录呢？因为所有的基因都有启动子，转录成 RNA 后，在 3′端都带有一个多聚腺苷酸序列，那么所有的 mRNA 都有可能成为吸引转座酶的底物。

大规模基因组测序信息已提供了清楚的证据表明细胞 RNA 能够通过靶位点引导的逆转录机制实现转座。

细胞中有很多基因在基因组上都有一些高度同源的其他拷贝，这些拷贝丢失了启动子和内含子，通常 5′端被截短。这些序列称为加工后的假基因（processed pseudogene），通常不被细胞表达。这些假基因两端一般是靶 DNA 的短重复序列,这个结构恰好就是 LINE 促进细胞 mRNA 转座的预期结果。

尽管细胞 RNA 会发生转座,但发生的概率极其低。避免这一过程的机制是 LINE 元件编码的蛋白质在翻译时迅速结合到自己的 RNA 上。这样,它们在催化逆转录和整合时,对自己编码的 RNA 表现出了很强的偏好性。

复习思考题

1. 什么是同源重组?同源重组的基本模型有哪些?
2. 同源重组的遗传后果有哪些?
3. 保守位点重组与 DNA 转座有何区别?
4. 转座元件两侧靶位点重复是如何产生的?
5. 简述转座子的种类与其转座机制。

第五章 RNA 的转录与加工

RNA 的生物合成主要包括转录和转录后加工两部分，前者是指从互补 RNA 链的合成开始到合成结束的具体过程，后者主要是指转录结束后进一步的加工过程。当然，也有一些转录后加工过程与转录是同步进行的。因此，转录和转录后加工并不是 RNA 生物合成过程中两个截然分开的阶段。

无论是原核生物还是真核生物，其转录过程都被划分为起始、延伸和终止三个阶段。①起始。在转录起始阶段，双链 DNA 局部解旋，形成转录泡，RNA 聚合酶在多种辅助因子的帮助下，直接或间接地识别并结合到启动子区，催化合成互补 RNA 的最初几个核苷酸。②延伸。转录开始后，转录泡沿着 DNA 模板链 3′→5′方向移动，前方的 DNA 双螺旋不断解旋，暴露出新的单链模板片段，RNA 聚合酶催化合成互补 RNA 链不断延长移动，而转录泡后方的 DNA 则同速恢复原来的双螺旋结构。③终止。RNA 聚合酶移动至终止子区，识别转录终止信号，停止合成磷酸二酯键，转录复合物解体，释放出转录产物。尽管原核生物和真核生物基因的转录过程都有起始、延伸和终止三个阶段，但在每一个阶段它们之间都存在很大的差异，因此本章将分别重点介绍。

无论原核生物还是真核生物，其基因转录的直接产物都称为原初转录物。原初转录物一般是无功能的，往往需要经过一系列的加工、修饰，才能转变为成熟的、有功能的 RNA 分子，这个过程称为转录后加工（post transcriptional processing）。转录后加工的内容通常包括：①切除多余的核苷酸序列；②添加一些特征序列，如 tRNA 的 3′- CCA 和真核生物 mRNA 两末端的特殊核苷酸序列；③对某些特殊的核苷酸进行修饰，如个别碱基的甲基化。尽管几乎所有的 RNA 原初转录产物都需要进行转录后加工，但真核生物比原核生物的转录后加工更加复杂，如真核生物 mRNA 常常需要添加 3′端的多聚腺苷酸尾巴和 5′端特殊帽子结构，而且还需切除其内部多余的序列。为此，在本章的最后一节将对转录后加工进行详细介绍。

第一节 转录的概述

一、转录的概念

DNA 指导的 RNA 的生物合成过程又称转录（transcription），是指以双链 DNA 分子中的一条链为模板，以 ATP、CTP、GTP、UTP 四种核苷三磷酸为原料，在 RNA 聚合酶（RNA polymerase）的催化下，按照碱基配对的原则合成互补 RNA 链，从而将 DNA 所携带的遗传信息传递给 RNA 的过程。转录是基因表达的第一步，也是最关键的一步，它决定了一个基因是否能够表达，同时也是基因表达调控的关键步骤。因此，阐明转录的分子机制对于理解基因的表达过程及其调控机制具有非常重要的意义。

二、转录的特点

转录与 DNA 复制在机制上既有一些相似之处,也有很大差异。二者的相同之处在于,它们都是在聚合酶的作用下,按照碱基互补配对的原则,沿着 $5'\rightarrow 3'$ 方向合成一条与 DNA 模板链互补的多核苷酸链的过程。另一方面,转录与 DNA 复制的合成体系和合成过程又有很大区别,主要表现在以下几个方面:

① 转录与 DNA 复制的合成体系和合成产物不同。二者所使用的酶、原料及其辅助因子均不同,如转录中合成反应主要由 RNA 聚合酶催化完成,而复制则需要 DNA 聚合酶。转录的产物是 RNA,而复制的产物为 DNA。

② 转录具有不对称性,但 DNA 复制却没有这一特点。一次转录过程仅以双链 DNA 中的一条链的某一个区段作为模板,而且多个转录事件可以在两条 DNA 链的不同区段上同时进行。复制时 DNA 的两条链均可作为模板,一次复制就是两条 DNA 链的完整复制。

根据转录的不对称性,可以将 DNA 两条链分为模板链和非模板链。在转录过程中,用于指导 RNA 合成的那条 DNA 链称为模板链(template strand),而另一条 DNA 链则称为非模板链(nontemplate strand)(图 5.1)。根据碱基互补配对的原则,转录产物 mRNA 链的碱基序列与非模板链的碱基序列一致,唯一的区别在于非模板链中的 T 在 mRNA 链中全部置换成了 U。因此,非模板链又称为编码链(coding strand)、有意义链(sense strand)或正(+)链;而模板链则称为非编码链(anticoding strand)、无意义链(nonsense strand)或负(-)链。不同基因的编码链可能是同一条 DNA 链上的不同区段,也可能是不同 DNA 链的不同区段甚至是同一区段。

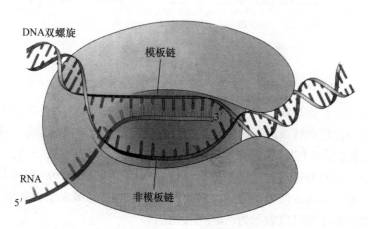

图 5.1 DNA 转录成为 RNA
(改自 Watson,2007)

③ 转录过程不需要引物的参与,而 DNA 复制过程则需要引物。复制过程中 DNA 聚合酶没有从头起始活性,不能从第一个核苷酸开始合成互补 DNA 链,需要首先合成一小段特异的互补 RNA 提供 $3'$-OH 作为合成起始位点。转录所需的 RNA 聚合酶能够从头起始合成互补 RNA 链,因此不需要 RNA 引物。

④ 转录过程普遍缺乏校正机制,而 DNA 复制过程则存在校正机制。参与复制的 DNA 聚合酶具有 $3'\rightarrow 5'$ 核酸外切酶活性,能够将复制过程中错误掺入的与模板链不配对的核苷酸

切除后重新合成，而参与转录的 RNA 聚合酶缺乏 $3'\to 5'$ 核酸外切酶活性，不具备此校正功能。尽管转录过程不如复制精确，但由于一次转录错误不影响下一次转录的正确进行，而且一般情况下 RNA 不能自我复制，也不会遗传给子代细胞，所以与复制错误相比影响很小。

⑤ 转录在整个细胞周期内受时间和空间的严格调控，而 DNA 复制只在细胞周期的特定时间发生。复制是在细胞分裂间期的 S 期进行，一旦完成就进入 G_2 期，为细胞分裂做准备。而转录在整个细胞周期乃至生物个体的生长发育周期内受到严格的调控，除少部分基因的转录水平非常稳定外，大部分基因则根据生物自身的需求和环境的变化进行选择性转录。

⑥ 转录有复杂的后加工过程，而 DNA 复制则相对简单。转录完成后，产物常常需要进行剪切、修饰等多种后加工过程，才能产生最终有生物学功能的 RNA 分子。而复制的产物一般不需要进行加工，就完成了遗传信息在 DNA 分子由亲代向子代的传递。

三、转录单元

转录具有特定的起点和终点，且在转录起点上游一般存在着对转录起调控作用的启动子序列。一般情况下，将从转录起点开始到终止子结束的一段 DNA 序列称为转录单元（图 5.2）。RNA 聚合酶从转录起始位点开始沿着模板前进，直到终止子为止，可转录出一条 RNA 链。真核生物一个转录单元一般只包含一个蛋白质的编码信息，而原核生物的一个转录单元常常包含多个蛋白质的编码信息。

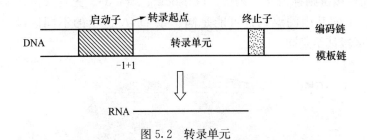

图 5.2 转录单元

转录的起始位点是指与新生 RNA 链第一个核苷酸相对应的 DNA 链上的核苷酸。为了便于描述基因中调控区和转录区不同核苷酸的位置，习惯上把转录起始第一个核苷酸规定为 $+1$，由起点开始向 $5'$ 端上游，其核苷酸序列的碱基依次标记为 -1、-2、-3……由起点开始向 $3'$ 端下游，其核苷酸序列的碱基依次标记为 $+1$、$+2$、$+3$……也就是说，启动子区一般为负值区，而转录区一般为正值区。例如，转录起点上游第 3 个核苷酸到上游第 15 个核苷酸之间的核苷酸序列可以表示为 $-3\sim-15$ 区。

第二节 原核生物 RNA 的转录

在以大肠杆菌为代表的原核生物中，RNA 的生物合成是由多种酶和辅助蛋白构成的转录体系来完成的。尽管转录不需要合成引物，但转录过程中同样会发生与 DNA 复制过程类似的 DNA 拓扑结构和双螺旋结构可逆的聚合-解聚过程，同样也需要对转录的各阶段进行调控。在转录体系中，最重要的酶是 RNA 聚合酶，它是 RNA 链合成的主要执行者。对转录的调控离不开各种蛋白（酶）与相关 DNA 序列的相互作用，其中最重要的 DNA 调控序列是启动子和终止子,它们分别控制转录的起始和终止。因此,本节重点介绍 RNA 聚合酶及启动子、终止子这两种调控序列。转录过程按照起始、延伸和终止三个阶段进行讲述。

一、原核生物的 RNA 聚合酶

原核生物中只有一种 RNA 聚合酶,它能催化原核细胞中 mRNA,tRNA 和 rRNA 等几乎所有 RNA 的合成。大多数原核生物的 RNA 聚合酶都是由多亚基组成,但噬菌体 T3 和 T7 的 RNA 聚合酶却只有一条多肽链组成。大肠杆菌的 RNA 聚合酶是一个分子质量约为 460 ku 的寡聚酶,至少由 α、β、β′、ω 和 σ 共 5 种亚基组成(表 5.1),这个多亚基的寡聚酶常称为全酶($α_2ββ′ωσ$)。全酶由核心酶($α_2ββ′ω$)和 σ 因子两部分组成(图 5.3)。核心酶对 DNA 有普遍的亲和力,可结合在 DNA 模板上催化合成互补 RNA,但不能识别转录起始调控序列,因而不能起始转录,只有在与 σ 因子结合形成全酶($α_2ββ′ωσ$)后才具有转录起始活性,说明转录的起始可能与 σ 因子有关。研究证明,σ 因子只参与转录起始过程,而不参与 RNA 链的延伸。转录开始以后,σ 因子即从转录起始复合物上释放出来,整个 RNA 链合成的延伸过程都是由核心酶来催化完成。

表 5.1 大肠杆菌 RNA 聚合酶的亚基组成与功能

亚基	基因	相对分子质量	亚基数目	功 能
α	rpoA	40 000	2	参与全酶的装配,识别启动子上游元件
β	rpoB	155 000	1	结合核苷酸底物,催化磷酸二酯键形成,负责转录的起始和延伸
β′	rpoC	160 000	1	参与 RNA 聚合酶与 DNA 模板的结合,与转录的终止有关
σ	rpoD	32 000~92 000	1	识别启动子,促进转录的起始
ω	ropZ	9 000	1	与 β 亚基一起构成 RNA 聚合酶的催化中心,稳定 β 与 β′ 亚基的结合

1. α 亚基 大肠杆菌 RNA 聚合酶中含有两个 α 亚基,该亚基由 rpoA 基因编码,可作为核心酶装配的骨架,参与核心酶的组装,并负责全酶与启动子的牢固结合。在核心酶($α_2ββ′ω$)中,两个 α 亚基分别位于核心酶的首尾,位于前端的 α 亚基可能与双链 DNA 的解链有关,而位于尾端的 α 亚基可能促进解链的双链 DNA 再次结合成为双螺旋结构。另外,α 亚基可能在启动子的识别中也起一定的作用,如 T4 噬菌体感染 E. coli 后对其 RNA 聚合酶 α 亚基的一个 Arg 残基进行了 ADP 糖基化修饰,导致 RNA 聚合酶全酶对其原先识别的启动子的亲和力下降。

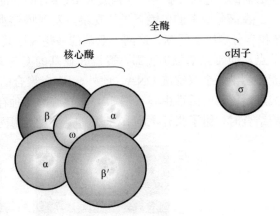

图 5.3 原核生物 RNA 聚合酶的亚基组成

2. β 和 β′ 亚基 大肠杆菌 RNA 聚合酶核心酶的结晶中有两个看起来像蟹爪一样的结构,它们是 β 和 β′ 亚基,分别由 rpoB 和 rpoC 基因编码,二者共同组成了 RNA 聚合酶的催化中心。

β亚基的分子质量约为 155 ku，是催化部位的主要组成部分，也是合成 RNA 链的主要亚基。在形成全酶后，β 因子会形成两个功能位点，即起始位点（I）和延伸位点（E）。起始位点只能专一性地与嘌呤核苷三磷酸结合，这也就决定了 RNA 合成时的第一个核苷酸一般为 A 或 G；而延伸位点对 NTP 没有专一性的选择性。β 亚基可与模板 DNA、新生 RNA 链及核苷三磷酸相结合并催化磷酸二酯键形成，从而使 RNA 链得以进行延伸。

β'亚基为碱性蛋白质，带正电荷，分子质量约为 160 ku，是 RNA 聚合酶中仅有的可以单独与 DNA 模板结合的亚基，在转录过程中主要负责核心酶与模板 DNA 的结合。此外，该亚基可能还参与了转录终止。

3. σ 因子　σ因子又称为起始因子，其分子质量为 32～92 ku，它在转录过程中的主要作用是识别转录的起始位置，并使 RNA 聚合酶结合在启动子部位，决定转录的起始。一般当 RNA 链延长至 9～10 个核苷酸时，σ 因子就离开核心酶。

σ 因子是 RNA 聚合酶的别构效应物，可以极大地提高 RNA 聚合酶对启动子区 DNA 序列的亲和力，使酶与底物结合常数比平时增加 10^3 倍以上。另外，σ 因子还可以使酶与模板 DNA 上的非特异位点的结合常数降低 10^4 倍，且非特异位点处的酶-底物复合物的半衰期小于 1 s，从而导致 RNA 聚合酶能专一性地识别模板上的启动子。

原核生物细胞中有多种 σ 因子，能识别各种类型的启动子，这是生物体适应不同发育阶段和不同环境条件的需求，从而调控不同基因转录的重要方式。大肠杆菌中最常见的一类 σ 因子是 $σ^{70}$，由 *ropD* 编码，其分子质量约为 70 ku，负责细胞内许多必不可少的基因的转录，是持家 σ 因子。尽管原核生物中含有多种 σ 因子，但细胞内 σ 因子的数量只有核心酶的 30%，说明全酶中释放出来的 σ 因子是可以重复利用的。

4. ω 亚基　ω 亚基是由 *ropZ* 基因编码的，其分子质量为 9 ku，很长时间以来人们都忽略了 ω 亚基的存在，也有人认为 ω 亚基对 RNA 聚合酶的结构和功能影响不大。然而研究表明，ω 亚基是嗜热水生菌 RNA 聚合酶必不可少的组成部分，也是体外变性的 RNA 聚合酶成功复性所必需的。它与 β 亚基一起构成 RNA 聚合酶的催化中心，能稳定其与 β'亚基的结合。

在高分辨率的电镜下进行观察，发现嗜热水生菌 RNA 聚合酶形似一只半张开的蟹钳，β 和 β'分别居于两侧，这两个亚基的一些区域共同组成了酶的活性中心。α 亚基位于蟹钳的节点，而 ω 亚基位于底部，覆盖 β'亚基的 C 末端。β 和 β'亚基之间有一个 2.7 nm 的空隙，能够容纳一个双螺旋 DNA。此外，RNA 聚合酶上有多种通道允许 DNA、RNA 和核糖核苷酸进出该酶的活性中心（图 5.4）。核心酶单独存在时，β 和 β'钳子闭合，而当 σ 因子与核心酶结合时，钳子张开，DNA 即可进入，之后识别启动子时钳子又闭合。

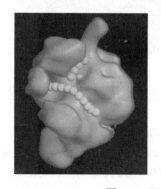 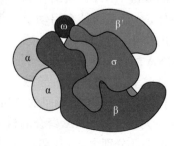

图 5.4　RNA 聚合酶结构

二、原核生物基因的启动子

启动子（promoter）是指 DNA 分子上能被 RNA 聚合酶识别、结合并形成转录起始复合物的区域。它是基因中控制转录起始的 DNA 序列，可决定某一基因转录的起始位点，调控转录效率。

RNA 聚合酶能够与启动子相互作用的关键在于启动子中含有特定核苷酸序列，这些顺式作用元件是 RNA 聚合酶能够进行精确、有效地识别和结合启动子的结构基础。足迹法（footprinting）是确定这些元件的有效方法。1950 年，Pribnow 利用此法确定了大肠杆菌 σ^{70} 识别启动子的序列结构。他将启动子 DNA 序列分离出来，将其中一条 DNA 链用放射性物质进行末端标记，然后加入 RNA 聚合酶全酶，使之与被标记的 DNA 结合，然后用核酸内切酶消化标记的 DNA。同时，另取一份未与 RNA 聚合酶结合的 DNA，用同样的核酸内切酶处理后作为对照。最后，利用凝胶电泳将两种酶切产物进行分离，并将条带进行对比。从电泳图可以看到被 RNA 聚合酶保护的 DNA 片段可以结合到硝酸纤维素滤膜上，而未被蛋白质结合的 DNA 不能结合在滤膜上，在电泳图上形成空白区域（图 5.5）。根据缺失条带所处的位置，可以确定哪些是与 RNA 聚合酶结合的 DNA 片段，从而确定启动子的位置和序列。

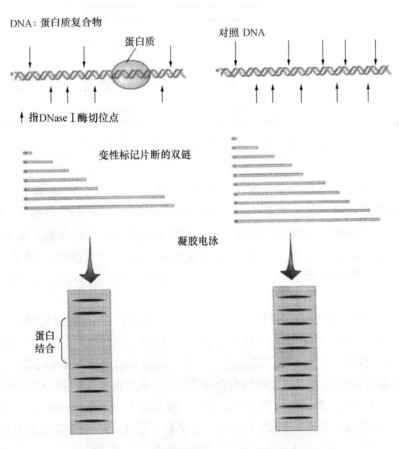

图 5.5　足迹法测定 DNA 上酶蛋白的结合部位

用这一方法，Pribnow 先后分离了 T7 噬菌体的 A_2 及 A_3 启动子、大肠杆菌乳糖操纵子的 UV_5 启动子等多个启动子中被酶保护的区域。通过比较上百种原核生物启动子中的 RNA 聚合酶互作序列，发现它们一般长 41~44 bp，含较多的 A-T 碱基对，在转录起始位点的上游大约 10 bp 和 35 bp 处有两个保守序列元件，称为 −10 区和 −35 区。下面就针对这 2 个重要的顺式作用元件进行详细介绍。

1. −10 区　大肠杆菌 σ^{70} 启动子的 −10 区一般位于起始位点上游 −4~−13 bp 处，是 RNA 聚合酶的紧密结合位点。由于这一序列是 Pribnow 于 1975 年发现的，所以也称其为 Pribnow 盒。比较众多原核生物基因的启动子序列后，发现 −10 区有一段出现频率较高的 6 bp 的保守序列，即 $T_{80}A_{95}T_{45}A_{60}A_{50}T_{96}$，该序列的最前面两个碱基 TA 和最后的 T 最为保守（图 5.6）。

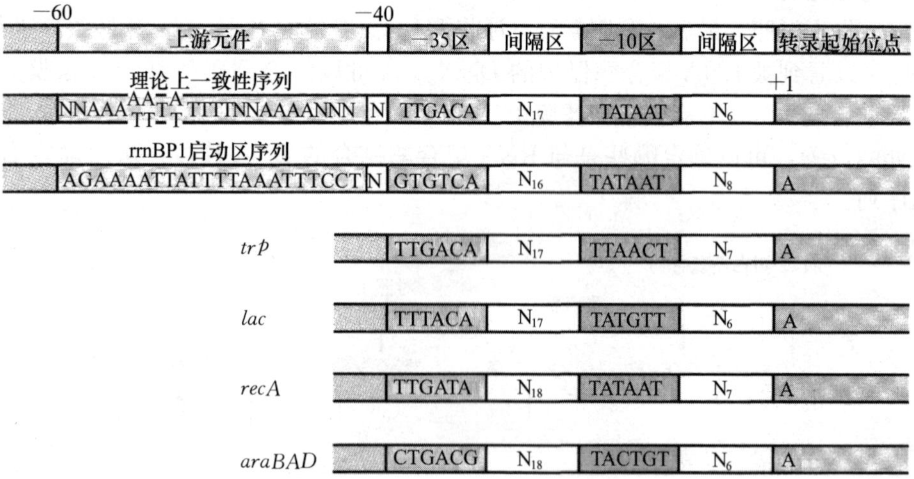

图 5.6　原核生物基因启动子区域结构
（引自朱玉贤，2013）

2. −35 区　对于大多数启动子来说，在转录起始位点上游 −35 bp 附近还有一个 RNA 聚合酶能够互作的区域，称为 −35 区，也称 Sextama 盒，其保守序列是 $T_{82}T_{84}G_{78}A_{65}C_{54}A_{45}$（图 5.6）。−35 区是 σ 因子的识别位点，对原核生物 RNA 聚合酶全酶有很高的亲和性，在很大程度上决定了启动子的强度及转录频率。该序列在高效启动子中非常保守，突变或缺失会大大降低启动子与 RNA 聚合酶的亲和性，但不影响转录起始位点附近 DNA 的解链。

−35 区可给 RNA 聚合酶提供识别信号，−10 区则助于 DNA 的局部解链，二者的位置关系决定了转录的方向。原核生物中的少数启动子可能只具有其中一个序列元件，在这种情况下，RNA 聚合酶往往不能单独识别这种启动子，而需要辅助蛋白质的帮助。

启动子根据其调控能力（单位时间内合成 RNA 分子数的多少）可分为强启动子和弱启动子。强启动子对 RNA 聚合酶有很高的亲和力，能指导合成大量的 mRNA。而弱启动子被 RNA 聚合酶识别的效率较低，mRNA 的合成效率相对低很多。两种启动子的差别主要在于 −35 区序列的不同，另外 −10 区和 −35 区之间的距离对启动子的强弱也有影响。在比较了上百个不同基因的启动子序列后，发现 −10 区和 −35 区之间的距离 90% 以上是 16~19 bp

（图 5.7）。当二者之间的间隔为 17 bp 时，启动子活性最强；若二者之间的距离大于 20 bp 或小于 15 bp 时，启动子的活性均明显降低。

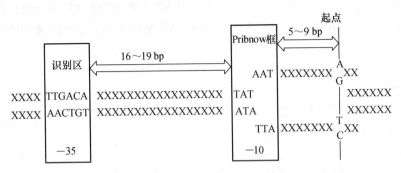

图 5.7 原核生物基因启动子结构模型

启动子的 -10 区和 -35 区中的碱基序列是 RNA 聚合酶能直接识别并结合的必需序列，因此它们也称为核心启动子（core promoter）元件，它们附近的其他 DNA 序列也能影响启动子的功能。例如，在某些强启动子中，在核心启动子上游 50~150 核苷酸之间往往存在着一段序列，在蛋白质辅助因子的帮助下能与 RNA 聚合酶结合，提高核心启动子的活性。由于其一般位于核心启动子的上游，因此将其称为启动子上游元件（upstream element）。

三、原核生物基因的转录过程

原核生物的转录过程分成 3 个阶段：起始、延伸和终止。下面以大肠杆菌为例进行介绍。

（一）转录的起始

原核生物转录的起始过程大致可以分为 4 个步骤：①RNA 聚合酶全酶（$\alpha_2\beta\beta'\omega\sigma$）与模板 DNA 的可逆结合；②封闭型起始复合物（closed initiation complex）的形成；③开放型起始复合物（open initiation complex）的形成；④形成三元起始复合物（ternary initiation complex），起始转录（图 5.8）。

1. RNA 聚合酶识别模板 DNA　RNA 聚合酶全酶首先通过扩散作用进入自然卷曲的 DNA 分子，非特异性地与 DNA 进行松散且可逆的结合，然后沿 DNA 链迅速滑动，搜寻启动子。

2. 封闭型起始复合物的形成　σ 因子能引起 RNA 聚合酶对 DNA 亲和性的改变，使聚合酶对非特异位点的结合较疏松，遇到特异序列才紧密结合。当 σ 因子发现识别位点 -35 区序列时，全酶与 DNA 分子的结合由疏松变为牢固，形成全酶与 DNA 分子的封闭型起始复合物。在这个过程中，RNA 聚合酶全酶的空间构象较大，一端能与 -35 区序列或更上游序列接触，另一端可触及 -10 区序列。

3. 开放型起始复合物的形成　RNA 聚合酶全酶与启动子 -35 区识别后，整个酶分子继续向 -10 区序列转移，并与之进行紧密且不可逆的结合。这时，-10 区序列和起始位点发生局部解链并暴露出模板链，形成长约 10 bp 的开链区，即转录泡。全酶与启动子这种结合状态称为开放型起始复合物。开放型复合物一旦形成，DNA 就继续向前解链，将解链区向 -10 区下游移动，同时在暴露的模板上聚集了等待合成 RNA 的核苷酸。

4. 三元起始复合物的形成 开放型复合物形成之后，DNA 分子上的转录起始位点暴露，RNA 聚合酶即沿着模板 DNA 移动，开始合成其互补 RNA 链。由于 RNA 聚合酶不需要引物，能够从头合成一条新的 RNA 链，因此当 RNA 聚合酶在 DNA 开链区段进行扫描，并寻找到一个嘌呤核苷酸底物与 DNA 中的嘧啶核苷酸配对后，该核苷酸即可作为新合成 RNA 链的第一个起始核苷酸，它通常是嘌呤核苷酸 pppG 或 pppA。

RNA 聚合酶上有两个核苷酸结合位点参与磷酸二酯键的形成，即起始位点（initiation site）和延伸位点（elongation site）。根据与模板链碱基互补的原则，第一个核苷三磷酸进入起始位点，它首先结合到 RNA 聚合酶上，再与 DNA 上互补的碱基形成氢键。然后，第二个核苷三磷酸进入延伸位点，该核苷酸与 DNA 模板链上起始位点的下一个碱基严格配对。最后，两个位点上的核苷酸形成第一个磷酸二酯键，继而连续合成一小段 RNA，也就形成了 RNA 聚合酶-DNA-新生 RNA 链三元复合物（图 5.8）。

（二）RNA 链的延伸

当转录出 9~10 核苷酸的短 RNA 链后，σ 因子即被释放，从而导致 DNA 分子和核心酶分子的构象发生变化，二者的结合也变得松弛，核心酶与模板的亲和性下降到与非特异性位点结合的水平，使其在 DNA 链上更

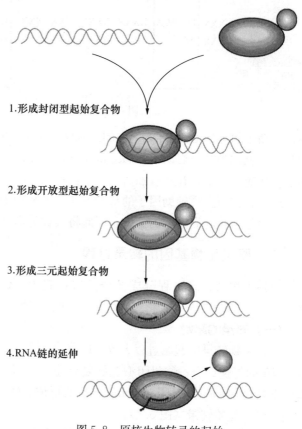

1.形成封闭型起始复合物

2.形成开放型起始复合物

3.形成三元起始复合物

4.RNA 链的延伸

图 5.8 原核生物转录的起始

容易移动，这为 RNA 链的延伸创造了条件。释放出来的 σ 因子还可以与其他核心酶结合，参与另一次转录过程。

一般情况下，核心酶按照 $5'→3'$ 方向合成互补 RNA 链是连续的，但其间有时也会发生停顿。在延伸过程中，核心酶沿着模板链做类似于蠕虫屈伸式移动，酶的尾部随着 RNA 链的延伸不断前移，而酶的前端在 RNA 链延伸几个核苷酸时先保持不动，然后再沿着 DNA 链向前移动几个核苷酸，以静止-跳跃-静止的形式前进。在 DNA 的某些区域，通常是富含 GC 区，转录延伸有时会出现暂时停顿，然后 RNA 聚合酶可以通过剪切 RNA 转录产物的 3′端重新开始转录。转录延伸阶段，DNA 双螺旋的解链区保持约 17 bp 的长度，新合成的 RNA 链可与模板形成 RNA-DNA 杂交区，长度约为 13 bp（图 5.9）。当新生 RNA 链离开模板 DNA 后，已使用过的模板立即恢复双螺旋结构，并转变为松弛型的负超螺旋。RNA 链的延伸速度一般原核为 25~50 核苷酸/s，真核为 45~100 核苷酸/s。

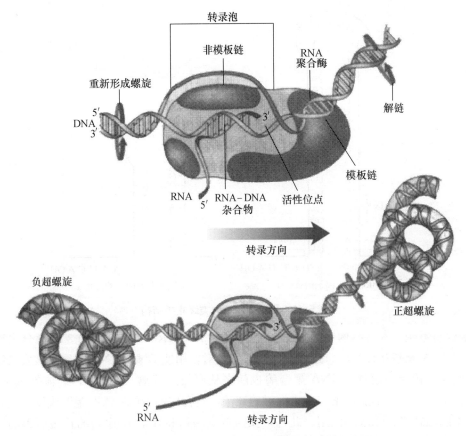

图 5.9 大肠杆菌细胞中 RNA 聚合酶催化的转录过程
(引自朱玉贤，2013)

(三) 转录的终止

转录的终止需要一段特定的 DNA 调控序列，即终止子 (terminator)。终止子是原核生物基因末端一段能终止转录的特殊碱基序列。它提供了转录终止信号，使 RNA 聚合酶停止合成并释放转录产物 RNA 链。原核生物的终止子有两种类型：一种是不依赖于 ρ 因子的终止子，另一种是依赖于 ρ 因子的终止子。第一类终止子不需要 ρ 蛋白的参与即可以引发 RNA 聚合酶终止反应，而第二类终止子则需要 ρ 蛋白因子的帮助才能有效诱发转录终止。下面分别介绍这两类终止子调控的转录终止作用。

1. 不依赖于 ρ 因子的转录终止 不依赖于 ρ 因子的转录终止子又称为内在终止子 (intrinsic terminator) 或简单终止子。这种类型终止子序列有两个明显的结构特征：①在终止子的上游模板 DNA 链中，常有一个长度为 7~20 bp 的富含 GC 碱基的反向重复序列 (回文序列)，该序列能实现内部碱基配对，这一部位转录出的 RNA 的 3′端也有一个富含 GC 的反向重复序列，可以互补配对形成发夹结构；②在富含 GC 的序列和终止子之间的 DNA 序列上还有一段由 4~8 个连续的 T 组成的序列，因此对应转录产物的 3′端含有 4~8 个连续的 U（图 5.10）。

当 RNA 聚合酶转录出 RNA 的反向重复序列时，新合成的 RNA 链能够通过自身碱基配对形成一个发夹结构，该结构可改变 RNA 聚合酶的构象并阻止复合物的延伸，致使

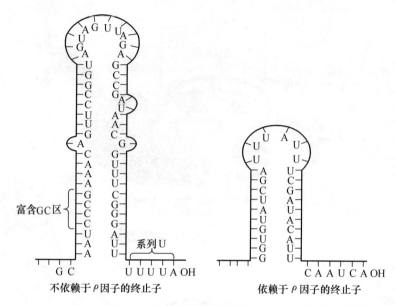

图 5.10　原核生物的两类终止子结构

RNA 聚合酶停顿。发夹结构后面寡聚 U 的出现使 DNA/RNA 杂合链的 3′ 端部分出现了不稳定的 rU:dA 碱基互补区域，这种较弱的碱基配对作用使 DNA/RNA 很容易被发夹结构解链，从而导致转录泡解体，RNA 聚合酶也随之从模板上解离（图 5.11）。体外试验表明，如果终止子中掺入了不能按正常方式配对的碱基，新合成的 RNA 就不能形成发夹结构，终止子就不能起到终止转录的作用。此外，反向重复序列和寡聚 U 序列的长短可影响终止子的终止效率，一般随着发夹结构和寡聚 U 序列长度的增加，终止效率会逐步提高。

2. 依赖于 ρ 因子的转录终止　依赖于 ρ 因子的终止子广泛存在于噬菌体中，在大肠杆菌中相对较少。与不依赖于 ρ 因子的终止子相比，有相似的茎-环结构，但其回文序列中 GC 碱基对含量较少，且在茎-环结构后没有明显的 A/T 重复（图 5.10），因此，在新生 RNA 链末端的发夹结构稳定性相对较低，而且下游缺乏寡聚 U 结构。当 RNA 聚合酶转录到发夹结构时，也会出现一定时间的停顿。这时，如果没有 ρ 因子的作用，转录将会继续进行；只有在 ρ 因子存在时，转录才会真正终止。

ρ 因子广泛存在于原核和真核细胞中，是一个由 6 个相同亚基组成的环状六聚体，分子质量约为 46 ku。各亚基的 RNA 结构域在六聚体中央形成一个孔，允许核酸进入。ρ 因子具有两种活性：①NTPase 活性，在有 RNA 存在时，ρ 因子具有水解各种核苷三磷酸的能力；②解旋酶活性，ρ 因子是依赖 ATP 的解旋酶家族成员，在酶的活性位点处挤入 DNA/RNA 杂交链中，可使 RNA 从 DNA 模板上脱离下来。

ρ 因子参与转录终止的过程可用热追踪模型（hot pursuit model）进行解释（图 5.12）。ρ 因子首先结合于转录产物的终止位点的上游，即 ρ 因子的作用位点（rho utilization site，rut）。然后，ρ 因子发挥它的 NTPase 活性，利用核苷三磷酸水解释放的能量，沿 RNA 链 5′→3′方向朝转录泡移动，赶上暂时停顿在发夹结构处的 RNA 聚合酶，与 RNA 聚合酶的 β 亚基相互作用。最后，ρ 因子发挥其解旋酶活性，促使 RNA 聚合酶脱离模板 DNA，并释放出 RNA 链。

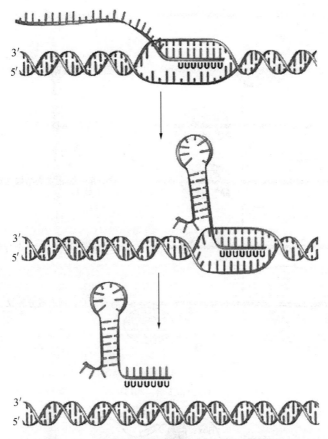

图 5.11 非依赖型终止子终止转录的过程模型

3. 抗终止作用 个别终止子的作用可被特异蛋白质因子阻止，使 RNA 聚合酶可以越过终止子继续转录，这种现象称为通读。这种抗终止作用通常发生在依赖于 ρ 因子的终止子处，它是细菌和噬菌体基因表达调控的一种方式。能引起抗终止作用的蛋白称为抗终止因子。

典型的抗终止过程发生在噬菌体感染细菌时基因表达的时序控制中。噬菌体中有少数早期基因能被细菌 RNA 聚合酶转录，这些早期基因与其后的基因之间以终止子相隔。如果这些位点的终止作用被阻止，RNA 聚合酶便通读至下游另一个基因，这样早期基因与晚期基因便会一起表达，且后期基因的表达是 RNA 链的延续，这样就形成了一段 5′端为早期基因序列而 3′端为新基因序列的分子。抗终止作用为噬菌体从感染早期到晚期基因表达的转变提供了一个控制机制，它依赖抗终止因子的帮助，λ 噬菌体前早期基因表达产物中的 N 蛋白就是一种抗终止因子。N 蛋白可与 Nus A、Nus G、Nus B、核糖体蛋白 S10（Nus E）形成紧密的复合物，并与 RNA 聚合酶、新生 RNA 和 DNA 三联体结合，使 RNA 聚合酶在终止子处发生通读，从而表达出晚早期基因（图 5.13）。N 蛋白的抗终止作用有高度的特异性，其抗终止作用不依赖于终止子。另外，晚早期基因的表达产物 Q 蛋白也是一种抗终止因子，它能使晚后期基因得以表达。研究表明，抗终止作用可能是通过破坏终止位点 RNA 的发夹结构，使终止子丧失终止作用，从而导致了转录的通读。

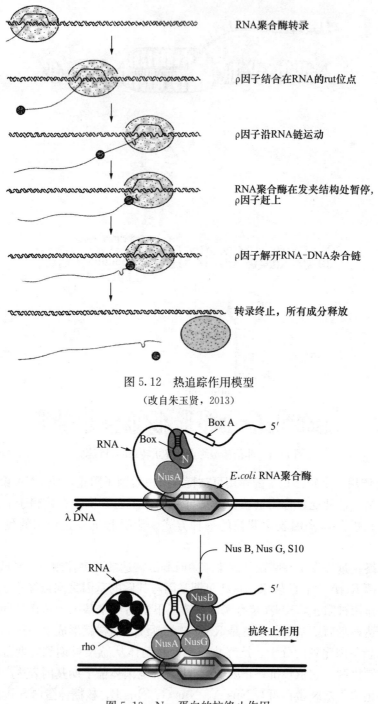

图 5.12 热追踪作用模型
（改自朱玉贤，2013）

图 5.13 Nus 蛋白的抗终止作用

第三节 真核生物 RNA 的转录

真核生物转录的基本过程与原核生物相似，但由于其基因组远比原核生物大，所以其转录步骤也更为复杂，基因的调控序列更加多样，如启动子、增强子、沉默子等。除 RNA 聚合酶外，涉及更多的酶和蛋白因子。

将真核生物转录与原核生物相比，二者的区别主要表现在以下几个方面：①原核生物细胞只有1种RNA聚合酶，负责所有RNA的转录；而真核生物细胞有3种RNA聚合酶，分别负责转录不同类型的RNA。②原核生物的结构基因常转录为多顺反子，即包含了多个蛋白质的编码信息；而真核生物结构基因的转录产物一般为单顺反子，只有1种蛋白质的编码信息。③原核生物转录体系中的蛋白质因子较少，RNA聚合酶能够直接识别和结合启动子；而真核基因的转录需要很多蛋白因子的参与，RNA聚合酶不能直接与启动子结合，需要借助通用转录因子的相互作用才能被招募到启动子上。④原核生物的mRNA转录后基本只需要简单的加工，即成为功能RNA分子；而真核生物的mRNA转录后需要经过复杂的加工过程，才能转变为成熟的mRNA分子。以上各方面的差异将在后面的内容中进行具体阐述。

一、真核生物的RNA聚合酶

真核生物的RNA聚合酶比原核生物RNA聚合酶结构复杂，分子质量均在500 ku左右，通常由8~16个亚基组成，并含Zn^{2+}。与原核生物RNA聚合酶不同，真核生物中有3类RNA聚合酶，即RNA聚合酶Ⅰ（RNA pol Ⅰ）、RNA聚合酶Ⅱ（RNA pol Ⅱ）和RNA聚合酶Ⅲ（RNA pol Ⅲ），分别负责转录不同的RNA。但真核生物RNA聚合酶与原核生物也有相似之处，如二者的晶体结构都是蟹爪形，而且3类RNA聚合酶都有与原核生物RNA聚合酶功能相似的亚基，这些亚基在蛋白复合体中的分布也相近，且具有进化上的同源性（表5.2）。此外，3类真核生物RNA聚合酶在细胞核中的分布不同，对α鹅膏蕈碱的敏感性亦不相同。α鹅膏蕈碱是一种来自鹅膏真菌（Amanita phalloides）的八肽二环化合物，对真核生物毒性较大，但对原核生物的RNA聚合酶只有微弱的抑制作用。

表5.2 大肠杆菌和酵母RNA聚合酶亚基比较

序号	大肠杆菌RNA聚合酶亚基	酵母RNA聚合酶亚基		
		RNA pol Ⅰ	RNA pol Ⅱ	RNA pol Ⅲ
1	β'	RPA1	RPB1	RPC1
2	β	RPA2	RPB2	RPC2
3	α_1	RPB5	RPB3	RPC5
4	α_2	RPB9	RPB11	RPC9
5	ω	RPC6	RPB6	RPB6
6	σ	9个其他亚基	7个其他亚基	11个其他亚基

1. RNA聚合酶Ⅰ 真核生物RNA聚合酶Ⅰ存在于细胞核的核仁中，相对活性最高，占总活性的50%~70%，对α鹅膏蕈碱不敏感。其转录产物是45S rRNA的前体，经加工修饰后产生5.8S rRNA、18S rRNA和28S rRNA，是核糖体的重要组成部分。

2. RNA聚合酶Ⅱ RNA聚合酶Ⅱ位于细胞核的核质中，相对活性占总活性的20%~40%，较低浓度的α鹅膏蕈碱（10^{-9}~10^{-8} mol/L）便可抑制其活性。在核内转录生成mRNA的前体物质，又称核不均一RNA（hnRNA）。另外，有些小的RNA分子也是由RNA聚合酶Ⅱ转录的，如部分snRNA和miRNA。在RNA聚合酶Ⅱ中的最大亚基上，有一个柔性的C端结构域（carboxyl terminal domain，CTD），含有7个氨基酸的高度重复序列，即 Tyr-Ser-Pro-Thr-Ser-Pro-Ser，其中的 Ser 和 Thr 残基可被高度磷酸化，研究表明该序列重复的拷贝数对酶的活性十分重要。在转录过程中，CTD 未被磷酸化的 RNA polⅡ主要负责转录的起始，而 CTD 磷酸化的 RNA polⅡ主要负责转录的延伸。

3. RNA 聚合酶Ⅲ RNA 聚合酶Ⅲ也位于细胞核的核质中，相对活性只有总活性的 10% 左右，可被高浓度的 α 鹅膏蕈碱（$10^{-5} \sim 10^{-4}$ mol/L）所抑制。它主要转录小分子 RNA，如 tRNA、5S rRNA、U6 snRNA、7SL RNA 和 7SK RNA 等。

除了细胞核 RNA 聚合酶外，真核生物的线粒体和叶绿体中也存在着 RNA 聚合酶，分别转录线粒体和叶绿体基因组 DNA。这些 RNA 聚合酶的结构比较简单，与原核生物的 RNA 聚合酶类似，可催化所有种类 RNA 的合成。研究表明，线粒体 RNA 聚合酶仅有一条多肽链，其分子质量小于 70 ku，是目前已知的最小的 RNA 聚合酶之一。叶绿体 RNA 聚合酶相对较大，由多个亚基组成，其中部分亚基是由叶绿体基因编码。

二、真核生物基因的启动子

真核生物的 RNA 聚合酶催化转录各种基因的启动子都有其独特的结构特点，与 3 类 RNA 聚合酶相对应，也可以将启动子分为 3 类。下面就这 3 种类型的启动子的结构特点及功能分别进行阐述。

1. Ⅰ类启动子 RNA 聚合酶Ⅰ转录基因的启动子一般由核心启动子和上游启动子元件（upstream promoter element，UPE）两个保守区域组成（图 5.14）。在人的 rRNA 基因启动子中，核心启动子位于 -45

图 5.14 RNA 聚合酶Ⅰ集中型核心启动子

到 +20 bp 区，富含 AT；UPE 位于转录起始点上游 -180 ～ -107 bp 区，又称为上游控制元件（upstream control element，UCE），常富含 GC。核心启动子可决定转录起始的精确位置，其单独存在时即可起始转录，但 UPE 的存在可大大提高转录效率。rRNA 基因的启动子序列保守性不强，不同物种的启动子序列可能会存在很大变化，另外，核心元件和上游控制元件的碱基组成及间隔距离对转录也有重要影响。

2. Ⅱ类启动子 与 RNA 聚合酶Ⅱ互作的启动子结构较为复杂，含有较多的调控序列元件。该类启动子一般位于结构基因 5′端上游，也包括核心启动子及上游控制元件两大区域。核心启动子区是 RNA 聚合酶Ⅱ和基本转录起始复合物结合的部位，是一种重要的 DNA 元件，能够精确转录起始并调节 mRNA 转录。根据核心启动子转录起始位点数目的不同，可将其分为集中型和分散型两类。集中型核心启动子一般只包含一个转录起始位点，而分散型的核心启动子则在一段 50～100 核苷酸序列内包含多个分散的转录起始位点。真核生物中大部分核心启动子为集中型核心启动子，但在脊椎动物中，只有不到 1/3 的核心启动子为集中型启动子。由于集中型核心启动子调控的基因的生物学意义更为重要，所以目前绝大多数对 RNA 聚合酶Ⅱ转录机制的研究都是在集中型启动子上开展的。

(1) 集中型核心启动子结构及功能。RNA 聚合酶Ⅱ的核心启动子一般位于转录起始位点的 -40～+40 bp 之间，典型的集中型核心启动子通常包含 4 个元件（图 5.15），从 5′端到 3′端依次为：TFⅡB 识别元件（TFⅡB recognition element，BRE）、TATA 框、起始子（initiator，Inr）和下游启动子元件（downstream promoter element，DPE）。而分散型核心启动子一般缺少这些元件中的一个或两个，但该启动子仍能发挥功能。

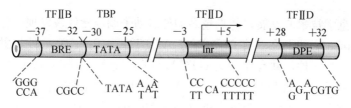

图 5.15　RNA 聚合酶 Ⅱ 集中型核心启动子

① TATA 框。多数真核生物核心启动子的 TATA 框一般位于转录起始位点上游 $-30 \sim -25$ bp 区，但在酵母中大多位于更上游（$-200 \sim -50$ bp）。TATA 框由 7 对共有碱基序列组成，即 $T_{82}A_{97}T_{93}A_{85}(A_{63}/T_{37})A_{88}(A_{50}/T_{37})$，它是 TATA 结合蛋白（TATA-binding protein，TBP）识别并与之结合的部位，其作用与大肠杆菌基因启动子的 -10 区序列相似，可决定 RNA 聚合酶 Ⅱ 的结合位点并影响转录起始。TATA 框的缺失会导致转录起始位点的不稳定，但对转录效率影响较小。它是三类启动子中广泛存在的一种调控元件，可以通过和转录因子中的 TBP 蛋白结合来招募其他转录因子及 RNA 聚合酶，从而组装成转录起始复合物。

研究表明，并不是所有真核基因启动子中都含有 TATA 框，少数基因没有 TATA 框。根据碱基组成特点，无 TATA 框的启动子又可分为两类：一类为富含 GC 的启动子，另一类是不含 GC 的启动子。富含 GC 的无 TATA 框启动子不具有典型启动子的结构，仅含有 Inr 和 UPE，因此，含此类启动子的基因的转录起始是不规则的，一般只有基础水平表达。既无 TATA 框也缺少 GC 的启动子常含有一个或数个紧密相邻的起始位点，含这类启动子的基因大多数转录活性很低，或根本没有活性。

② TF Ⅱ B 识别元件。1998 年，Lagrange 等首次报道了转录因子 TF Ⅱ B 识别元件（BRE），发现 BRE 区通常位于转录起始位点上游 $-37 \sim -32$ bp 处，紧邻 TATA 框的上游，其共有序列为 G/C-G/C-G/A-C-G-C-C，TF Ⅱ B 可以特异性地直接与 BRE 结合并发挥作用。2005 年，Deng 等发现在 TATA 框下游也有一段可被 TF Ⅱ B 特异识别并结合的 DNA 序列，位于起始位点 $-27 \sim -23$ bp 处，所具有的共同序列为 G/A-T-T/G/A-T/G-G/T-T/G-T/G。为了区分这两种不同的转录因子 TF Ⅱ B 识别元件，他们将其命名为 BREU 和 BRED，二者都可增强 TF Ⅱ B-TBP-启动子复合物的形成，进而影响基础转录水平。

③ 起始子。起始子（Inr）是一种包含转录起始位点的核心启动子元件，常位于 $-3 \sim +5$ 位之间的区域，其共有序列为 Py_2CAPy_5（Py 代表 C 或 T，N 是任意碱基）。Inr 元件和 TATA 框共同构成了核心启动子的基本元件。Inr 不仅能够调控无 TATA 框启动子的转录起始位点，也能在一定的位置增强含 TATA 框的启动子的活性。当 TATA 框和 Inr 距离为 $25 \sim 30$ bp 时，它们对基因的转录起协同作用，增强基础转录水平；而当距离超过 30 bp 时，则各自单独起作用。在基因转录过程中，RNA 聚合酶 Ⅱ 和转录因子 TF Ⅱ D 均可识别 Inr 并与之相互作用。

④ 下游启动子元件。下游启动子元件（DPE）普遍存在于无 TATA 框的启动子中，一般位于转录起始位点下游 $+28 \sim +32$ 处，共同序列为 A/G-G-A/T-C/T-G/A/C。DPE 可与 Inr 协调作用，为转录因子 TF Ⅱ D 提供结合位点进而激活转录。研究表明，若 DPE 和 Inr 发生突变可导致转录因子 TF Ⅱ D 失去与核心启动子结合的能力。此外，大

多数启动子的 DPE 与 Inr 之间的距离相同,增加或减少一核苷酸均会导致转录效率的降低。

随着生物信息学技术的发展,越来越多的外启动子调控元件被发现,如核苷酸八聚体元件(octamer element,OCT),共有序列为 ATTTGCAT;KB 元件,共有序列为 GGGACTTTCC;ATF 元件,共有序列为 GTGACGT。另外,在转录起始点下游也有一些与启动子功能相关的元件,如 MTE、DCE、CAAC 和 Bridge 元件等。通常各元件间的距离对启动子的功能影响不大,但如果距离太近(小于 10 bp)或太远(大于 30 bp),就会影响启动子的功能。

(2)上游调控元件。转录起始点上游的调控元件(UPE),又称为启动子近侧元件,序列长度一般为 8~12 bp,常位于起始点上游约 100 bp 以内,且一般在 TATA 框的上游。代表性的 UPE 有 GGGCGG、CCAAT、GCCACACCC、ATGCAAAT 等(图 5.16),其中 CAAT 框和 GC 框最为重要,它们可被特定的转录因子识别,具有增强转录效率的功能。CAAT 框通常位于 -80~-70 区附近,其共有序列为 GG(C/T)CAATCT,该序列的头两个 G 非常重要,如果突变则会导致转录效率会大大下降。GC 框通常位于 -110~-80 区,其共有序列为 GCCACACC 或 GGGCGGG,具有调控转录起始和转录效率的功能。哺乳类 RNA 聚合酶 Ⅱ 常用的上游转录因子及其结合元件如表 5.3 所示。

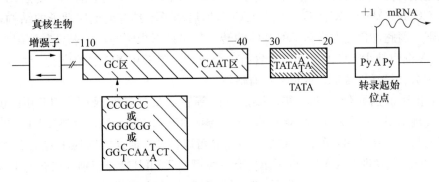

图 5.16 RNA 聚合酶 Ⅱ 的启动子结构

表 5.3 哺乳类 RNA 聚合酶 Ⅱ 常用的上游转录因子及其结合元件

元件名称	共有序列	结合 DNA 长度	转录因子	分子质量(ku)	存在地点
TATA 框	TATAAAA	10 bp	TBP	27	普遍存在
CAAT 框	GGCCAATCA	22 bp	CTF/NF1	60	普遍存在
GC 框	GGGCGG	20 bp	SP1	105	普遍存在
八聚体	ATTTGCAT	20 bp	Oct-1	76	普遍存在
八聚体	ATTTGCAT	23 bp	Oct-2	52	淋巴
κB	GGGACTTTCC	10 bp	NF-κB	44	淋巴

3. Ⅲ 类启动子 RNA 聚合酶 Ⅲ 催化转录 tRNA、5S rRNA 及一些小分子 RNA 基因,根据这些基因的启动子中调控元件的种类及分布,可以将启动子分为两种类型:一类是 5S rRNA 和 tRNA 基因的启动子,位于转录起始点下游 +50~+83 之间,在基因的内部,因此称为基因内启动子;另一类是 U6 snRNA、7SK RNA 等基因的启动子,一般位于基因的 5'

端，即转录起始位点的上游，称为上游启动子或基因外启动子。还有一些基因的启动子（如7SL RNA 基因）同时具备两类启动子的特征，即在转录起点的上游和下游均有调控元件。

基因内启动子对转录的有效启动主要依赖于转录起点下游两个不连续的 DNA 元件，由于这两个元件的组合方式不同，可将内部启动子分为两种类型：①Ⅰ型基因内启动子仅存在 5S rRNA 基因中，其核心区由不连续的 A 盒（5′-TGGCNNAGTGG-3′）和 C 盒（5′-CGGTCGANNCC-3′）组成；②Ⅱ型基因内启动子通常存在于 tRNA、腺病毒 VA RNA 等大多数由 RNA 聚合酶Ⅲ催化转录的基因中，常常由不连续的 A 盒和 B 盒组成。在 tRNA 的基因中，A 盒的转录产物对应 D 环区，而 B 盒被转录为 TΨC 环。

基因外启动子与Ⅰ类启动子类似，在转录区的 5′端有顺式作用元件，但缺乏内部调控序列，另外，在基因的末端还常常有一组由 4 个以上 T 组成的转录终止信号。如 7SK RNA 基因，它具有完整的基因外启动子，在转录起点上游约-30 bp 处也存在着一个 TATA 框序列，功能与Ⅱ类启动子的 TATA 框相同。尽管 7SL RNA 基因的启动子与 7SK RNA 同源，但将其上游调控删除后，基因仍然能够保持 1/100~1/50 的转录效率，原因是在其转录起点下游还有类似于Ⅱ型基因内启动子调控序列。

三、真核生物基因的转录过程

在真核细胞中，借助众多通用转录因子（general transcription factor, GTF）的作用，3 类 RNA 聚合酶分别在不同基因的启动子区组装转录起始复合物，启动相应 RNA 的合成。此外，线粒体和叶绿体中也有不同的 RNA 聚合酶催化各自的转录过程。

1. RNA 聚合酶Ⅰ催化的转录过程　在哺乳动物中，转录起始复合物除 RNA 聚合酶Ⅰ参与外，至少还有两类转录因子，即上游结合因子 1（upstream binding factor 1, UBF 1）和选择因子 1（selectivity factor 1, SL_1）。UBF1 是分子质量约为 97 ku 的单体蛋白，能特异性地结合到核心启动子以及 UPE 中富含 GC 的元件上。SL_1 是一个由 4 种亚基组成的寡聚蛋白，其中一个亚基是 TATA 框结合蛋白（TBP），另外 3 个亚基是能与 TBP 或 polⅠ相互作用的 TBP 连接因子Ⅰ（TBP-associated factor, TAFⅠ）。SL_1 的功能与原核生物的 σ 因子类似，其主要作用是确保 RNA 聚合酶正确定位在转录起始点上，但它不能独立结合在启动子上。只有在 UBF1 结合到 DNA 上时，SL_1 才可与之协同地结合在启动子上。随后，在 SL_1 因子介导下，RNA 聚合酶Ⅰ方可与转录起始点结合，并起始转录（图 5.17）。

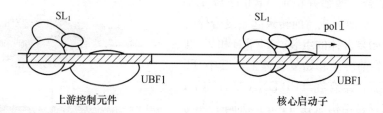

图 5.17　RNA 聚合酶Ⅰ与转录因子的结合

RNA polⅠ催化转录的终止类似于原核生物中的两种模式的综合，在转录出 rRNA 前体的 3′末端后，RNA polⅠ继续向下游转录，会出现一个 18 bp 的终止子序列，能够被辅助因子识别，完成转录终止。

2. RNA 聚合酶Ⅱ催化的转录过程　真核生物 RNA 聚合酶Ⅱ中没有类似原核生物中可

以识别启动子的σ因子的对应物，所以当其转录某个基因时，必须有20多种相关转录因子先期结合在启动子处，才能起始转录，其中一些转录因子（如TFⅡA～TFⅡH）是转录起始所必需的（表5.4）。

表 5.4　RNA 聚合酶Ⅱ的转录因子

转录因子	功能
TFⅡA	促进 TFⅡD 和 TATA 框的结合，激活 TBP 亚基
TFⅡB	结合在 TFⅡD-DNA 复合物上，与 TFⅡE/F 相互作用，并确定转录的精确位置
TFⅡD	TBP 亚基可识别 TATA，可将 polⅡ募集到复合体中
TFⅡE	结合在 polⅡ的前部，使复合体的保护区延伸到下游
TFⅡF	大亚基具解旋酶活性，小亚基可与 polⅡ结合，介导其加入转录复合体
TFⅡH	具有激酶活性，可以磷酸化 polⅡ C 端的 CTD，使 polⅡ逸出，延伸
TFⅡI	识别 Inr，起始 TFⅡF/D 结合
TFⅡJ	在 TFⅡF 后加入复合体，不改变 DNA 的结合方式
TFⅡS	参与 RNA 链的延伸

真核生物 RNA 聚合酶Ⅱ催化的转录起始过程如图 5.18 所示，可以分为 3 个阶段：①前转录起始复合体的组装。结构基因转录起始的第一步是 TFⅡD 因子对 TATA 框的识别。TFⅡD 是一组蛋白质的复合体，由 TBP 和至少 8 个以上的 TBP 结合因子（TBP-associated factor，TAF）组成，能够识别和结合核心启动子。在已知的转录因子中，TBP 是真核生物 3 种 RNA 聚合酶都需要的成分，具有高度保守的 180 个氨基酸的 C 末端功能域。TBP 通过 DNA 的小沟与 TATA 框发生专一性作用，一旦 TBP 结合到 DNA 上，就使 TATA 框序列扭曲变形，使 DNA 弯曲约 80°，并且使小沟变宽，从而使 DNA 更易于解链。这时转录因子 TFⅡA 与 TFⅡD 的 TBP 结合，增强并稳定 TFⅡD 与 TATA 框的结合，从而形成"前转录起始复合体"。②基本转录起始复合体的组装。TFⅡB 和 TFⅡF 进一步结合到前转录起始复合体上，其中 TFⅡB 的 C 端可直接结合在 TBP-DNA 复合物上，N 端可能形成锌指结构域在 TFⅡF 协同下参与募集 RNA 聚合酶Ⅱ。TFⅡF 是具有 ATPase 活性的 DNA 螺旋酶，可在 RNA 聚合酶复合物前方解开 DNA 双螺旋，有助于聚合酶的转录与移动，从而形成"基本转录起始复合体"。此时，TFⅡD 可与 RNA 聚合酶Ⅱ的 C 端结构域

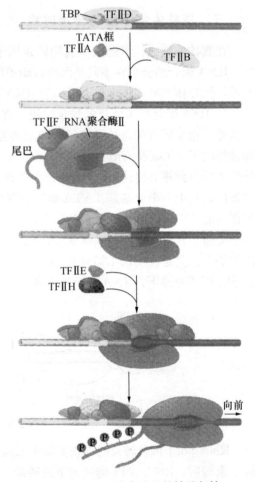

图 5.18　RNA 聚合酶Ⅱ的转录起始

直接相互作用，从而使 RNA 聚合酶Ⅱ定位于转录起始位点。③完全转录起始复合体的组装。转录因子 TFⅡE 和 TFⅡH 随后也迅速结合到复合体上。TFⅡH 的激酶活性可使 RNA 聚合酶Ⅱ的 C 端结构域发生磷酸化，使基本转录起始复合体转变为完全的转录起始复合体，并开始转录出 RNA 链。与原核生物转录一样，第一个被聚合的核苷酸通常是鸟苷酸，在 mRNA 被转录出大约 30 个核苷酸后，鸟嘌呤转移酶将鸟苷酸进行甲基化修饰，产生帽子结构，所以 RNA 聚合酶Ⅱ的转录起始位点有时也称为帽位点。

真核生物转录延伸过程与原核生物大致相似，但其有核膜相隔，所以转录与翻译不同步，另外还涉及 DNA 核小体结构的解聚、移位和重建等重塑过程。在转录启动后，RNA polⅡ 大亚基的 C 端结构域（CTD）的第 5 位 Ser 被磷酸化，转录起始复合体部分解体，形成早期的转录延伸复合体（early-transcript elongation complex, eTEC），并进行早期转录延伸。转录起始复合物中能够继续参与延伸过程的转录因子有 TFⅡF 和 TFⅡS，其中 TFⅡF 具有 RNA 螺旋酶功能，而 TFⅡS 能抑制停顿，促进延伸。在 RNA 聚合酶Ⅱ沿 DNA 向下游移动时，某些转录加工装置已经形成，如加帽相关的酶结合在 RNA polⅡ 的 CTD 上。在新生 RNA 链延伸至 20~30 nt 时，蛋白因子 DSIF（DRB-sensitivity inducing factor）和 NELF（negative elongation factor）协同将延伸复合体阻滞于靠近启动子区的模板上，以提供充足的时间为新生的 RNA 链的 5′端添加帽子结构。当加帽完成之后，正性转录延伸因子 β（positive transcript elongation factor β, P-TEFβ）被募集上来，将 DSIF 的 Spt5 亚基和 NELF 的 RD 亚基分别进行磷酸化，导致 NELF 从 eTEC 上解离下来，并将 DSIF 逆转成促进转录的延伸因子。同时，P-TEFβ 进一步磷酸化 RNA polⅡ 上 CTD 区的第 2 位 Ser，刺激 RNA polⅡ 的延伸转录活性，重新启动延伸直至 mRNA 形成。除了加帽外，mRNA 的加尾、编辑等加工过程也与转录延伸过程相偶联，二者能够相互促进。

RNA 聚合酶Ⅱ催化转录的终止，可能与原核生物不依赖 ρ 因子的终止子有相似之处。研究表明，酵母中有依赖 ploy（A）和依赖 Sen1 的两种转录终止模式。①依赖 poly（A）的转录终止。绝大部分 mRNA 的转录终止与其 3′端加尾相偶联。首先，随着转录的进行，RNA polⅡ 的 CTD 磷酸化发生变化，当 poly（A）加工信号转录后，RNA polⅡ 复合物相关因子发生变构，并可能随之招募新的蛋白因子共同参与，使转录暂停，将初级转录物 poly（A）加工信号下游的序列剪切；然后，上游产物在 poly（A）聚合酶作用下加上多个腺苷酸，下游产物在 5′-RNA 外切酶的作用下降解，转录随即终止。②依赖 Sen1 复合物的转录终止。酵母中的 Sen1 蛋白与原核生物 ρ 因子具有相似的结构与功能，另外 Sen1 复合物在转录终止中可维持转录区染色体的稳定，并可通过在 RNA polⅡ 复合物识别 poly（A）加工信号后解开 RNA-DNA 杂化双链以终止 RNA polⅡ 的聚合作用，同时促进转录复合物解聚，完成转录终止。酵母 RNA polⅡ 催化的转录选择何种终止模式的受 RNA polⅡ 上 CTD 磷酸化的调控，多数 mRNA 的转录终止选择依赖 poly（A）的方式，而大多数 snRNA 的转录终止选择依赖 Sen1 复合物的模式。

3. RNA 聚合酶Ⅲ催化的转录过程　RNA 聚合酶Ⅲ催化转录时，也需要多种转录因子的帮助。Ⅰ型内部启动子在转录启动时，至少需要 TFⅢA、TFⅢB、TFⅢC 3 种转录因子（表 5.5）的参与。首先是 TFⅢA 结合在包含 C 框的一个序列上，引起 DNA 变构，导致 TFⅢC 结合在 A 框下游，从而使 TFⅢB 所在的 RNA 聚合酶复合体结合在转录起点处起始转录。Ⅱ型内部启动子转录时需要 TFⅢB 和 TFⅢC 转录因子的参与。TFⅢB 可结合在 A 框上游 50 bp 处，募集 RNA 聚合酶Ⅲ与模板结合并起始转录；而 TFⅢ C 能与 B 框结合，是 TFⅢ B 定位的装配因子，辅助 TFⅢ B 与转录起点上游调控序列结合，在 TFⅢ B 结合后可解离（图 5.19）。

表 5.5　RNA 聚合酶Ⅲ的转录因子

转录因子	功　能
TFⅢ A	结合于Ⅰ型内部启动子（5sRNA 基因）的 C 框，使 TFⅢ C 结合在 A 框下游，辅助 TFⅢ B 定位结合
TFⅢ B	定位因子，使 RNA 聚合酶Ⅲ结合在起始位点上
TFⅢ C	τB 结合Ⅱ型内部启动子（tRNA 基因）的 B 框，起增强子的作用；τA 结合 A 框，起启动子的作用；辅助 TFⅢ B 定位结合

4. 质体 DNA 的转录　质体基因的转录和翻译与原核生物一样能够偶联在一起进行。在质体中至少存在两类 RNA 聚合酶，一类是质体基因编码的质体 RNA 聚合酶（PEP RNA pol），另一类是核基因编码的质体 RNA 聚合酶（NEP RNA pol）。在拟南芥中发现了 3 种 NEP RNA pol，一种只作用于质体，一种只作用于线粒体，第三种能作用于两种细胞器。

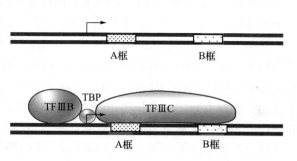

图 5.19　tRNA 基因转录的启动

PEP RNA pol 和 NEP RNA pol 相互影响，但各有分工。PEP RNA pol 结构及其催化的转录与原核生物相似，主要负责编码光合作用相关蛋白的基因的高水平转录。相邻基因可以操纵子形式转录成多顺反子，从而被剪接加工成数个成熟的 RNA。但也有一些基因以单顺反子形式转录，如核酮糖-1,5-二磷酸羧化/加氧酶大亚基基因。NEP RNA pol 在陆生植物中广泛存在，是一种单体蛋白，与 T7 噬菌体的 RNA 聚合酶结构相似，能够识别质体基因启动子上的特定序列位点，主要负责与光合作用无关的管家基因的低水平转录。在前质体发育成叶绿体过程中，NEP RNA pol 首先激活并负责转录编码 PEP RNA pol 的基因，随后功能逐渐被后者取代。

5. 线粒体 DNA 的转录　对线粒体 DNA（mtDNA）的转录机制的研究开始于 20 世纪 70 年代，但进展缓慢。近年来随着对人类线粒体缺陷病的深入研究，其转录机制才逐渐展现在世人面前。

线粒体中有核基因编码的 RNA 聚合酶，其结构是介于最简单的噬菌体和具有中等复杂程度的细菌的 RNA 聚合酶之间的复合体。RNA 聚合酶不能单独进行转录，需要在转录因子 TFAM、TFB1M 或 TFB2M 等的协助下进行。由于转录延伸是双向的（两条链从 D 环区的启动子处同时开始以相同速率转录，L 链按顺时针方向转录，H 链按逆时针方向转录），而 mtDNA 的基因之间无终止子，所以两条链各自产生一个巨大的多顺反子初级转录产物。转录终止需要一个 34 ku 的转录终止因子 mtTERF（mitochondrial transcription termination factor)辅助完成,它可与 DNA 进行特异性结合,根据 mtTERF 在启动子区域结合位置不同,进行完全的转录终止或者部分终止。

第四节 转录后加工

在细胞内,由 RNA 聚合酶合成的原初转录物(primary transcript)往往需要经过一系列的变化,才能转变成成熟的、有功能的 RNA 分子,这个过程称为 RNA 的成熟或转录后加工(post transcriptional processing)。严格来说,转录后加工的叫法并不准确,因为转录启动后不久加工就已经开始,只有少数加工方式要在转录完成后才能进行。

原核生物的 mRNA 一经转录通常立即进行翻译,一般很少需要转录后加工,但 tRNA 和 rRNA 却都要经过一系列加工才能成为有活性的分子。而真核生物由于具有细胞核结构,转录与翻译在时间和空间上都被分隔开来,因此对真核生物来说除 tRNA 和 rRNA 需要转录后加工外,其 mRNA 在转录后也需要进行加工且加工过程极为复杂。最常见的转录后加工的内容包括以下几种:

① 核酸内切酶和核酸外切酶对核苷酸的切除。
② 向初生 RNA 转录物或剪切产物的 3′端和 5′端添加核苷酸。
③ 对某些特殊的核苷酸碱基或糖苷进行修饰。

一、mRNA 前体的转录后加工

(一) 原核生物 mRNA 前体的加工

原核生物的 mRNA 通常不进行修饰,因此生成的 mRNA 非常不稳定,一般当它们的 3′末端合成尚未完成时,5′末端已经开始降解了。原核生物的转录和翻译几乎是同步进行的,也就是说 mRNA 仅仅合成一部分时,翻译就开始了,当翻译结束时,就开始降解。一些半衰期稍长的细菌 mRNA,也未发现需要任何加工修饰,说明原核生物天然的 mRNA 在转录后已具有充分的功能。但是,也有少数多顺反子 mRNA 需要通过 RNaseⅢ切割等加工后才能变为成熟 mRNA。

(二) 真核生物 mRNA 前体的加工

真核生物的 mRNA 一般是单顺反子,其初始转录物是相对分子质量较大的前体分子,在核内加工过程中会形成分子大小不等的中间物,因而称为核内不均一 RNA(heterogenous nuclear RNA, hnRNA)。mRNA 前体中编码多肽的序列(外显子)通常是不连续的,一般由非编码序列(内含子)隔开,因此在加工过程中要切除内含子,拼接外显子。此外,大多数 mRNA 分子还要进行添加 5′端帽子和 3′端的 poly(A)"尾巴"、核苷酸修饰等加工,才能转变为成熟 mRNA。具体内容如下。

1. 5′端帽子结构的形成 在 RNA 聚合酶Ⅱ催化合成出 mRNA 链 20~30 nt 时,由 RNA 三磷酸酯酶去除 RNA 5′端的 γ 磷酸基团,然后在鸟苷酸转移酶的作用下,mRNA 的 5′末端核苷酸的 β 磷酸基团亲核进攻 GTP 的 α 磷酸基团,产生 5′-5′对接的磷酸二酯键,同时释放出焦磷酸;最后在鸟嘌呤甲基转移酶的作用下将一个甲基基团加到鸟嘌呤环的第 7 位氮原子上,使鸟嘌呤转变成 7-甲基鸟嘌呤,形成"O"形帽子(m^7Gppp)。其后 5′端的第一和第二个核苷酸上核糖的 2′-OH 也可以在核苷 2′-甲基转移酶的催化下进行甲基化修饰,产生Ⅰ型（m⁷GpppNm）和Ⅱ型（m⁷GpppNmNm）帽子结构（图5.20）。帽子结构不仅可以使mRNA免受5′-核酸外切酶的降解，同时对其正确的剪接加工、核质穿梭转运和翻译也非常重要。

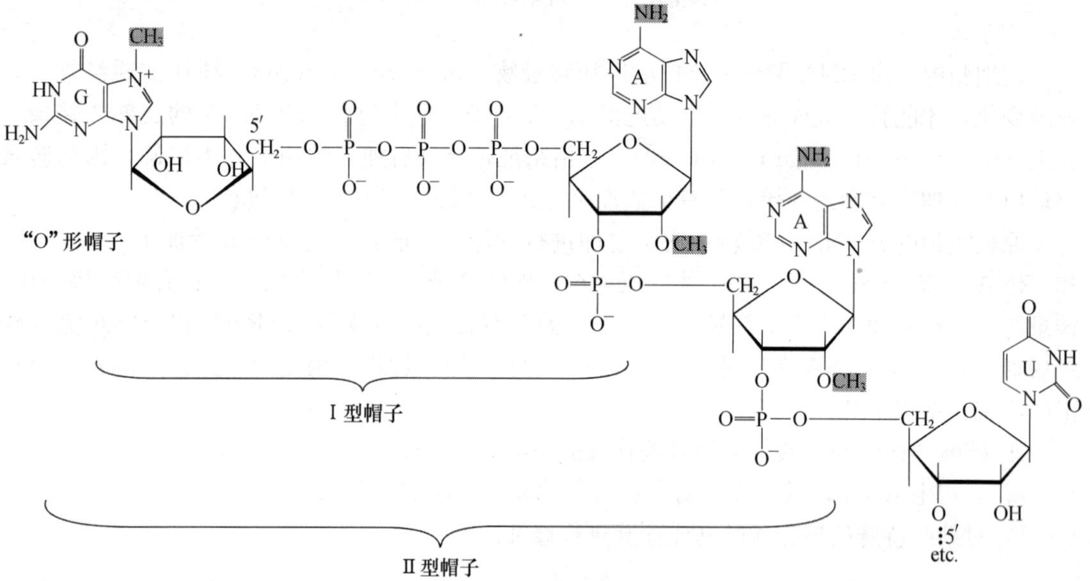

图5.20 5′端帽子类型

2. 3′端的多聚腺苷酸化　大多数真核生物的mRNA 3′端通常有20~200个多聚腺苷酸，即poly（A）尾巴。poly（A）序列并非DNA的转录产物，它是在转录完成后通过酶促作用添加到mRNA的自由3′-OH上。

mRNA的poly（A）尾巴并非直接加在前体分子的3′末端，而是在3′端的信号序列的引导下添加在特定的位置。在高等真核生物mRNA前体分子的3′端常有一段非常保守的序列5′-AAUAAA-3′，它一般位于多聚腺苷酸加尾位点上游11~30 nt范围内，为mRNA 3′端键的断裂和多聚腺苷酸化提供加尾信号。多亚基复合物CPSF［cleavage and poly（A）specificity factor］可识别并结合到此信号序列上，切割促进因子（cleavage stimulation factor，CSF）也随之结合，与mRNA形成稳定的三元复合体。CSF可扫描加尾位点下游约20 nt处的GUGUGUG信号，利用其RNaseⅢ切割加尾位点，然后由多腺嘌呤聚合酶（PAP）催化加上poly（A）尾巴。多腺苷酸化开始时进行较慢，而且依赖CPSF和加尾信号。但当形成长约10 nt的多腺苷酸后，多腺嘌呤结合蛋白（polyadenylate binding protein，PABP）可与poly（A）尾巴结合，从而加快了多聚腺苷酸的过程，同时也不再受CPSF和加尾信号的限制。

mRNA的多聚腺苷酸化在细胞核内即可完成，进入细胞质后会逐渐缩短。但是，有研究表明poly（A）在细胞质也可以更新，不断被RNase降解而缩短的poly（A）也可以被细胞质poly（A）聚合酶重新延长。有人认为，poly（A）在细胞质中的缩短可能并非来自翻译过程中的反复使用，而是由于更新过程偏向降解造成的。

poly（A）具有重要的作用，主要表现在以下几个方面：①可参与新生RNA从RNA聚合酶Ⅱ/RNA/DNA三联体复合物中的释放；②与转录偶联，既能促进转录终止，也能防止 mRNA "早熟"；③参与 mRNA 前体的 3′端内含子的去除；④增强了 mRNA 的稳定性，避免其在细胞中被核酸酶降解；⑤协助 mRNA 从核到细胞质转运，影响翻译效率。

3. 核苷酸的甲基化 在真核生物 RNA 分子中，除 mRNA 分子的帽子结构中有甲基化修饰外，RNA 分子内部的碱基往往也可进行甲基化修饰，主要形式是 N^6-甲基腺嘌呤（m^6A）。这种修饰在 hnRNA 中已经存在，可能对 mRNA 前体的加工起识别作用，影响 RNA 的降解和寿命。近年来发现，RNA 的这种甲基化修饰是可以逆转的，修饰甲基也可以去除，从而恢复 RNA 原来的状态。

4. RNA 剪接 由于大多数真核蛋白的基因为断裂基因，其转录产物需要去除内含子并连接外显子，才能使编码区成为序列连续的成熟 mRNA 分子，这个过程称为 RNA 剪接（RNA splicing）。该过程一般发生在 mRNA 分子由细胞核向胞质转运之前。根据 RNA 剪接方式的不同，可将其分为两种类型，即顺式剪接（cis-splicing）和反式剪接（trans-splicing）。将一个 mRNA 前体分子中的各个内含子切除，并将相邻外显子加以连接的过程称为顺式剪接。若将不同基因的外显子在内含子剪切后相互连接，就称为反式剪接。

（1）顺式剪接。真核生物 mRNA 前体的顺式剪接不能自我催化，必须依赖剪接体才能完成剪接过程。该剪接体是由核内富含 U 的小分子 RNA（U1、U2、U4、U5、U6 snRNA）和若干剪接蛋白组成的核糖核蛋白复合物（RNP），大小为 40S～60S。剪接体可通过不同 RNA 分子间的互补序列，将内含子的 3 个关键位点即 5′供点、3′受点和分支位点精确而有序地聚在一起，以完成转酯反应。

剪接体以 snRNP 的形式进行组装和 hnRNA 剪接（图 5.21）。首先，U1 snRNA 的 5′端通过与 hnRNA 内含子的 5′供点下游序列和 3′端下游部分序列的互补进行结合。在 U1 snRNP 和 U2 辅助因子（U2 auxiliary factor，U2AF）的帮助下，U2 snRNA 随之通过与分支点序列互补而结合。此后，U4 和 U6 之间通过长片段互补可结合在同一个 RNP 上，并与 U5 snRNP 形成三聚体，最终组装成完整的剪接体。在进行内含子剪接时，剪接体中 U1 snRNP 先被释放，使 U5 snRNP 先进入并结合在外显子上，继而转移到内含子上。然后，U4 和 U6 解离，U6 恢复活性并与 U2 碱基配对，通过自身回折形成发夹结构，从而形成类似于 II 型内含子的催化中心。最后，snRNP 识别两个外显子的拼接点并与之结合，在 U6/U2 催化下进行两次转酯反应，完成两个外显子的拼接。在转酯反应过程中，首先分支点序列中 A 残基上的 2′-OH 对内含子 5′端进行亲核攻击，形成套索尾环分子，并释放出外显子 1。然后外显子 1 的 3′-OH 对内含子 3′端亲核攻击，两个外显子序列连接成一体。内含子则以套索形式释放，最终被降解。

（2）反式剪接。反式剪接出现的较为稀少，较典型的例子是锥虫表面糖蛋白基因 *VSG*、线虫的肌动蛋白基因和衣藻叶绿体 DNA 中的 *psa* 基因。

Von der Ploeg 等（1982 年）首先在锥虫 *VSG* 基因中发现了反式剪接现象。在 *VSG* mRNA 的 5′端有一段 35 bp 的剪接前导 snRNA 序列（spliced leader snRNA，SL snRNA），但在该基因转录区上游并未找到此 SL snRNA 序列的编码区。后来发现，该 SL snRNA 序列是由另外一个单基因编码。该基因在锥虫基因组内有约 200 个拷贝，编码 SL snRNA 序列和一个 100 nt 的短序列，后者通过一个保守的 5′端剪接序列与 SL snRNA 相连，SL snRNA 则可通过转酯反应加到 mRNA 的 5′端，其反应机制和核 mRNA 内含子的剪接相似。

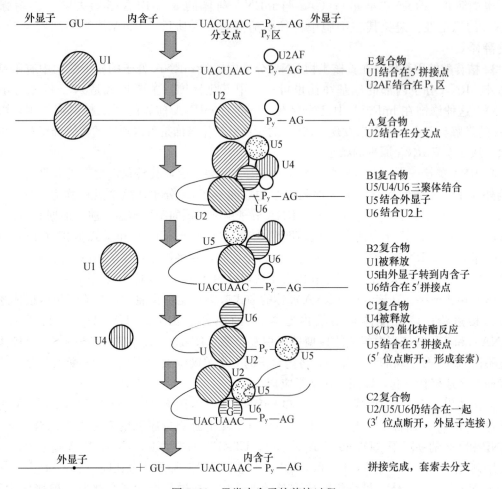

图 5.21 Ⅲ类内含子的剪接过程

后来，在人体中还发现了不需要 SL snRNA 的反式剪接，即同一基因转录出的两条序列相同的前体 mRNA 交错剪接，造成成熟 RNA 中一个外显子的重复出现。

5. RNA 编辑　RNA 编辑是指在 RNA 水平上改变遗传信息的过程。某些 RNA，特别是 mRNA 前体由于核苷酸的缺失、插入或置换，导致基因转录物的序列发生改变，翻译蛋白质的氨基酸序列也发生变异，如表 5.6 所示。

碱基替换只改变单个密码子的遗传信息。碱基的脱氨基作用常导致 RNA 上发生碱基替换，如 C 脱氨基变为 U，A 脱氨基变为 I 等。在哺乳动物中，载脂蛋白 B 有 ApoB100（$M_r=5.1\times10^5$）和 ApoB48（$M_r=2.5\times10^5$）两种形式，二者是同一基因的表达产物。在肝脏细胞中，该基因转录产生完整的 mRNA，并翻译成含 4 653 个氨基酸的全长蛋白 ApoB100。而在小肠细胞中，由于胞嘧啶脱氨酶的 RNA 编辑作用，基因的第 26 个外显子中编码谷氨酰胺的第 2 153 个密码子 CAA 中胞嘧啶发生脱氨基，从而变为终止密码 UAA，造成翻译提前终止，蛋白质长度缩短为约 2 152 个氨基酸。在大脑细胞中有一个编码离子通道蛋白的基因，其 mRNA 通过 RNA 编辑发生 A 变为 I 的单碱基替换，使蛋白质发生单氨基酸置换，从而提高了蛋白质对钙离子的通透性，有利于大脑的正常发育。

表 5.6　哺乳动物组织的 RNA 编辑

组　织	靶标 RNA	碱基变化	翻译结果
小肠	载脂蛋白 B	C→U	谷氨酰胺→终止密码子
肌肉	α 半乳糖苷酶	U→A	苯丙氨酸→酪氨酸
睾丸肿瘤	Wilm 肿瘤基因-1	U→C	亮氨酸→脯氨酸
神经纤维肿瘤	神经纤维瘤-1	C→U	精氨酸→终止密码子
B 淋巴细胞	免疫球蛋白	G→A，C→U	HIV-感染周期的调节
脑	谷氨酸受体	A→I	谷氨酰胺→精氨酸，精氨酸→甘氨酸

碱基插入或缺失不仅改变密码子组成，还可以导致 mRNA 阅读框的移码甚至缩短。最典型的例子是锥虫中编码细胞色素氧化酶亚基 II 基因（$coII$）等线粒体基因发生的 RNA 编辑，是一个向导 RNA（guide RNA，gRNA）引导下数个到上百个 U 的缺失和添加的过程。gRNA 是由特定基因转录的长度为 40～80 nt 的小 RNA 分子，根据功能可以分为 5′端长 5～12 nt 的锚定区、中间长 25～35 nt 的编辑区和 3′端长 5～24 nt 多聚尿嘧啶区［poly（U）］。通过 gRNA 锚定区和编辑区与 mRNA 编辑位点上游序列的碱基互补（含正常的碱基配对和特殊的 G/U 配对）的引导和定位，gRNA 进入 mRNA 编辑位点，形成 RNA 双螺旋。在靠近 gRNA 编辑区 3′端有不能与 mRNA 配对的多余碱基 A，核酸内切酶可以切开 mRNA 上缺少配对 U 的缺口处，然后在末端尿嘧啶转移酶的作用下，从游离的 UTP 上转移 UMP 到切开位点，就可以在 mRNA 不同位点插入 1 个或连续多个 U，从而改变了密码子和阅读框，产生所需的 mRNA 产物（图 5.22）。除 U 的插入和删除外，还有 C、A 和 G 的插入等编辑方式，但 C、A 和 G 的插入是否也由向导 RNA 介导完成，目前还不清楚。

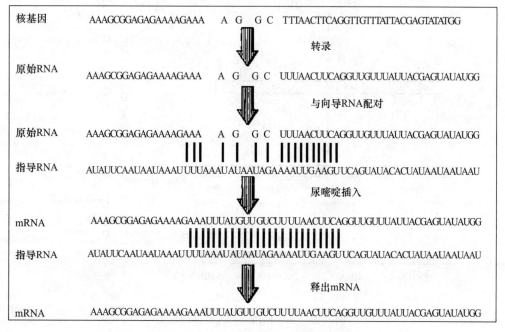

图 5.22　gRNA 引导的 U 插入编辑
（改自 Krebs，2010）

二、rRNA 前体的转录后加工

(一) 原核生物 rRNA 前体的加工

大肠杆菌共有 7 个 rRNA 转录单位,每个转录单位由 16S rRNA、23S rRNA、5S rRNA 以及 1 个或几个 tRNA 基因组成,这些转录单位在染色体上并不紧密连锁,而是分散在基因组各处。tRNA 基因在 rRNA 中的数量和种类都不固定,有些在 16S rRNA 和 23S rRNA 之间的间隔序列中,有些在 5S rRNA 的 3′端之后。因此 rRNA 前体分子经加工后可断裂形成 rRNA 和 tRNA 的前体,然后进一步被加工为成熟的活性分子。rRNA 前体分子转录后加工的主要方式为新生 rRNA 链的碱基修饰及切割裂分。

1. 核苷酸的甲基化修饰 原核生物的 rRNA 前体需要经过甲基化的修饰,才能被核酸内切酶和核酸外切酶切割。研究表明,原核生物 rRNA 含有多个甲基修饰成分(包括甲基碱基和甲基核糖),其中 16S rRNA 含有约 10 个甲基,23S rRNA 含有约 20 个甲基,5S rRNA 一般不甲基化。

2. 切割裂分 rRNA 前体的加工主要由 RNaseⅢ负责,其加工过程见图 5.23。RNaseⅢ是一种核酸内切酶,它的识别部位是特定的 RNA 双螺旋区。RNaseⅢ的茎部有两个切割位点,二者相差 2 bp(图 5.23),切割产生 16S rRNA、23S rRNA 前体 P16 和 P23。5S rRNA 前体 P5 在 RNaseE 作用下产生,它可识别 P5 两端形成的茎-环结构,然后在核酸酶作用下进一步切除 P5、P16 和 P23 两端的多余附加序列(图 5.23)。

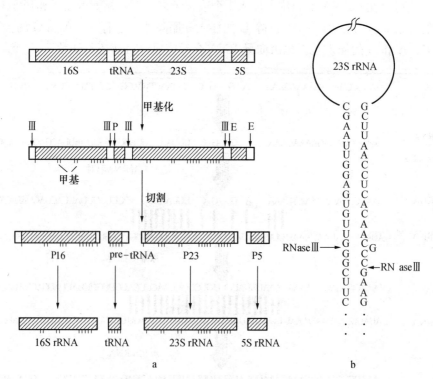

图 5.23 大肠杆菌 rRNA 前体的加工
a. rRNA 前体的加工过程   b. RNaseⅢ的切割位点

（二）真核生物 rRNA 前体的加工

真核生物 rRNA 基因拷贝数较多，通常在几十至几千之间。rRNA 基因在 DNA 分子上成簇排列，由 16S～18S、5.8S、26S～28S rRNA 基因组成一个转录单位，彼此被间隔区分，在 RNA 聚合酶 I 催化下转录出一个长的 rRNA 前体，不同生物的 rRNA 前体大小不同。由 RNA 聚合酶 III 转录的 5S rRNA 基因也是成簇排列的，一般与其他 rRNA 基因是分开的。5S rRNA 前体分子经适当加工后即可与 28S rRNA 和 5.8S rRNA 及有关的蛋白质一起组成核糖体的大亚基。rRNA 前体分子的加工过程见图 5.24。

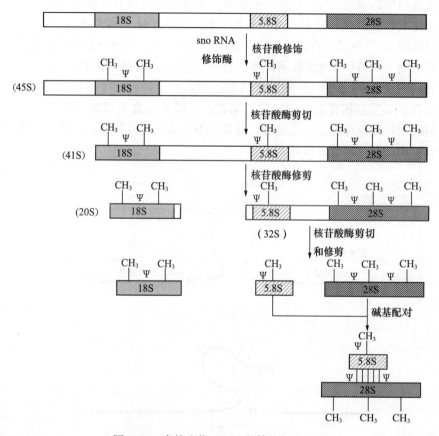

图 5.24　真核生物 rRNA 前体的加工过程

1. 核苷酸的甲基化修饰　真核生物 rRNA 在加工过程中也可进行甲基化、假尿苷酸化等修饰。真核生物甲基化程度比原核生物的甲基化程度高，甲基化在刚开始转录时就已发生，主要的甲基化位点在核糖-$2'$-羟基上。以哺乳动物为例，45S 的 rRNA 前体在转录过程中首先在特定的位点进行甲基化，大约 2% 的核苷酸都被甲基化。前体 rRNA 的修饰可能有利于 rRNA 的正确折叠、切割及其与别的分子正确的相互作用。研究表明，真核生物 rRNA 前体的甲基化、假尿苷酸化及切割是在核仁小 RNA（small nucleolar RNA，snoRNA）指导下完成的。

2. 切割裂分　多数真核生物的 rRNA 基因不存在内含子，有些 rRNA 基因含有内含子但并不转录，如果蝇的 28S 个 rRNA 基因中约有 1/3 含有内含子，但它们均不转录。四膜虫的核 rRNA 基因和酵母线粒体 rRNA 基因也含有内含子，但它们的转录产物可进行自我剪接以切去内含子序列。rRNA 前体在内切酶的作用下可切除不需要的片段，产生 3 种成熟的 18S、5.8S、28S rRNA。

3. 内含子的自我剪接 根据内含子与外显子边界序列的保守性以及内含子剪接方式的不同，可将真核生物的 rRNA 前体内含子的剪接分为两类，即 Ⅰ 型和 Ⅱ 型。

（1）Ⅰ类内含子的自我剪接。Ⅰ类内含子的剪接主要发生在低等真核生物 rRNA、线粒体和叶绿体 RNA 的内含子中。这种剪接方式是 1981 年 Thomas Cech 在研究四膜虫 35S rRNA 前体剪接过程中发现的，它只需 1 价、2 价阳离子及鸟苷酸（或鸟苷）存在即可自发进行，无需蛋白质的酶促反应，也不需要能量。剪接过程可由具有催化活性的 RNA 分子通过转酯反应完成自我剪接，这种自身具有酶活性的 RNA 分子称为核酶（ribozyme），其具体剪接过程如图 5.25 所示。首先，GTP 占据 G 结合位点，5′端外显子占据底物结合位点，鸟苷或鸟苷酸的 3′-OH 作为亲核基团攻击内含子 5′端的磷酸二酯键，完成第一次转酯反应，并结合到内含子中，从上游切开 RNA 链。然后，上游外显子的自由 3′-OH 作为亲核基团攻击内含子 3′受点核苷酸上的磷酸二酯键，将线状内含子切除、释放，并同时将外显子连接。前两次转酯反应连在一起进行，外显子不会出现游离状态。最后，线状内含子在第三次转酯反应中环化，鸟苷酸释放。

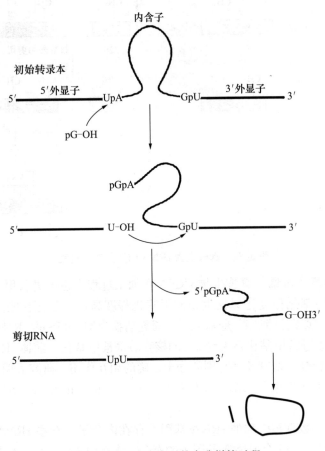

图 5.25　Ⅰ类内含子的自我拼接过程

(2) Ⅱ类内含子的自我剪接。Ⅱ类内含子主要存在于真核生物的线粒体和叶绿体 rRNA 前体分子中。该内含子本身也具有催化功能，能够自我完成拼接（图 5.26）。此类内含子的结构更为复杂，也更为保守，其特点是：①边界序列为供点 GUGCG，受点 AU；②在靠近内含子 3′端受点上游有序列为 PyPuPyPyUAPy 的分支位点，其中的 A 为完全保守的碱基。另外，在分支位点的两侧存在一些短的序列，与其上游互为反向重复序列，形成茎-环结构。由于 A 不包含在反向重复序列内，从而被排除成芽状突起，成为转酯攻击位点（图 5.26）。

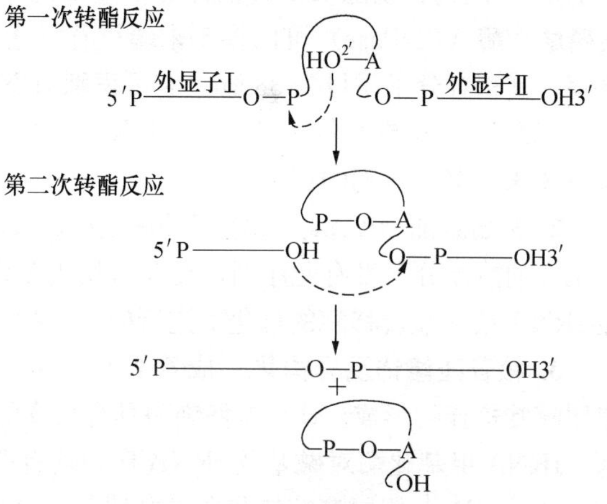

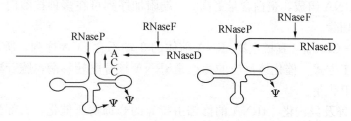

图 5.26　Ⅱ类内含子的自我拼接过程

Ⅱ类内含子与Ⅰ类内含子的差别在于其转酯反应无需游离的鸟苷酸发动，而是由内含子靠近 3′末端的腺苷酸 2′-OH 攻击 5′端磷酸基，形成 2′,5′-磷酸二酯键，将 A 与 G 连接形成"套索"式的结构。然后，上游外显子 3′端羟基进攻连接内含子和下游外显子的磷酸二酯键，进行第二次转酯。经过两次转酯反应将内含子以套索结构的中间体形式切除，并将两个外显子连接起来。

三、tRNA 前体的转录后加工

（一）原核生物 tRNA 前体的加工

大肠杆菌基因组含有 60 多个 tRNA 基因，大多数成簇存在，它们的最初转录产物通常是 1 个或者多个相同串联的 tRNA 前体，也有一些 tRNA 基因与 rRNA 基因甚至与编码蛋白质的基因形成混合转录单位，随着 rRNA 的转录和加工一起成熟。tRNA 前体的加工过程主要包括切除多余的核苷酸序列、添加所需核苷酸序列和特定碱基的共价修饰等（图 5.27）。

图 5.27　tRNA 前体分子的加工

1. 末端序列的切除　在大肠杆菌中，tRNA 前体分子的 5′端和 3′端都有多余序列需要切除，这一加工过程需要多种核酸内切酶和外切酶的协同作用才能完成。在内切酶 RNaseⅢ（tRNA 和 rRNA 混合串联前体）或 RNaseF（tRNA 串联前体）从转录单位 3′端将多联体切开之后，负责切除 5′端多余序列的酶主要是内切酶 RNaseP，而 3′端多余序列的切除需要 RNaseD 等多种外切酶的协同作用。RNaseP 参与绝大多数大肠杆菌及其噬菌体的 tRNA 前体 5′端的加工，它含有 RNA 和蛋白质，某些条件下其中的 RNA 单独具有切割活性，通过识别茎-环结构，切除 tRNA 前体的 5′端长约 40 bp 的核苷酸前导序列。除此之外，多核苷酸磷酸化酶（PNPase）可以将 5′末端核苷酸上的三磷酸降解为单磷酸。RNaseD 是一个单体酶，其相对分子质量为 38 ku，它可识别 tRNA 前体分子 3′端的二级结构，从末端逐步切除 tRNA 的 3′末端多余序列。此外，RNaseⅡ、RNasePH、RNaseT 和 RNaseBN 等可能也参与 3′末端多余序列的切除。

2. 3′端添加-CCA$_{OH}$　多数大肠杆菌 tRNA 前体分子 3′端已经存在 CCA 序列，但也有近 1/3 的前体分子没有此序列，在 3′端切去多余序列后，必须添加-CCA$_{OH}$。该加工过程是在 tRNA 核苷酰转移酶的催化下进行的，底物是 CTP 和 ATP。

3. 核苷酸修饰及异构化　成熟的 tRNA 中存在着众多的修饰成分，包括碱基甲基化、假尿嘧啶核苷的形成。tRNA 修饰酶具有高度的专一性，每一个修饰核苷都有催化其生成的酶。tRNA 甲基化酶对碱基及 tRNA 序列均有严格要求，甲基供体一般为 S-腺苷甲硫氨酸（SAM）。tRNA 假尿嘧啶核苷合成酶催化尿苷的糖苷键发生移位反应，使尿嘧啶的 N-1 变成 C-5，从而形成假尿苷。

此外，有些细菌 tRNA 前体可能存在内含子，其加工方式类似Ⅰ类或Ⅱ类 rRNA 内含子的自我催化剪接。而在古细菌中存在的内含子，其剪接则采用类似真核生物的酶蛋白催化的剪切和连接反应来完成。

（二）真核生物 tRNA 前体的加工

真核生物的 tRNA 基因是单顺反子，但也是成簇排列的，且基因簇被间隔区所分开。该类基因由 RNA 聚合酶Ⅲ转录，转录产物为 4.5S 或稍大的 tRNA 前体。与原核生物类似，其 tRNA 前体的加工过程也包括切除多余的核苷酸序列、添加所需核苷酸序列和特定碱基的共价修饰等。此外，真核生物 tRNA 基因中常有断裂基因，如酵母的约 242 个 tRNA 基因中，有 59 个含有长 14～60 nt 的单一内含子，这类 tRNA 基因转录物还需要进行内含子序列的切除和外显子拼接。

1. 末端序列的切除　真核生物 tRNA 前体分子的 5′端和 3′端也都有附加的序列，需有核酸内切酶将其切除。与原核生物类似，可由 RNaseP 切除 5′端的附加序列，但真核生物 RNaseP 由单一 RNA 组成，蛋白含量更高。3′端附加序列可在多种核酸内切酶和核酸外切酶的共同作用下切除。

2. 3′端添加-CCA$_{OH}$　真核生物 tRNA 前体的 3′端不含 CCA 序列，所以添加 3′-CCA 是必不可少的加工方式。催化该反应的酶也是 tRNA 核苷酰转移酶，胞苷酰和腺苷酰基分别由 CTP 和 ATP 供给。

3. 核苷酸修饰及异构化　tRNA 的修饰由特异的修饰酶所催化，大部分发生在碱基上，有些发生在核糖上。碱基修饰如甲基转移酶催化的甲基化修饰（如 m^5C、m^7G），异戊烯转移酶催化异戊烯修饰（如 i^2A），硫酸转移酶催化的硫代修饰（如 S^2C、S^4U），还原酶催化 U 变为 DHU 等。核糖修饰形式最常见的是 $2'$-O-甲基化修饰（如 Um）。

4. 内含子的酶促剪接　真核生物 tRNA 基因的内含子的长度和序列没有共同性，一般位于反密码子的下游。内含子中没有特定的交界序列或内部引导序列，其剪切信号也不是内含子序列，而是前体分子中的二级结构，如酵母内含子与反密码子环碱基配对形成环-螺旋-环结构，这与古细菌中突起-螺旋-突起结构有一定的共通性。

内含子的剪接是由切割和连接两类独立的反应组成,剪切反应不需要 ATP,而连接反应需要 ATP (图 5.28)。首先由核酸内切酶识别和剪切 tRNA 前体中内含子的 5′ 和 3′ 剪接位点,产生末端分别为 5′-OH 和 2′,3′-环磷酸的两个 tRNA 半分子。然后,末端为 5′-OH 的 tRNA 半分子需 RNA 激酶磷酸化,生成的 5′-OH 被激酶磷酸化为 5′-磷酸;而末端为 2′,3′-环磷酸的 tRNA 半分子需环化磷酸二酯酶打开磷酸环形成 3′-OH 和 2′-磷酸,其中的 2′-磷酸则被磷酸转移酶切除。最后,这两个 tRNA 半分子通过 tRNA 连接酶连接成完整的加工产物。

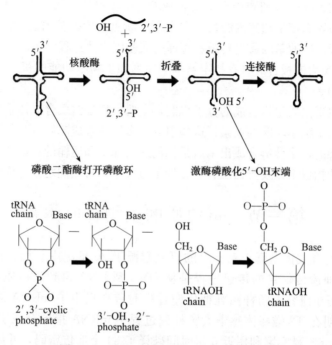

图 5.28 酵母 tRNA 前体的体外剪接过程

(改自 Lewn,2000)

复习思考题

1. 解释名词

   转录　不依赖 ρ 因子的终止子　核酶　hnRNA　反式剪接　增强子　内含子　外显子
2. 转录与复制机制有什么不同?
3. 简要说明原核生物和真核生物转录特点的区别。
4. 简述原核生物依赖于 ρ 蛋白的转录终止机制。
5. 比较真核生物 3 类 RNA 聚合酶的作用特点。
6. 增强子的作用特点有哪些?
7. 真核生物 tRNA、rRNA 和 mRNA 转录后的加工有哪些内容?
8. 简述真核生物细胞 RNA 内含子剪接的主要方式和特点。

第六章 蛋白质的生物合成

蛋白质是生命的物质基础，由于蛋白质具有高度的种属特异性，机体的各种蛋白质均由机体自行合成。在大肠杆菌细胞中至少要合成 3 000 多种蛋白质，占细胞干重的 50%；动物、植物和人等高等真核生物体内的蛋白质也在不断更新中。基因表达的最终产物是 RNA 或蛋白质，编码蛋白质的基因通过转录和翻译完成基因表达过程。蛋白质的生物合成是指在核糖体上以 mRNA 为模板合成具有特定氨基酸序列和生物学功能的蛋白质的过程，也称为翻译（translation）。

本章主要阐述蛋白质生物合成的分子机制，主要包括蛋白质合成体系中生物化学组分的结构、性质及其与生物学功能的关系，这些组分在多肽链合成起始、延伸到终止过程中是如何进行组装和更替的，多肽链合成出来后是如何进行加工和运输的。原核生物和真核生物在蛋白质合成体系的构成上以及蛋白质合成和加工过程中都有相同之处，但也有各自的特点。

第一节 蛋白质的生物合成体系

对蛋白质生物合成体系真正意义上的研究起源于 20 世纪中后期。1957 年 Crick 等提出了中心法则，即遗传信息的传递过程是从 DNA 到 RNA 再到蛋白质。1960 年 Pardee、Jacob 和 Monod 等在研究大肠杆菌乳糖代谢过程时首次提出了 mRNA 的概念，并利用同位素示踪技术证明在 T2 噬菌体感染大肠杆菌过程中 mRNA 指导合成了蛋白质。自 1961 年开始，Nirenberg 等科学家利用近 6 年时间破译了 64 个遗传密码，并绘制出完整的遗传密码表，由此确定了 mRNA 上核苷酸序列与多肽链上氨基酸序列的对应关系。此后，参与蛋白质生物合成的各种组分不断被发现和研究，对蛋白质生物合成机制的了解也逐渐完善。

迄今为止，从各种生物中发现的能够参与蛋白质生物合成的成分有 200 多种，主要包括核糖体、mRNA、tRNA、非编码 RNA 及各种酶和蛋白因子。一个细菌细胞中约有 2 万个核糖体、10 万个蛋白合成相关的酶和蛋白分子及 20 万个 tRNA 分子。其中，核糖体是蛋白生物合成的场所，mRNA 是指导多肽链合成的模板，tRNA 是氨基酸按照特定顺序到达核糖体上的运输工具。在蛋白质合成过程中，氨基酸与 tRNA 的特异结合，核糖体上氨基酸按照特定顺序连接成肽链以及多肽链合成之后的折叠、修饰和运输等过程都是由各种酶和蛋白因子辅助完成的。

一、mRNA

（一）mRNA 的结构

作为蛋白质生物合成的模板，mRNA 上所携带的遗传信息位于其特定的核苷酸序列中。一种 mRNA 至少编码一种蛋白质，所以蛋白质的多样性是由 mRNA 的多样性决定的。根据序列是否具有蛋白编码功能，mRNA 序列可以分为两部分：直接决定氨基酸序列的区域称为翻译区或编码区，其他非编码序列称为非翻译区（untranslated region，UTR）或非编码区。翻译区一般位于 mRNA 序列内部，非翻译区一般在成熟 mRNA 的两个末端，部分 mRNA 内部也有非翻译序列。

转录后加工完成后，编码区常是成熟 mRNA 内部一段连续可翻译的 RNA 序列。原核生物细胞中每种 mRNA 分子常包含多种功能相关蛋白的编码信息，以多顺反子的形式翻译成多种蛋白质。也就是说，其 mRNA 上有几个相互独立或重叠的编码区。生长中的大肠杆菌中有 600 多种共计 1 500 多个 mRNA 分子，即平均每种 2～3 个拷贝。真核细胞一般以单顺反子形式进行翻译，每种 mRNA 一般只指导合成一种蛋白质。

成熟 mRNA 的 UTR 区一般位于 mRNA 序列的两个末端，在维持 mRNA 结构稳定、mRNA 的核质穿梭和多肽链合成的正确起始等方面有重要作用。在原核生物 mRNA 的 5′端 UTR 区有核糖体识别位点（ribosome binding site，RBS），如大肠杆菌的 SD 序列。真核生物 mRNA 的 5′端 UTR 区也含有信号序列（如 kazak 序列），且末端具有保守的帽子结构，而 3′端 UTR 区的末端常有多聚腺苷酸[poly（A）]结构。

（二）遗传密码的种类

遗传密码（genetic codon）是指 DNA 或 mRNA 中的碱基序列与蛋白质中氨基酸序列的相互对应关系。俄国物理学家 Gamow 于 1954 年首先提出密码子中核苷酸的三联体组合方式，此后 Crick 等（1961）通过噬菌体基因突变为之提供了确切证据。mRNA 分子上沿 5′端到 3′端方向 3 个相邻核苷酸为一组，编码多肽链上一个氨基酸，称为三联体密码（triplet code）或密码子（codon）。

1964 年，Yanofsky 等通过研究大肠杆菌色氨酸合成酶基因的突变，证明 DNA 序列与其编码蛋白质的氨基酸序列之间存在线性关系。同年，Brenner 等在 T4 噬菌体基因突变研究中发现三联体密码在指导蛋白合成时具有定点起始、非重叠、连续分布等特点。此外，也确定了 mRNA 的阅读方向是从 5′端到 3′端，指导多肽链的合成方向是从 N 端到 C 端。这些研究成果为遗传密码的破译提供了一定的理论基础，但突破性的工作主要依赖于 3 个方面技术的完善，即体外无细胞翻译体系的建立、核酸的人工合成技术和核糖体结合技术。

1961 年，Nirenberg 和 Matthaei 首先建立了大肠杆菌的无细胞翻译体系，并以人工单核苷酸多聚物为模板，先后确定了 UUU（Phe）、CCC（Pro）和 AAA（Lys）3 个密码子的编码功能，多聚鸟苷酸[poly（G）]由于形成多股螺旋结构而无法翻译出相应的多肽链。此后，Nirenberg 和 Ochoa 等进一步探讨了二核苷酸多聚物[如 poly（UG）、poly（AC）]的翻译，证明了可能出现的密码子频率与多肽链上掺入氨基酸的一致性。同时，Nirenberg 完善了体外三联体密码指导的氨酰-tRNA 与核糖体的体外结合及其分离技术，并借此破译了 50 种密码子。随后，Khorana 等将化学合成和酶促反应相结合，建立了 2～4 个核苷酸重复序列的人工合成技术，并推动了 64 个密码子的完全破译。

1966 年，编码大肠杆菌蛋白质的 20 种氨基酸的密码子全部被破译，并将其绘制成遗传密码表（表 6.1）。从密码表可以看出，64 个密码子中有 61 个能够编码氨基酸，称为有义密码子（sense codon）。而 UAA、UAG 和 UGA 3 个密码子一般不编码氨基酸，称为无义密码子（nonsense codon）。

表 6.1 遗传密码表

	U	C	A	G	
U	UUU (Phe) UUC (Phe) UUA (Leu) UUG (Leu)	UCU (Ser) UCC (Ser) UCA (Ser) UCG (Ser)	UAU (Tyr) UAC (Tyr) UAA (终止) UAG (终止)	UGU (Cys) UGC (Cys) UGA (终止) UGG Trp	U C A G
C	CUU (Leu) CUC (Leu) CUA (Leu) CUG (Leu)	CCU (Pro) CCC (Pro) CCA (Pro) CCG (Pro)	CAU (His) CAC (His) CAA (Gln) CAG (Gln)	CGU (Arg) CGC (Arg) CGA (Arg) CGG (Arg)	U C A G
A	AUU (Ile) AUC (Ile) AUA (Ile) AUG (Met)	ACU (Thr) ACC (Thr) ACA (Thr) ACG (Thr)	AAU (Asn) AAC (Asn) AAA (Lys) AAG (Lys)	AGU (Ser) AGC (Ser) AGA (Arg) AGG (Arg)	U C A G
G	GUU (Val) GUC (Val) GUA (Val) GUG (Val)	GCU (Ala) GCC (Ala) GCA (Ala) GCG (Ala)	GAU (Asp) GAC (Asp) GAA (Glu) GAG (Glu)	GGU (Gly) GGC (Gly) GGA (Gly) GGG (Gly)	U C A G

在某些特殊蛋白质的翻译过程中,有些终止密码子也具有编码功能。譬如,大肠杆菌甲酸脱氢酶和动物谷胱甘肽过氧化物酶等蛋白质合成时,UGA 能够编码硒代半胱氨酸(selenocysteine,Sec),称为第 21 种氨基酸。在细菌、动物和黏菌、绿藻等一些低等有机体的蛋白质中都发现了硒代半胱氨酸,但尚未发现其存在真菌和植物蛋白中。在甲烷八叠球菌属古细菌和某些细菌的甲胺甲基转移酶的蛋白质合成中,UAG 密码子可以编码吡咯赖氨酸(pyrolysine,Pyl),称为第 22 种氨基酸。UAA 是否也同样具有特殊的编码功能,目前尚未有报道。

(三)遗传密码的基本特点

1. 起始密码子和终止密码子　在有义密码子中,AUG 可以作为绝大多数生物蛋白翻译的起始信号,编码多肽链的第一个氨基酸,即甲酰甲硫氨酸 fMet(原核生物)或甲硫氨酸 Met(真核生物),所以称为起始密码子(initiation codon)。少数细菌中,GUG 或 UUG 也可以作为起始密码子。而在线粒体和叶绿体中,AUU 或 AUA 也可以作为起始密码子。

无义密码子在蛋白质生物合成过程中作用是作为翻译终止信号,所以也称为终止密码子(stop/termination codon)。根据无义突变(DNA 序列改变导致有义密码子改变为终止密码子)产生 3 种终止密码子的昵称,UAA 称为赭石密码子,UAG 称为琥珀密码子,UGA 称为乳白密码子或蛋白石密码子。线粒体和叶绿体使用的终止密码子稍有差异,有 4 个终止密码子,即 UAA、UAG、AGA 和 AGG。

2. 密码表的通用性及特殊性　从生命起源距今近 40 亿年中,细菌、真菌、病毒、动物和植物等所有生物基本上都使用同一套遗传密码,即遗传密码的编码功能基本是通用的。如人的珠蛋白基因的 mRNA 在大肠杆菌翻译系统中也能指导合成出人珠蛋白。大肠杆菌半乳糖操纵子也可以在半乳糖血症病人的纤维细胞中表达出半乳糖-1-磷酸尿苷酰转移酶，从而消除病人因缺乏这种酶造成的半乳糖积累。

在支原体、酵母、纤毛虫等少数原核生物、低等真核生物的基因组和高等真核生物的线粒体中，有些遗传密码的编码功能不同于通用的密码表。其中，有些有义密码子变为终止密码子或者相反，也有一些有义密码子编码的氨基酸发生改变（表6.2）。这些密码子编码功能的改变主要来自于tRNA和蛋白质合成过程中所需翻译因子的功能变异。

表6.2 部分特殊的遗传密码

物种	异常密码来源	密码子	通用编码氨基酸	异常编码氨基酸
山羊支原体	基因组	UGA	终止密码子	Trp
纤毛虫	细胞核	UGA	终止密码子	Cys
假丝酵母	细胞核	CUG	Leu	Ser
酵母、脊椎动物、果蝇	线粒体	UGA	终止密码子	Trp
脊椎动物	线粒体	AUA	Ile	Met
果蝇	线粒体	AGA	Arg	Ser
哺乳动物	线粒体	AGG	Arg	终止密码子
高等植物	线粒体	CGG	Arg	Trp

3. 读码的连续性 在mRNA指导合成多肽链过程中，从起始密码子AUG开始读码，每个密码子编码一个氨基酸，密码子之间无交叉、重叠和间隔，直至终止密码子。从起始密码子到终止密码子一段连续的mRNA编码序列称为开放阅读框（open reading frame，ORF），基因组中一个ORF就是一个潜在的基因。基于这种翻译的连续性，DNA或mRNA中插入或缺失碱基常常会造成移码突变，即突变位点下游mRNA序列编码的全部氨基酸序列的翻译错误或者提前终止。因此，移码突变常常会导致蛋白质的功能异常甚至完全失去生物学活性。只有完整密码子的缺失或密码子之间插入连续的有义密码子，即多肽链上突变位点处缺失或插入几个氨基酸的情况下，移码突变对蛋白质的功能才会产生较小的影响。

在某些病毒和细胞生物中也有一些例外，翻译过程中读码会发生一个碱基（+1或-1）甚至大片段的位移，这种现象称为翻译跳跃。在T4噬菌体60基因的编码区，Gly_{46}和Leu_{47}对应氨基酸的密码子之间有长50个核苷酸的非翻译序列，转录加工后保留在成熟mRNA内。在翻译过程中，核糖体能跳过这段核苷酸序列，翻译出正常的完整多肽链。虽然翻译跳跃涉及的区段与内含子都是非编码序列，但前者在转录后加工过程中不会被切除，其非编码作用体现在翻译过程中。造成翻译跳跃的原因尚不清楚，但与其上游序列有一定关系。

4. 密码子的简并性 除3个终止密码子外，其他61个有义密码子可以编码20种氨基酸。其中，除Met和Trp只有一种密码子外，其他18种氨基酸均由多种密码子编码，这种特点称为遗传密码的简并性（degeneracy）。编码同一种氨基酸的不同密码子称为同义密码子（synonymous codon），如GCU、GCC、GCA和GCG都是丙氨酸（Ala）的密码子。造成密码子简并性的一个重要原因是密码子第三位碱基在与tRNA上反密码子第一位碱基配对时的摆动现象（见tRNA介绍）。简并性的存在减少了碱基取代造成的有害突变，有利于保护遗传信息表达的稳定性。

氨基酸侧链的极性与密码子的第二位碱基关系密切。Taylor 等（1989）的研究表明，密码子的第二个碱基为 U 时，编码氨基酸的侧链常为非极性的，常分布于蛋白质内部；第二个碱基为 C 时，编码的氨基酸常是非极性的或不带电荷的极性侧链；第二个碱基为 A 或 G 时，氨基酸侧链常是极性的，分布于蛋白表面。酸性氨基酸的密码子前两位常为 AG，碱性氨基酸的密码子第一个碱基常为 A 或 C，第二个碱基为 A 或 G。这种分布特点可以使密码子第三个碱基的错义突变（基因突变导致编码的多肽链中相应的氨基酸发生改变）不会对相应氨基酸的理化性质产生较大的影响。

5. 密码子的偏好性 不同物种或基因对某些有义密码子的选择具有一定的偏好性。科学家通过比较 1 209 个大肠杆菌基因和 2 244 个动物基因的密码子组成发现：一方面，与 tRNA 配对结合能力适中的密码子常常使用频率较高。GC 含量高的密码子与 tRNA 配对要求能量高，结合牢固，但不易解离；而 AT 含量高的密码子则相反。结合能力适中的密码子（如编码亮氨酸的 GUG）使用频率较高，有利于保证高效率、低能耗的蛋白质合成。另一方面，密码子的使用频率因基因和物种不同而有差异。同义密码子之间在不同基因和物种中的使用频率可以不同，同一种密码子在不同物种或基因中的使用频率也可以相差很大。密码子使用频率的差异与密码子配对 tRNA 的数量有关，使用配对 tRNA 丰度高的密码子可以保证蛋白质的高效表达。不同物种和基因中选择使用频率不同的密码子，既是物种长期进化产生的一种适应性，也是在翻译水平上调控基因表达的一种有效手段。

终止密码子的使用也具有偏好性。在细菌中 UAA 使用频率最高，UGA 比 UAG 使用频率高一些。在真核生物中，酵母和哺乳动物偏爱的终止密码子分别是 UAA 和 UGA，单子叶植物最常用 UGA 作为终止密码子，昆虫偏爱终止密码子 UAA。在远源物种之间进行基因转移时，要考虑密码子偏好性差异对基因表达效率的影响。

二、tRNA

（一）tRNA 的结构和功能

1956 年，Crick 首先预测了蛋白质合成过程中存在一种遗传信息从核酸向蛋白质转换的适配器分子（adapter molecule）。随后，Hoagland（1957）就发现了一类稳定的可溶性 RNA 小分子，这是一种不同于 mRNA 和 rRNA 的新 RNA。von Ehrenstein（1963）通过实验证实了这种 RNA 分子就是 Crick 提出的分子适配器，即 tRNA。自 Holley（1965）首先在酵母中发现了长度为 76 个核苷酸的丙氨酸转运核糖核酸（tRNA^{Ala}）以来，在不同原核生物中发现了 60 多种 tRNA。在真核生物中至少发现了 100 种 tRNA，而线粒体 DNA 编码的 tRNA 种类明显少于细胞核 DNA。大多数 tRNA 由 74~95 个核苷酸组成，分子质量为 25~30 ku，沉降常数约为 4S。除脊椎动物线粒体基因组编码的 tRNA 外，绝大多数 tRNA 都有由 4 臂（氨基酸接受臂、二氢尿嘧啶臂、反密码子臂、TΨC 臂）和 4 环（二氢尿嘧啶环、反密码子环、TΨC 环和可变环）构成的三叶草形二级结构（图 6.1）。反密码子环顶端是能够与 mRNA 密码子碱基配对的核苷酸序列，即反密码子。Rich 等（1974）利用 X 射线衍射测定了酵母苯丙氨酸转运核糖核酸（tRNA^{Phe}）的三维结构，通过 TΨC 臂和在二氢尿嘧啶臂上的碱基配对等交互作用形成倒"L"形结构，氨基酸接受臂和反密码子环位于倒"L"形结构的两个突出末端，是其分别与氨基酸和 mRNA 相互作用的位点（图 6.1）。

准确的翻译需要氨基酸与对应的 tRNA 正确地选择结合，且连接氨基酸的 tRNA 能够与 mRNA 正确结合。前者由酶催化特定的氨基酸通过酯键连接到对应 tRNA 的 3′-CCA 末端，后者需要 tRNA 的反密码子和 mRNA 的密码子碱基配对。tRNA 分子上与多肽合成有关的位点至少有 4 个：带有 3′-CCA 末端的氨基酸接受臂、酶识别位点、核糖体识别位点及反密码子。通过这些功能位点，tRNA 可以在模板 mRNA 的编码信息与蛋白质的氨基酸序列之间起承接作用。

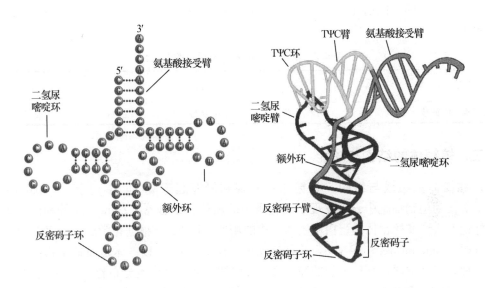

图 6.1　甲酰甲硫氨酰-tRNA 的三叶草形二级结构（左）和倒 "L" 形三级结构（右）

（二）tRNA 的种类

1. 起始 tRNA 和延伸 tRNA　在蛋白质合成的起始阶段，专一结合 mRNA 上起始密码子的 tRNA 称为起始 tRNA。在多肽链延伸过程中运载氨基酸的 tRNA 称为延伸 tRNA。原核生物的起始 tRNA 上运输甲酰甲硫氨酸（fMet），可以表示为 $tRNA_f^{Met}$，而运输多肽链内部甲硫氨酸的延伸 tRNA 表示为 $tRNA_m^{Met}$；真核生物起始 tRNA 上只携带甲硫氨酸，可表示为 $tRNA_i^{Met}$，而运输多肽链内部甲硫氨酸的延伸 tRNA 表示为 $tRNA^{Met}$。

2. 同工 tRNA　在多肽链合成过程中，一种氨基酸可以由多种 tRNA 来转运，运输同一种氨基酸的不同 tRNA 称为同工（受体）tRNA（isoaccepting tRNA）。同工 tRNA 的种类与简并密码子的种类没有对应关系，如精氨酸和缬氨酸各有 7 种同工 tRNA，丝氨酸有 3 种同工 tRNA，而亮氨酸有 8 种同工 tRNA。只有组氨酸、色氨酸和硒代半胱氨酸是由一种 tRNA 运输。

3. 校正 tRNA　当基因发生核苷酸序列变异导致翻译出的多肽链发生氨基酸变异（错义突变）或合成提前终止（无义突变）时，tRNA 通过反密码子变异仍然可以识别变异的密码子，使多肽链能够正常合成，这种变异的 tRNA 称为校正 tRNA。由于正常 tRNA 的竞争作用，校正 tRNA 的校正效率一般不会超过 50%。

（三）反密码子和密码子配对的摆动性

Holley 等（1965）在酵母 $tRNA^{Ala}$ 的碱基序列中首先发现，tRNA 上反密码子的 5′端常含次黄嘌呤核苷酸（IMP）。次黄嘌呤是脱氨基的腺嘌呤，次黄嘌呤核苷酸是嘌呤核苷酸生物合成的前体。反密码子中的 IMP 是怎样与 mRNA 上的密码子进行碱基配对的呢？Crick

（1966）就此提出了摆动假说。他指出，当 mRNA 上的密码子与 tRNA 的反密码子碱基配对时，一个密码子的 3 个核苷酸中，5′端前两个核苷酸与反密码子是精确配对的，而第三个核苷酸和反密码子的 5′端第一个核苷酸可能发生非标准的碱基配对，称为摆动性，也称密码子的变偶性。各种可能的碱基配对如表 6.3 所示。摆动性产生的一个重要原因是来自稀有碱基对碱基配对的影响，高等真核生物线粒体 tRNA 与细胞核编码 tRNA 的结构差异造成其摆动性也有不同。摆动性可以部分解释遗传密码的简并性，简并碱基常常位于密码子的摆动位置上。

表 6.3　密码子与反密码子配对的变偶性

反密码子第一位碱基	A	C	G	U	I
密码子第三位碱基	U	G	C 或 U	A 或 G	A 或 C 或 U

三、核糖体的结构与功能

1. 核糖体的组成与结构　　核糖体的发现和研究起于 20 世纪 50 年代。Ribinson 和 Palade 等在动植物细胞中先后发现了细胞质中的颗粒状细胞器，Zamecnik 等利用放射性同位素标记方法证实核糖体是蛋白质生物合成的场所。Roberts 根据化学成分命名为核糖核蛋白体（ribonucleoprotein，RNP），简称核糖体（ribosome）。核糖体是原核生物细胞质中唯一的一种无膜细胞器，真核生物的细胞质、叶绿体和线粒体中也分布着核糖体，其化学本质是由几种 rRNA 和几十种蛋白质共同组装而成的一种亚细胞超分子复合物结构。

真核生物细胞中核糖体的分布和分工比原核生物更复杂。原核生物细胞内核糖体游离于胞质溶胶中，通过与 mRNA 互作固定在核基因组 DNA 上。一个细菌细胞内约有 20 000 个核糖体，包含了细胞 10% 的蛋白质和 80% 的 RNA。在真核生物中，细胞质核糖体根据分布状态分为两种类型：游离型核糖体和膜结合型核糖体。游离型核糖体以游离状态分布在细胞质中，可以直接或间接地结合在细胞骨架上，这类核糖体上主要合成细胞固有蛋白质，如可溶性胞质蛋白、核蛋白、过氧化物酶体蛋白和部分叶绿体蛋白、线粒体蛋白等；膜结合型核糖体主要与内质网外膜相结合，形成粗糙型内质网，主要合成溶酶体蛋白、分泌蛋白和部分质膜骨架蛋白。一个真核细胞中有 $10^6 \sim 10^7$ 个核糖体，而一个蟾蜍卵母细胞中核糖体数可以高达 10^{12} 个。真核细胞的线粒体和叶绿体中也存在核糖体，但是其结构和功能特点与细胞质中的核糖体有较大差异，而与原核生物的核糖体相似。

核糖体组分根据结构和功能可以分为大亚基和小亚基两部分（图 6.2）。细菌的 70S 核糖体由一个 30S 小亚基和一个 50S 大亚基组成，真核生物的 80S 核糖体由一个 40S 小亚基和一个 60S 大亚基组成，两类核糖体在 rRNA 和蛋白组成上各不相同（表 6.4）。核糖体小亚基中都只有一种 rRNA（原核，16S；真核，18S），其大小在所有 rRNA 中位居第二，其他 rRNA 都分布在大亚基中。

作为蛋白质的合成场所，核糖体在整个蛋白质合成

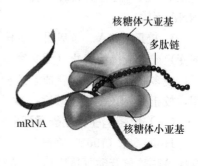

图 6.2　核糖体结构示意图

过程中为合成体系各组分提供进入、结合和释放的功能区。这些功能位点有的是由大亚基或小亚基单独提供,有些则只能出现在完整核糖体中。简要介绍几个主要的功能位点如下。

mRNA 结合位点:核糖体上的 mRNA 结合区,在原核生物中位于 30S 小亚基头部,由其中的 16S rRNA 的 3′端与 mRNA 的 5′端特定序列进行碱基互补,决定蛋白质合成的起始位点。

A 位点:又称为氨酰-tRNA 位点(aminoacyl-tRNA site),它是一个新进入核糖体的氨酰-tRNA 在核糖体上的结合位置,跨越大小两个亚基。

表 6.4 核糖体的组成及特性

来源	直径(nm)	重量(u)	rRNA百分比	蛋白质百分比	沉降系数	亚基	rRNA 种类	rRNA 分子质量(u)	蛋白质种类	细胞中的个数
真核细胞胞液	20~22	4.2×10^6	55%	45%	77S~80S	40S(小)	16S~18S	70×10^4	33	10^6~10^7
						60S(大)	5S 5.8S 20S~29S	140×10^4~180×10^4	49	
原核细胞胞液	18	2.7×10^6	60%~66%	30%~34%	70S	30S(小)	16S	55×10^4	21	2×10^4
						50S(大)	5S 23S	110×10^4	34	

P 位点:又称为肽酰基 tRNA 位点(peptidyl-tRNA site),它是核糖体上结合起始氨酰-tRNA,并在延伸中向 A 位点供给肽基的位置,跨越大小两个亚基。

E 位点:又称为排出位点(exit site)或空载 tRNA 位点,它是多肽链合成过程中转移氨基酸残基后,剩余的空 tRNA 在核糖体上暂停继而脱离的位置。原核生物 E 位点主要位于 50S 大亚基上,与 30S 小亚基也有接触。真核细胞核糖体上可能没有此功能位点。

转肽酶活性部位:位于 P 位点和 A 位点的连接处,是两位点上 tRNA 分别连接氨基酸和肽链形成肽键从而延长肽链的位置。

大亚基因子结合中心:核糖体上与多个延伸因子、释放因子或其他翻译辅助因子结合的位点,主要位于大亚基上。

2. 多聚核糖体 在蛋白质合成过程中,一条 mRNA 链上可以同时结合多个甚至几百个核糖体,形成串珠状结构,称之为多聚核糖体(图 6.3)。多聚核糖体上核糖体的数量与 mRNA 长度及核糖体组装紧密程度有关,如编码区由 450 个核苷酸组成的长约 150 nm 的血红蛋白 mRNA 上,可以串联有 5~6 个核糖体。在多聚核糖体的结构中,一个

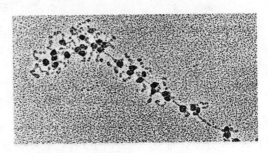

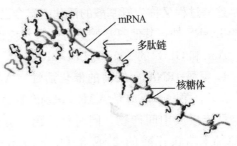

图 6.3 电镜下的多聚核糖体结构

mRNA 分子可以同时被多个核糖体利用，同时合成多条相同的多肽链，从而大大提高了翻译的效率。其中，越靠近 mRNA 的 3′ 端的核糖体，其上多肽链合成越长，也越接近终止密码；而越靠近 mRNA 的 5′ 端的核糖体，其上多肽链合成起始越晚，长度越短。

一般情况下，mRNA 中每个 ORF 的翻译都是独立进行，而且 mRNA 和核糖体亚基等组分可以循环利用。原核生物多顺反子 mRNA 上有多个 ORF，每个 ORF 一般有各自的核糖体结合位点，分别在不同的核糖体上指导合成各自的多肽链。只有当两个编码区距离足够近、核糖体高度密集且起始密码子和终止密码子位置适宜等条件下，核糖体才有可能连续翻译两个相邻的 ORF。无论是原核生物还是真核生物，在完成一个 ORF 的翻译后，核糖体的大亚基和小亚基相互解离，然后可以重新组装新的核糖体，完成另一次翻译事件，这种循环利用过程称为核糖体循环（ribosome recycling）。在真核生物的核糖体循环过程中，mRNA 的两个末端结构可以在结合蛋白的作用下相互靠近，形成环状，可以提高循环效率（图 6.4）。

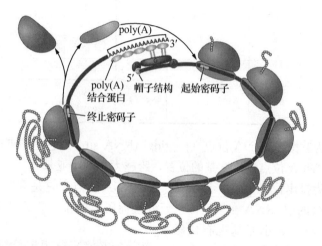

图 6.4　真核生物的核糖体循环

四、氨酰-tRNA 合成酶

在运输氨基酸进入核糖体之前，tRNA 首先要与特定的氨基酸结合，催化这一过程的酶称为氨酰-tRNA 合成酶（aminoacyl-tRNA synthetase，AARS）。它能够专一性识别氨基酸和 tRNA 分子，催化 tRNA 的 3′-CCA 末端腺苷酸的 3′-OH 与氨基酸的 α-COOH 端脱水缩合，这一过程又称为氨基酸的活化。迄今已经发现了至少 22 种 AARS，除赖氨酸有两种对应的 LysRS 外，其他氨基酸只有一种对应的 AARS。在有些生物中，发现缺少活化两种酰胺（Asn 和 Gln）的 AsnRS 和 GlnRS。

1. 氨酰-tRNA 合成酶的催化活性　AARS 的催化过程可以分为高度特异的两步反应（图 6.5）。第一步反应是 AARS 识别底物 ATP 和氨基酸，通过酯键将氨基酸的羧基与 AMP 的磷酸连接成中间产物，同时释放出一分子焦磷酸（PPi）。第二步反应是通过 tRNA 的 3′-CCA 末端腺苷酸的 2′ 或 3′-OH，攻击中间产物的酯键上的羰基碳原子，产生将氨酰-tRNA 并释放 AMP。两个反应步骤可总结为：氨基酸＋ATP＋tRNA→氨酰-tRNA＋

AMP+PPi。整个反应过程是可逆的,但由于产物焦磷酸可以被焦磷酸酶快速水解,使反应趋于单向进行。

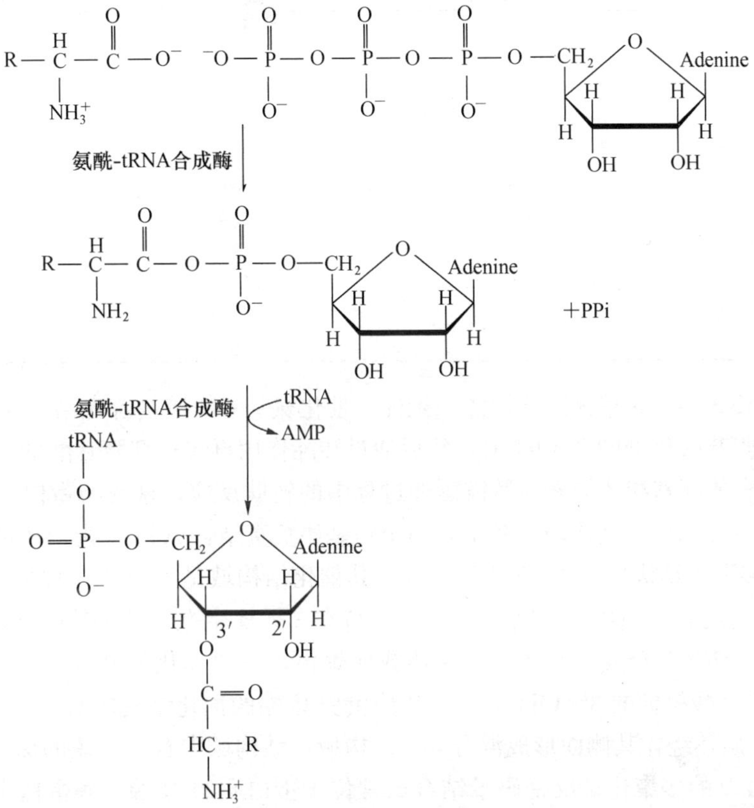

图 6.5　氨酰-tRNA 的合成过程

原核生物起始氨酰-tRNA 的产生首先是合成 Met-tRNA,然后由甲酰化酶催化,将 N^{10}-甲酰四氢叶酸的甲酰基转移到 Met 上,形成甲酰甲硫氨酰-tRNA(formylmethionyl-tRNA,fMet-tRNA)。真核生物多肽链的起始氨基酸一般不需要进行甲酰化修饰。

2. 氨酰-tRNA 合成酶的分类　尽管 AARS 的功能相似性决定了它们在结构上有一定的保守性,如有 3 个重要的功能结构域,即催化域(ATP 和氨基酸结合位点)、tRNA 受体臂结合域和反密码子结合域。但不同 AARS 的亚基组成有多种方式,有的 AARS 是单体酶,有的是寡聚酶。寡聚酶中亚基之间有的相同,有的不同。根据酶分子的结构特点及其功能特性的差异,可以将 AARS 分为 Ⅰ、Ⅱ 两种类型(表 6.5),20 种标准蛋白质氨基酸都有其对应的 AARS。除 LysRS 有两种类型外,其他 AARS 都只有一种类型。大部分真细菌(eubacteria)和所有真核生物的 LysRS 属于 Ⅰ 类,古细菌(archaea)和部分真细菌的 LysRS 属于 Ⅱ 类。就两种稀有蛋白质氨基酸而言,Sec-tRNA^{Sec} 是由 SerRS 催化产生的 Ser-tRNA^{Sec} 上 Ser 的翻译前修饰产生,没有相应的 SecRS。Pyl-tRNA^{Pyl} 可以在两类 LysRS 共同作用下由 Lys-tRNA^{Pyl} 上的 Lys 修饰产生,也可以直接由 Ⅱ 类 PylRS 直接催化 Pyl 和 tRNA^{Pyl} 结合。

表 6.5　氨酰-tRNA 合成酶的分类和亚基组成

I 类		II 类	
氨基酸	亚基组成	氨基酸	亚基组成
Glu	α	Pro	α_2
Gln	α	Ser	α_2
Arg	α	Thr	α_2
Lys	α	His	α_2
Val	α	Asp	α_2
Ile	α	Asn	α_2
Cys	α, α_2	Lys	α_2
Met	α, α_2	Phe	$\alpha_2\beta_2$
Leu	α	Gly	$\alpha_2\beta_2$
Tyr	α_2	Ala	α_2，α_4
Trp	α_2	Pyl	α_2

第 I 类 AARS 通常是单体酶或同源二聚体，催化氨基酸的羧基首先结合在 tRNA 的 3′-CCA 结构末端腺苷酸核糖的 2′-OH 上，然后通过转酯作用再转移到腺苷酸的 3′-OH 上，而只有 3′-OH 结合的氨基酸才能参与肽链延伸过程中的转肽反应。这类酶蛋白的 N 末端有一个含 Rossman 折叠的催化结构域，其中有两个短基序负责结合 ATP；蛋白质的 C 端有反密码子结合域和多聚化结构域。以 TyrRS 为例，其催化结构域是一个核苷酸结合结构域，中央有 5~6 股平行的 β 折叠片，酪氨酰-腺苷酸结合在 β 折叠片的末端（图 6.6）。

第 II 类氨酰-tRNA 合成酶通常是二聚体或四聚体，一般催化氨基酸直接结合在 tRNA 3′-CCA 末端腺苷酸核糖的 3′-OH 上。这类酶蛋白 C 端的催化结构域有一个大的反平行 β 折叠结构，α 螺旋环绕在其侧面形成混合 α/β 结构域，结构域中有 3 个短的保守基序，其中一个基序负责亚基的多聚化；反密码子结合域常位于蛋白质的 N 端。酶蛋白中的亚基可以相同，也可以不同。如 SerRS 是由两个相同的亚基形成一个同源二聚体（图 6.6），AlaRS 是同源四聚体，而 GlyRS 和 PheRS 是由两个 α 亚基和两个 β 亚基组成同源异源四聚体。尽管大多数此类氨酰-tRNA 合成酶催化氨基酸结合在 tRNA 上的 3′-OH 上，但也有例外，如 PheRS 就是催化氨基酸结合在 tRNA 的 2′-OH 上。

3. 氨酰-tRNA 合成酶的专一性　AARS 对氨基酸和 tRNA 这两种反应底物的专一性不同。酶对氨基酸的选择是绝对专一性，即识别氨基酸的侧链适用刚性的锁钥学说；而对 tRNA 的选择是相对专一性，一种 AARS 可以识别该氨基酸的所有同工 tRNA，适用诱导契合学说。但也有一些例外，如酶上的组氨酸侧链结合部位是通过诱导契合产生的。

AARS 与倒"L"形 tRNA 的内侧面结合，其结合位点包括 tRNA 上的氨基酸接受臂、二氢尿嘧啶臂和反密码子臂。根据对同工 tRNA 的识别部位的不同，AARS 可分为两种类型：①一类 AARS 识别 tRNA 的反密码子。酶与 tRNA 的凹面结合，通过氢键与反密码环上的碱基形成广泛的接触。这类 AARS 可以识别一组具有相同反密码子的同工 tRNA，它要求 tRNA 的反密码子环保持不变，如 AspRS。②另一类 AARS 不识别 tRNA 的反密码子，而是识别 tRNA 分子上的特殊碱基。例如，SerRS 识别的是 tRNA^{Ser} 上反密码子环和 TΨC 环之间的额外环或其他部位的碱基，而 AlaRS 对 tRNA^{Ala} 的识别会被氨基酸接受臂上 G3:U70 碱基对突变所抑制。tRNA 分子上这种决定其携带氨基酸分子的序列称为副密码子

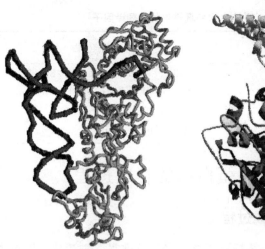

酪氨酰-tRNA合成酶（TyrRS）　　丝氨酰-tRNA合成酶（SerRS）

图6.6　氨酰-tRNA合成酶的结构

(paracode)。副密码子可以是tRNA上一个或多个区域，主要通过影响AARS识别来影响其与氨基酸的结合。

有一些生物虽然缺少天冬酰胺（Asn）和谷氨酰胺（Gln）的AARS，但仍然能利用相应的氨基酸合成蛋白质。以Gln为例，GluRS把谷氨酸（Glu）加载到$tRNA^{Glu}$分子和$tRNA^{Gln}$分子上，然后由另一种酶把$tRNA^{Gln}$上的Glu转换成Gln。

4. 氨酰-tRNA合成酶的编辑活性　除通过专一性识别底物来降低氨基酸活化错误之外，有些AARS还可以通过其编辑功能校正氨基酸和tRNA的错误结合。在IleRS等酶分子上，距离氨酰活化部位100～400 nm之外有一个功能位点，能够通过水解作用使氨基酸活化过程中形成的错误代谢物解离，这种作用是一种编辑活性或校对活性。根据编辑发生的时间不同，若校对发生在氨基酸与AMP结合之后，但又在氨基酸与tRNA结合之前，称为转移前编辑；若校对发生在氨酰-tRNA合成之后，称为转移后编辑。借助AARS的氨酰活化部位和校对活性部位的共同作用，可以使翻译错误频率降低到万分之一以下。

近年来的研究表明，AARS不仅参与蛋白质的生物合成，而且还有其他众多的非典型功能。譬如，一些特定的AARS还参与对RNA的转录、剪接和运输等基因表达过程的调节。

五、其他翻译因子

除AARS之外，还有很多蛋白质因子在多肽链的合成过程中起协助作用，但它们不是核糖体的组分。根据其在多肽链合成的不同阶段发挥作用，这些翻译因子可以分为起始因子(initiation factor, IF)、延长因子(elongation factor, EF)和释放因子(release factor, RF)。

原核生物翻译因子的种类比真核生物少，说明真核生物的翻译及其调控过程更复杂。原核生物的起始因子包括IF1、IF2和IF3，延伸因子包括热不稳定的EF（temperature unstable EF, EF-Tu）、热稳定的EF（temperature stable EF, EF-Ts）和依赖GTP的转位因子EF-G，终止或释放因子包括RF1、RF2和RF3。在真核生物中，已经发现的翻译因子有近200种，尤其是起始因子（eukaryote initiation factor, eIF）的种类远多于原核生物，一个细胞中有十几种到数十种（表6.6）。

表 6.6　原核生物和真核生物的翻译因子

种类	原核生物	真核生物
起始因子（IF）	IF1、IF2、IF3	eIF1、eIF1A、eIF2、eIF2B、eIF3、eIF4A、eIF4B、eIF4E、eIF4F、eIF4G、eIF4H、eIF5、eIF6 等
延伸因子（EF）	EF-Tu、EF-Ts、EF-G	eEF1α、eEF1β、eEF1γ、eEF2
释放因子（RF）	RF1、RF2、RF3	eRF1（eRF2）、eRF3

第二节　蛋白质的合成过程

一、原核生物蛋白质的合成过程

在多肽链的合成过程中，每个氨基酸要掺入多肽链都需要先活化，即首先与 tRNA 形成氨酰-tRNA。氨基酸从 tRNA 上转运到核糖体上，通过肽键依次连接成多肽链，此过程可分为起始、延伸和终止三个阶段。

（一）翻译起始

从核糖体的组装到第一个氨酰-tRNA 成功定位在核糖体上的适宜位点是翻译的起始阶段。在这一阶段，核糖体大小亚基、mRNA、起始 tRNA 和起始因子共同参与肽链合成的起始。以大肠杆菌为代表的原核生物的翻译起始过程如图 6.7 所示，具体可以分为以下几个步骤。

1. 70S 核糖体的亚基解离　翻译起始复合物首先在独立的小亚基（30S）上形成，因此非功能性的 70S 核糖体的两个亚基必须先分离，此过程需要起始因子 IF3 来辅助完成，最终形成 IF3·30S 复合物和游离的 50S 大亚基。IF3 能够抑制大亚基与小亚基过早地重新缔合。

2. 30S 起始复合物的形成　多肽链合成开始之前，mRNA 首先要定位在核糖体上的特定位置，以保证携带甲酰甲硫氨酸的起始氨酰-tRNA 能够与其起始密码子准确结合。在原核生物中 mRNA 中，起始密码子上游都有一个核糖体结合位点（RBS），其中紧靠起始密码子上游 8～13 个碱基处有一段富含嘌呤核苷酸的序列，能够与核糖体小亚基上 16S rRNA 的 3′端的一段序列进行碱基互补配对，这个序列称为 Shine-Dalgarno（简称 SD）序列（图 6.8）。SD 序列与 16S rRNA 的碱基配对能使 mRNA 准确结合到核糖体小亚

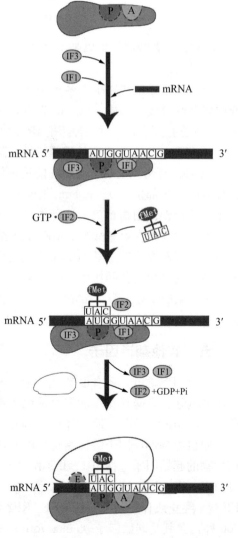

图 6.7　原核生物蛋白质合成的起始

基上，且起始密码子 AUG 恰好位于核糖体的 P 位点，从而保证翻译的准确起始。在 mRNA 与核糖体结合后，起始因子 IF1 能够阻止 tRNA 过早地与 mRNA 结合，IF2 与 GTP 形成的复合物能够辅助 fMet-tRNA 的反密码子通过碱基互补结合到 mRNA 起始密码子上，形成 30S 起始复合物（30S·IF1·IF2·GTP·fMet-tRNA·mRNA）。

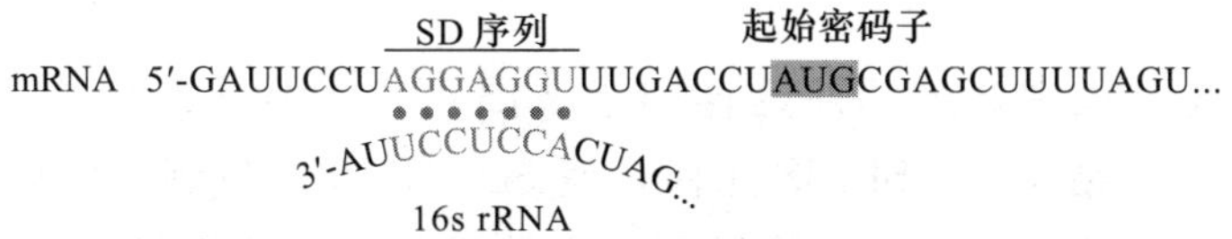

SD 序列　　　起始密码子
mRNA　5'-GAUUCCUAGGAGGUUUGACCUAUGCGAGCUUUUAGU...
　　　　　　　3'-AUUCCUCCACUAG...
　　　　　　　　　16s rRNA

图 6.8　原核生物 SD 序列与 16S rRNA 的碱基互补配对

3. 70S 起始复合物的形成　IF3 从小亚基上解离后，50S 大亚基得以与小亚基相结合，IF2 水解 GTP 为 GDP 和 Pi 为此提供能量，然后和 IF1 从复合物上解离，大小亚基组装形成 70S 起始复合物。此时，起始氨酰-tRNA（即 tRNA$_f^{Met}$）结合在核糖体上的 P 位点，与 mRNA 上起始密码子碱基配对；A 位点处于空置状态，等待与起始密码子 3' 端下一个密码子碱基配对的氨酰-tRNA 进入并与之结合。

（二）翻译延伸

在大肠杆菌中，延伸因子 EF-Tu、EF-Ts 和 EF-G 共同参与多肽链合成的延长过程（图 6.9）。多肽链的 C 端每增加一个氨基酸需要进位、转肽和移位三个步骤，循环进行可以使多肽链不断延长，直到合成结束。

1. 进位　要正确地解读 mRNA 上起始密码毗邻的下一个密码子，需要反密码子与之碱基互补的新氨酰-tRNA 进入 A 位点。延伸因子 EF-Tu 与 GTP 的复合物 EF-Tu·GTP 结合在氨酰-tRNA 的氨酰基端，推动新的氨酰-tRNA 通过反密码子-密码子识别首先与小亚基 A 位点结合，然后 tRNA 的氨酰基端与大亚基 A 位点结合。核糖体上的大亚基因子结合中心可以激活 EF-Tu 的 GTP 酶活性，水解 GTP 成为 GDP，为反应提供能量。同时，GTP 水解使 EF-Tu 构象改变并从核糖体上解离，得以循环利用。

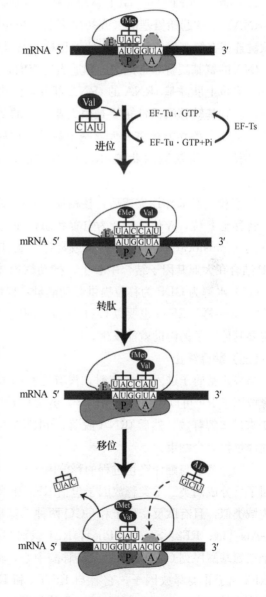

图 6.9　原核生物蛋白质合成的延伸过程

EF-Tu·GDP 要循环参与下一次延伸的进位过程，必须以 GTP 取代它所结合的 GDP，这个过程需要延伸因子 EF-Ts 协助。EF-Ts 又称 GTP 交换因子，能够与 EF-Tu·GDP 瞬时结合，推动 GDP-GTP 的快速交换。每个大肠杆菌细胞中有约 70 000 个 EF-Tu 分子，而 EF-Ts 分子只有约 1 000 个（与核糖体数量接近），这种数量的差异也说明 EF-Ts 的作用十分快速。

在硒蛋白合成过程中，选择性延伸因子 selB 可以取代 EF-Tu 的功能，通过识别 mRNA 上特殊的发夹结构——SELIS 元件，使 Sec-tRNA 进位到 UGA 密码子位置，多肽链上添加一个硒代半胱氨酸后，翻译可以继续进行。吡咯赖氨酸的掺入可能也有类似的机制。

2. 转肽　当 EF-Tu·GDP 从核糖体上释放后，P 位点结合的 fMet-tRNA（或后来的肽酰-tRNA）上的起始氨基酸（或初生多肽）快速地转移到 A 位氨酰-tRNA 的氨基酸上，通过肽键连接在氨基酸的氨基端，此过程称为转肽作用（transpeptidation）。转肽作用需要两个 tRNA 的氨基酸臂非常地接近和适当地定向，其实质是 A 位上氨酰-tRNA 的自由氨基亲核取代 P 位上肽酰基-tRNA 的 tRNA 部分，催化这一过程的是肽基转移酶（peptidyl transferase）。肽基转移酶活性主要是由大亚基上的 23S rRNA 来执行，即该 rRNA 具有核酶的特性，但其发挥功能还需要大亚基上数种蛋白质的辅助及较高的 K^+ 浓度。转肽作用发生后，延长一个氨基酸的肽酰-tRNA 暂时处于 A 位，P 位上的 tRNA 失去肽链变成空载 tRNA。

3. 移位　转肽作用完成后，核糖体沿 mRNA 相对滑动一个密码子位置，肽酰-tRNA 从 A 位转移至 P 位，A 位重新变为空置状态，而空载 tRNA 从 E 位脱离核糖体，这个过程称为移位（translocation），也称转位或易位。延伸因子 EF-G 与 GTP 形成的复合物 EF-G·GTP 结合在大亚基因子结合中心上，推动核糖体移位过程的发生，因此 EF-G 也称为移位酶。GTP 水解为 GDP 为移位提供驱动能量，促使核糖体亚基通过变构相对于 mRNA 滑动。与 EF-Tu 一样，EF-G 也要以 GTP 代替 GDP 后才能重新参与下一次移位过程，但这种转换不需要其他因子的协助就能发生。

（三）翻译终止

当终止密码子进入 A 位点时，没有适宜的氨酰-tRNA 能够与终止密码子结合，此时翻译释放因子 RF 可以识别终止密码子，并促使转肽酶活性变为水解酶活性，将肽链从 tRNA 的 3′末端水解释放，然后 tRNA 脱落，mRNA 与核糖体分离，核糖体大小亚基也解离，一次翻译过程完全结束。

大肠杆菌参与翻译终止过程的释放因子有三种：RF1、RF2 和 RF3。根据功能这三种释放因子可分成两类。Ⅰ类释放因子包括 RF1 和 RF2。它们的结构与 tRNA 及 EF-G 的 C 端结构域类似，且有肽反密码子和 GGQ 两种三氨基酸保守结构。借助肽反密码子序列（RF1：Pro-Ala-Thr；RF2：Ser-Pro-Phe），RF1 识别 UAA 和 UAG，RF2 识别 UAA 和 UGA。另一个三氨基酸序列 GGQ 进入肽基转移酶中心，辅助完成 tRNA 上肽链的水解释放。释放因子 RF3 属于Ⅱ类释放因子。它有与 EF-Tu 和 EF-G 类似的 GTP/GDP 结合结构域，但对 GDP 的亲和力高于 GTP。在多肽链释放的同时，核糖体和Ⅰ类释放因子的构象发生变化，诱导 RF3·GDP 上发生 GDP-GTP 交换，与核糖体高亲和的 RF3·GTP 将 Ⅰ 类释放因子置换下来，而大亚基因子结合中心可以激活 GTP 水解为这一变化提供能量，同时 RF3·GDP 也从核糖体上解离（图 6.10）。

有几种情况会造成翻译终止的异常。第一种情况是 mRNA 上的有义密码子突变成为终止密码子（无义突变），导致多肽链合成的提前终止，肽链 C 端的部分缺失会造成蛋白功能异常甚至丧失。第二种情况是出现了缺少终止密码子的非终止 mRNA，终止密码子的缺失导致核糖体停滞。这时，需要转移信使 RNA（transfer-messenger RNA，tmRNA）恢复核糖体的移动，并对需降解的非终止 mRNA 进行标记。第三种情况是终止密码子突变为有义密码子，或者由于某些调控因子（如 λ 噬菌体基因编码抗终止因子）的作用，使核糖体可以越过终止密码子继续向下游翻译，称为通读。

翻译终止后，核糖体解离出的大小亚基可以重新组装翻译起始复合物，即核糖体循环。肽链释放后剩余组分的解离，由与 tRNA 结构相似但没有 3' 端的氨基酸结合区的核糖体循环因子（ribosome recycling factor，RRF）来完成。核糖体解离后，大小亚基可以形成非功能核糖体，不能组装成有活性的翻译起始复合物。而要参与新肽链的合成，需要 IF3 稳定大小亚基的解离状态，防止其重新有序组装前再度结合。

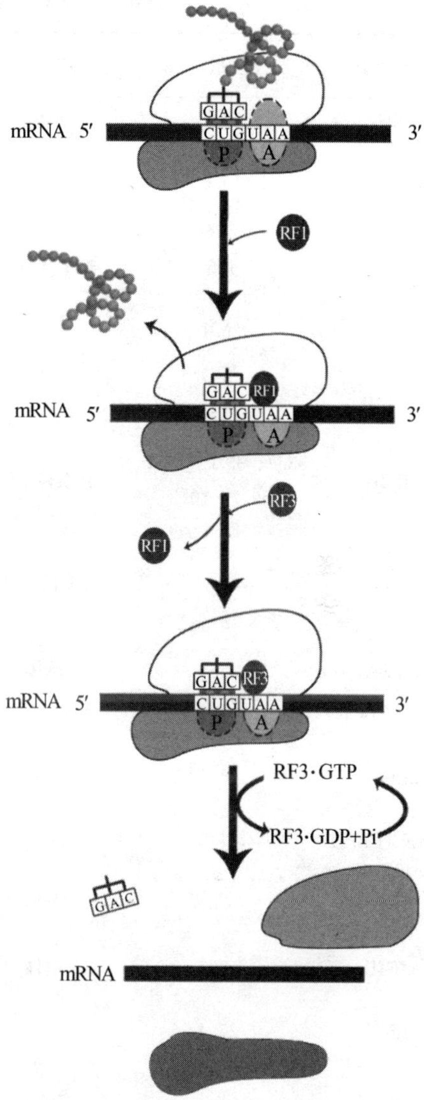

图 6.10 原核生物蛋白合成的翻译终止

二、真核生物蛋白质的合成过程

蛋白质生物合成机制的进化保守性决定了真核生物与原核生物的蛋白质合成的基本过程相似，但真核细胞的核糖体比原核生物大，结构更复杂，参与翻译的 mRNA、tRNA 和蛋白因子的种类也更多，合成步骤更复杂而且有一些细节差异。下面主要通过与原核生物比较，介绍真核生物蛋白质合成过程的特点。

（一）翻译起始

在蛋白质合成起始阶段，组装翻译起始复合物需要更多的起始因子，翻译起始机制更复杂（表 6.7）。在哺乳动物种中已发现了至少 20 种直接或间接参与真核翻译起始的因子（eukaryote initiation factor，eIF）。真核生物的翻译起始过程可以分为以下四个步骤（图 6.11）。

表 6.7　真核生物蛋白生物合成的翻译起始因子

起始因子	分子质量（ku）	结构	功能
eIF1	12.7	单体	辅助起始密码子的正确定位，阻止 eIF2 结合的 GTP 过早水解
eIF1A	16.5	单体	促进 eIF2·GTP-Met-tRNA 与 40S 小亚基结合及起始密码子的选择
eIF2	125	寡聚体（3）	形成 eIF2·GTP-Met-tRNA 复合物并与 40S 小亚基结合，促使形成 43S 前起始复合物
	36.1	α	与 GTP 结合
	38.4	β	循环因子
	51.1	γ	与起始氨酰-tRNA 结合，促使其与 40S 亚基结合
eIF2B	33.7、39.0、50.2、59.7、80.3	寡聚体（5）	GDP-GTP 交换因子，辅助 eIF2 结合的 GDP-GTP 交换从而实现循环利用
eIF3	800	寡聚体（13）	与 40S 小亚基、eIF1、eIF4G、eIF5 结合，稳定 43S 前起始复合物结构并促进其与 mRNA 的结合，阻止大亚基与小亚基过早的结合
eIF3A	25	单体	结合 40S 小亚基，促使核糖体解聚
eIF4F（CBPⅡ）	246.1	寡聚体（3）	与帽子结构结合，促使 mRNA 的 5′末端上二级结构解旋
eIF4A	46.1	单体	与 mRNA 结合辅助其 AUG 定位，有 ATPase 活性和 ATP 依赖的 RNA 解旋酶活性
eIF4E（CBPI）	24.5	单体	与 mRNA 的帽子结构的 $5'-m^7G$ 末端结合
eIF4G	175.5	单体	与 eIF4E、eIF4A、eIF3、PABP 和 mRNA 的结合，增强 eIF4A 的解旋酶活性
eIF4B	69.3	单体	RNA 结合蛋白，能增强 eIF4A 的解旋酶活性
eIF4H	27.4	单体	RNA 结合蛋白，增强 eIF4A 的解旋酶活性，与 eIF4B 的片段同源
eIF5	49.2	单体	GTPase 激活蛋白，与 eIF2·GTP 结合从而激活 GTP 水解，促使起始因子 eIF2、eIF3 释放和大小亚基的结合
eIF5B	738.9	单体	有核糖体依赖的 GTPase 活性，促使起始因子从小亚基解离和大小亚基结合
DHX29（辅助因子）	155.3	单体	与 40S 小亚基结合，促进核糖体对 mRNA 的 5′端 UTR 的识别
PABP（辅助因子）	70.7	单体	与 mRNA 的 3′端 poly（A）、eIF4G、eRF3 结合，增强 eIF4F 与帽子结构的结合
eIF6	23	单体	促使核糖体的大小亚基解离

（翻译自 Jackson R J, et al., *Nat Rev Mol Cell Biol*, 2010, 10: 114）

1. 80S 核糖体的亚基解离　起始因子 eIF1、eIF1A 和 eIF3 结合到核糖体 40S 小亚基上，促使 60S 大亚基与之解离。eIF3 可以防止两个亚基重新结合，其功能与原核生物 IF3 相似。

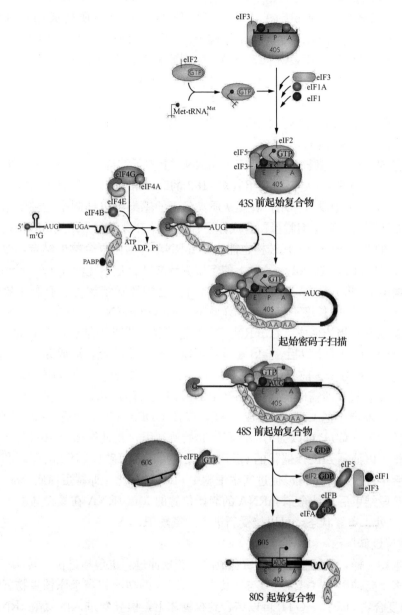

图 6.11 真核生物蛋白质合成的起始
(改自 Jackson R J, et al., 2010)

2. 43S 前起始复合物的形成 在 mRNA 与核糖体小亚基结合之前,翻译起始因子 eIF2 辅助起始 Met-tRNA 和 40S 小亚基首先组装成 43S 前起始复合物 (pre-initiation complex)。eIF2 能够和 GTP 形成一个稳定的 eIF2·GTP 二元复合物。然后,eIF2·GTP 结合到被活化的起始 Met-tRNA 上,再与 40S 小亚基结合,形成 43S 前起始复合物。eIF1 能够辅助 eIF2 完成起始 Met-tRNA 的定位,还可以与 eIF3 共同稳定前起始复合物。

3. 48S 前起始复合物的形成 43S 前起始复合物形成后,在多种翻译因子的辅助作用下,mRNA 与 43S 前起始复合物结合,形成 48S 前起始复合物。在与 43S 前起始复合物结合之前，mRNA 的帽子结构先与帽子结合蛋白（cap binding protein，CBP）结合。起始因子 eIF4F（也称 CBPⅡ）是 eIF4A、eIF4E 和 eIF4G 三个蛋白质构成的复合物，其中的 eIF4E 能够识别并结合到 mRNA 的帽子结构上。eIF4A 具有 ATP 酶和 RNA 解旋酶活性，能够借助 ATP 水解促使 mRNA 前 15 个碱基的螺旋解链，进一步解链还需要 eIF4B 等因子的结合。通过 eIF4G 与 eIF3 的相互作用，解链的 mRNA 结合到 43S 前起始复合物上，并在 eIF1 和 eIF1A 的帮助下，借助 eIF4A 和 eIF4B 水解 ATP 提供能量，向 mRNA 下游扫描包含 AUG 在内的 Kozak 信号序列（ACCAUGG），完成 mRNA 起始密码子在小亚基上的定位，形成 48S 前起始复合物。

由于没有 SD 序列，真核生物 eIF4F 与 mRNA 上帽子结构的结合不同于 SD 序列的碱基配对作用。eIF4F·mRNA 复合物利用其对 eIF3 的高亲和力与 43S 前起始复合物结合，对无帽子结构的 mRNA 则没有作用。脊髓灰质炎病毒的感染可以抑制宿主细胞帽子结合蛋白的功能，从而达到利用宿主细胞蛋白合成体系优先翻译自身无帽子结构 mRNA 的目的。

mRNA 上的 3′端 poly（A）结构也能影响 mRNA 与起始复合物的结合，改变翻译起始的有效性。eIF4F 和结合在 poly（A）上的多聚腺苷酸结合蛋白［poly（A）binding protein，PABP］相互作用，将 mRNA 首尾拉近弯曲成环，这种环状结构可能有利于核糖体的高效循环利用。poly（A）的长度不仅影响翻译效率，也影响 mRNA 的寿命。

4. 80S 起始复合物的形成　在 mRNA 与前起始复合物准确结合，并且起始 Met-tRNA 结合到起始 AUG 密码子上以后，60S 亚基就可以与复合物结合，形成完整的 80S 翻译起始复合物。60S 大亚基与 48S 前起始复合物的结合需要前起始复合物上 eIF2 和 eIF3 的释放及 eIF5 的辅助，结合过程所需的能量由 eIF2 上的 GTP 水解为 GDP 来提供，而 eIF2B 可以与 eIF2 结合并使水解产生的 GDP 再生成 GTP，完成 GDP-GTP 交换后，eIF2B 就与 eIF2 分离，而重生的 eIF2·GTP 可以为另一次翻译起始所利用，此过程称为 eIF2 循环。eIF2 上 α 亚基的磷酸化可以抑制 eIF2B 催化的 GTP-GDP 交换，从而破坏 eIF2 的循环利用。有些病毒感染及随后干扰素的产生可以促进宿主细胞中 eIF2 磷酸化，抑制蛋白质合成。

在这一阶段结束后，结合到 mRNA 的起始位置的 Met-tRNA 在核糖体的 P 位点，而核糖体的 A 位点处于空置状态，可以接受新进入的氨酰-tRNA。

（二）翻译延伸

与原核生物一样，真核生物蛋白质合成的肽链延伸过程也包括进位、转肽和移位三个步骤，且需要多个延伸因子（eEF）参与。其中，eEF1α 的功能相当于原核生物 EF-Tu，它与 GTP 形成的复合物 eEF1α·GTP 可以结合到核糖体上，引导新进入的氨酰-tRNA 定位到核糖体 A 位。当正确的氨酰-tRNA 进入 A 位时，eEF1α 结合的 GTP 水解供能。eEF1α 要进入延伸反应的下一个循环延伸反应，eEF1α·GDP 必须重新生成 eEF1α·GTP，这个 GTP-GDP 交换过程由 eEF1β 和 eEF1γ 催化完成，二者的功能相当于原核生物 EF-Ts。

真核生物的转肽作用与原核生物的类似，肽基转移酶同样是核酶。移位过程由 eEF2 催化，其功能类似于原核生物的 EF-G，同样伴随着 GTP 的水解。eEF2 在移位完成后从核糖体被释放，可以循环利用。与原核生物不同的是，真核生物 80S 核糖体上可能没有 E 位，空载 tRNA 可以直接从 P 位解离后释放到细胞质中。

（三）翻译终止

真核生物的翻译终止也有两类翻译释放因子（eRF）参与。eRF1（和 eRF2）属于Ⅰ类释放因子，其功能类似于原核 RF1 和 RF2 的作用，可以识别三种终止密码子。eRF1 结合到核糖体的 A 位置，刺激肽基转移酶活性变为水解酶活性，此时肽链合成终止。II 类释放因子 eRF3 与原核 RF3 功能相似。空载的 tRNA 伴随 GTP 的水解一起被释放，无活性的核糖体释放 mRNA，80S 复合物分离成为 40S 和 60S 亚基，准备下一个翻译过程。真核生物中还没有发现核糖体循环因子，其供能可能由 eRF3 来执行。

三、线粒体和叶绿体中的蛋白质合成

线粒体和叶绿体 DNA 能够编码所有细胞器 RNA，但只能编码合成少量细胞器蛋白质。这两种细胞器中核糖体也有游离型和膜结合型的两种状态，其所用的翻译因子及蛋白合成过程与细胞质核糖体差异很大，而与原核生物的核糖体十分相似，尽管 RNA 和蛋白的组成和结构也有不同。放线菌酮可抑制所有真核细胞质核糖体蛋白质合成，但是不能抑制细胞器核糖体蛋白质合成。

大多数线粒体和叶绿体蛋白都是由核 DNA 编码并在细胞质中的游离核糖体上合成，然后在导肽的引导下，通过翻译后运输转移到线粒体和叶绿体中各自的功能位点上。如人的线粒体 DNA 可以编码 12S rRNA、16S rRNA 及 22 种 tRNA 和 13 种蛋白质亚基。这些蛋白质主要是线粒体氧化磷酸化所需电子传递链上各复合体的组分及 ATP 合酶的部分亚基。叶绿体含 2 000~2 500 种蛋白质，叶绿体 DNA 编码的不足 100 种。如裸藻叶绿体 DNA 可以编码 9 种叶绿体中的核糖体蛋白，另外 12 种叶绿体核糖体蛋白是由核基因编码，在细胞质中合成。

四、蛋白质合成的保真机制

在多肽链合成的复杂过程中，从氨基酸活化到多肽链合成终止各个阶段，有一系列机制可以保障翻译的忠实性。除了利用 mRNA 监视等方式进行质量控制（如降解异常 mRNA）之外，在翻译过程中的忠实性保障机制主要包括对底物的选择和校对两个方面，前者主要来自翻译因子的作用，后者主要来自核糖体和 AARS。通过选择和校对，可以将翻译错误率控制在 10^{-5}~10^{-4} 这样的低水平上，保证各种蛋白质的正常合成和供应。

1. 氨基酸活化过程的保真机制　氨基酸活化过程中，AARS 的专一性体现在对催化底物——氨基酸和 tRNA 的强选择性。氨基酸准确进入并稳定结合到 AARS 的结合位点，是氨基酸被 tRNA 准确负载的前提。而错误活化的氨基酸通过 AARS 上编辑位点的转移前编辑（氨酰-AMP 的水解）或转移后编辑（氨酰-tRNA 的水解）可以进一步降低 tRNA 负载错误。不同 tRNA 上被 AARS 识别的副密码子（paracodon）序列的特异性也是其与酶分子正确结合的保证。

2. 翻译起始过程的保真机制　翻译起始阶段的忠实性，主要体现为核糖体在 mRNA 上的准确定位及起始密码子的正确识别。原核生物 16S rRNA 与 mRNA 上 SD 序列的碱基配对是正确翻译起始的重要条件，而翻译起始因子 IF3 可以降低非起始氨酰-tRNA 与 mRNA 的结合稳定性，诱导非起始氨酰-tRNA 的解离。IF2 也能促进起始氨酰-tRNA 的识别，并和 IF3 一起通过影响 16S rRNA 的构象促进正确翻译起始。真核生物 eIF1 可以通过影响前起始复合物的构象来增强翻译起始的准确性，帽子结构等 5′端 UTR 序列和其他起始因子同样有促进作用。

3. 翻译延伸过程的保真机制　翻译过程中密码子和反密码子的准确识别和互补配对也

是确保翻译准确的一种专一性保证，二者的拓扑结构确保了只有特定的三核苷酸能够参与反向互补碱基的配对。为保证tRNA反密码子对mRNA密码子的准确识别，其摆动性有严格的规则限制。如在人的48种tRNA中，只有约16种具有变偶性，其他严格遵循碱基配对原则。

核糖体可以通过动力学校对的方式对氨酰-tRNA进行选择，还可以利用诱导契合机制进一步增强选择的特异性。A位上新进的氨酰-tRNA上的反密码子与mRNA上密码子碱基配对结合时，正确配对的结合能力比错误结合高3 000倍，使正确的氨酰-tRNA能优先与mRNA结合。

原核生物延伸因子EF-Tu对氨酰-tRNA的进入也有选择性，它能够识别氨基酸和tRNA的结构，将错配的氨酰-tRNA从核糖体A位上剔除，阻止错误氨基酸的掺入。只有氨酰-tRNA准确配对才能引发核糖体正确的构象变化，促使氨酰-tRNA进入肽基转移酶活性位点，形成正确的肽键。P位和E位的tRNA的结合是否正确能影响A位的构象，进而影响下一次进位的准确性。

4. 翻译终止过程的保真机制 翻译终止的忠实性主要来自释放因子对终止密码子的正确识别和肽链的释放。释放因子对终止密码子具有高亲和力，促使多肽链合成的正确终止。肽链释放是一个耗能过程，GTP水解可以推动翻译终止过程的不可逆反应。翻译终止效率还受终止密码子的两侧序列的影响，对于UGA和UAA，终止密码子的下游序列对有效终止的影响力大小次序为G、A＞C、U；对于UAG则是U、A＞C＞G。大肠杆菌UAAU翻译终止效率80%，而UGAC只有7%。哺乳动物中的UAAN（N为任意碱基）四种终止密码子序列的体外翻译终止效率可以相差70倍，UGAN的翻译终止效率差异为8倍。

五、蛋白质的合成抑制剂

蛋白质是各种生命活动的主要执行者，蛋白质的生物合成是生物体内最重要的代谢过程之一，抑制翻译可以造成生物不能正常存活甚至死亡。许多用于治疗细菌感染的抗生素和自然界中的毒素，都是通过破坏蛋白质的生物合成来发挥作用，其抑制作用可能发生在翻译过程的不同阶段。这些抑制剂有的对原核生物和真核生物的翻译都有抑制作用，是广谱的翻译抑制剂；有些则选择性地作用于原核生物或真核生物。这种抑制作用的不同也反映了原核生物和真核生物的翻译体系的结构和性质的差异。

1. 广谱的蛋白质合成抑制剂

（1）嘌呤霉素（puromycin）。最早发现于链霉菌，是作用于核糖体大亚基上肽基转移酶活性中心的一种蛋白抑制剂。

嘌呤霉素的结构与酪氨酰-tRNA的3′末端的AMP-Tyr结构相似（图6.12）。在蛋白质合成的肽链延伸过程的转肽反应中，嘌呤霉素可以取代氨酰-tRNA与核糖体P位tRNA上的氨基酸（或肽链）结合，生成的肽酰嘌呤霉素不能正常移位而从核糖体上脱落，导致多肽链合成的提前终止。由于嘌呤霉素对原核生物和真核生物的翻译过程均有抑制作用，不能用作抗菌药物，主要是用于肿瘤治疗。

（2）潮霉素B（hygromycin B）。首先发现于吸水链霉菌的一种氨基糖苷类抗生素。它可以稳定大亚基上的tRNA结合位点，使空载tRNA不能脱离核糖体，抑制移位的进行，阻止肽链延伸。此外，它还能诱导mRNA的错读。已经发现的潮霉素抗性基因编码一个潮

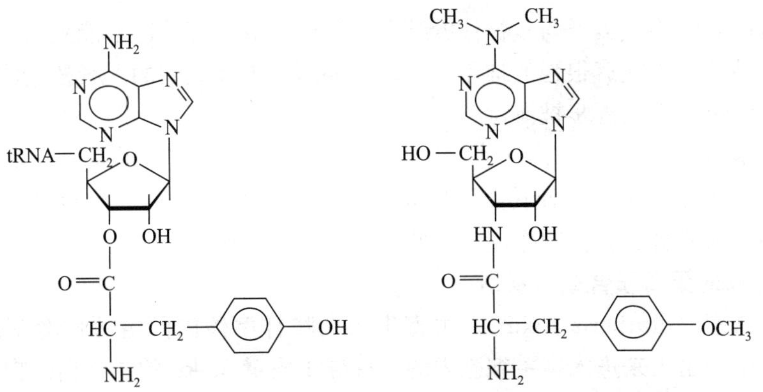

图 6.12 酪氨酰-tRNA（左）和嘌呤霉素（右）的结构

霉素激酶，通过对潮霉素 B 的磷酸化使其失活，常用作细菌和植物转基因后筛选的选择标记。

2. 原核生物的蛋白质合成抑制剂 这类抑制剂只作用于原核生物或主要作用于原核生物的翻译过程，因此常常可以用作抗生素（图 6.13）。其中有些抑制剂对真核生物的翻译过程也有一定抑制作用，使用时要进行限制或逐步用新的抗生素取代。

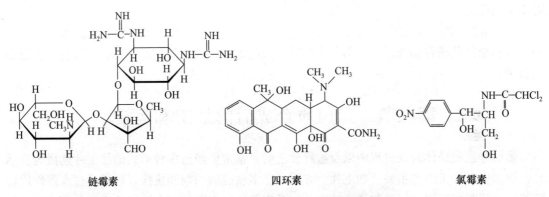

图 6.13 抗生素的分子结构

（1）链霉素（streptomycin）、卡那霉素（kanamycin）和新霉素（neomycin）。与原核生物核糖体的 30S 小亚基结合，抑制肽链合成起始物中氨酰-tRNA 的结合；也可以在肽链延伸过程中降低 A 位上氨酰-tRNA 与密码子配对的精确性从而诱发 mRNA 密码子错读，造成肽链合成错误；在翻译终止阶段，可以阻碍终止因子与核糖体的结合，抑制已合成的肽链的释放和 70S 核糖体的解离。

（2）红霉素（erythromycin）。与原核生物核糖体的 50S 大亚基相结合，使新进的氨酰-tRNA 停滞在 A 位，导致翻译不能正常进行移位，阻断肽链合成的延伸过程。

（3）褐霉素（fuscomycin）。又称为梭链孢酸，与红霉素都属于大环内酯类抗生素。作用于原核生物翻译延伸因子 EF-G，阻止 GTP 水解后的 EF-G·GDP 从大亚基因子结合中心上解离，导致翻译不能正常进行。

（4）四环素（tetracycline）和土霉素（terramycin）。可以作用于原核生物核糖体的 30S

小亚基，抑制翻译起始复合物的形成；也可以抑制氨酰-tRNA 进入核糖体 A 位，阻滞肽链的延伸；还可以影响终止因子与核糖体的结合，使已合成的多肽链不能脱离核糖体。除对原核生物 70S 核糖体的功能有很强的抑制作用，四环素对人体细胞的 80S 核糖体也有一定抑制作用，因此作为抗生素已逐步被淘汰。

(5) 氯霉素（chloromycetin）。作用于原核生物 50S 大亚基的肽基转移酶中心，阻断 A 位点氨酰-tRNA 的准确进位，使转肽不能正常进行。对真核生物 80S 核糖体没有作用，但对线粒体中的蛋白质合成有抑制作用，因此对婴幼儿限制使用。

3. 真核生物的蛋白质合成抑制剂

(1) 白喉霉素（diptheria toxin）。由寄生于白喉杆菌体内的溶源性噬菌体的 β 基因编码，经白喉杆菌分泌出来进入宿主细胞内的一种分子质量 65 ku 的毒蛋白。白喉霉素能对真核生物的延伸因子 2（eEF2）进行共价修饰，生成 eEF2 腺苷二磷酸核糖衍生物，引起 eEF2 功能失活，从而导致延伸过程的移位作用受到抑制。它的抑制效率很高，只需微量就能有效地抑制细胞内全部蛋白质的合成，导致细胞死亡。

(2) 蓖麻毒素（ricin）。在蓖麻籽中发现的一种异源二聚体毒蛋白。其 A 链具有糖苷水解酶活性，可以特异性地水解大亚基 28S rRNA 上 A_{4324} 位点的糖苷键，释放出一个腺嘌呤碱基，导致大亚基 rRNA 裂解，使核糖体失活。B 链是一种凝集素，协助 A 链进行跨膜运输，缺少 B 链会使 A 链不能有效发挥作用。因为蓖麻毒素对癌细胞的毒性大于正常细胞，可用于癌症治疗。

(3) 放线菌酮（cycloheximide）。又称为环己酰亚胺，作用于真核生物核糖体 60S 大亚基，可抑制其肽酰转移酶活性，阻断多肽链合成的延伸，但不抑制原核细胞或线粒体内蛋白质合成。

第三节　蛋白质合成后的加工和运输

多肽链在核糖体合成过程中以及被释放之后，常常要经过多种形式的加工才能成为有活性的蛋白质。加工内容主要有如下几个方面：①多肽链的切割和拼接，包括通过水解作用切除特定的氨基酸基团、氨基酸或者肽段，以及内部肽段切除后剩余肽段的拼接和重排；②蛋白质的修饰，通过在氨基酸残基侧链上加上其他基团或分子对多肽链进行共价修饰，包括二硫键等特殊化学键的形成；③多肽链折叠成蛋白质特定的空间结构；④加工后的蛋白质还要运输到细胞内的特定位置，甚至是细胞外。这一系列加工和运输过程也是蛋白质生物合成的重要内容，有些蛋白质的加工和运输过程是伴随其合成过程一起进行的，有些则是在多肽链合成完成后才能进行加工和运输，但沿用以前的习惯用法，仍称为翻译后加工和运输。

一、多肽链的剪接

（一）多肽链的水解

有些多肽链合成后需要在酶促作用下进行水解切割，然后才能变为成熟的蛋白质（或寡肽），有些多肽链甚至要经过多次切割和重新组合。常见的多肽链水解形式有以下几种。

1. 起始氨基酸的水解　多肽链 N 端的起始氨基酸（fMet 或 Met）常常在蛋白质合成完成之前就发生降解。在原核生物中，fMet 的水解程度与其后的氨基酸残基有一定关系。当第二个氨基酸残基是 Ala、Gly、Pro、Thr 或 Val 时，通常在氨肽酶作用下切除 fMet；当第二个氨基酸残基是 Arg、Asn、Asp、Glu、Ile 或 Lys 时，则以脱甲酰基为主。

2. 肽链 N 端引导序列的切除　在大多数定位到各种细胞器、质膜或分泌到细胞外的蛋白上，在肽链的 N 端常有一段与蛋白质跨膜运输有关的氨基酸序列（如信号肽），能够通过与其他转运蛋白的相互作用引导肽链进行定向转运。这些引导序列在完成肽链转运后，一般要在相应酶的催化作用下水解切除，并不出现在最终的蛋白质结构中。

3. 肽链内部的切割裂分　某些蛋白质前体的活化过程中常常需要切断肽链内部某些肽键或切除某些肽段，如酶原激活过程。动物的很多消化酶大都是在各种消化器官细胞内合成酶原蛋白，分泌到消化道中后，在其他酶的作用下特异地水解内部某些氨基酸序列后，才能通过折叠变成有功能的消化酶。

有些蛋白质前体可以通过降解内部肽键切割裂分为多种功能蛋白。如哺乳动物垂体分泌的前阿黑皮素原（preproopiomelanocortin, pre-POMC），原初翻译产物是长为 265 个氨基酸残基的多肽链。在丘脑后叶中，pre-POMC 先从羧基末端切割释放出 β 促脂激素，然后切割 N 端释放促肾上腺皮质激素（ACTH）。而在丘脑中叶中，β 促脂激素要进一步切割，释放羧基末端的 β 内啡肽，ACTH 也被切割产生 α 促黑激素。多聚蛋白前体包含多个蛋白质序列，可以切割成多种功能蛋白。在细菌中，UMP 生物合成途径中所需的氨甲酰磷酸合成酶、天冬氨酰转氨甲酰酶和二氢乳清酸酶是分别翻译而成。但酵母氨甲酰磷酸合成酶和天冬氨酸转氨甲酰酶是由一条多肽链从特定的间隔序列处切割裂分而成。而在哺乳动物中，三种酶是共同翻译然后再切割裂分。

有些蛋白质在成熟过程中需要多种水解方式共同作用。成熟的人胰岛素是由 21 个氨基酸的 A 链和 30 个氨基酸的 B 链通过 A_7-B_7 和 A_{20}-B_{19} 两个链间二硫键相连，A 链上还有一个 A_6-A_{11} 链内二硫键。胰岛细胞合成胰岛素的最初翻译产物是一条大的多肽链前体，即前胰岛素原（prepronsulin）。前胰岛素原进入内质网后，经信号肽酶水解切去 N 端一段长 24 个氨基酸的信号肽序列，并形成二硫键，生成胰岛素原（proinsulin）；然后再由肽链内切酶切除 Arg-Arg 和 Arg-Lys 两个碱性二肽，释放内部 31 个氨基酸的连接肽（C 链），由两端的 A 链和 B 链生成有功能的胰岛素（图 6.14）。

（二）肽链的剪接和重排

肽链剪接是指从前体蛋白的多肽链上切除某些内部肽段，并将两端保留下来的肽段以肽键重新连接，产生成熟蛋白质的过程。Kane 和 Hirata（1990）首先发现酵母 H^+-ATPase 的初始翻译产物被加工成 50 ku 和 69 ku 两部分，前者只是蛋白质内部的一段没有功能的肽段，后者才具有酶活性，是由内部肽段切除后剩余肽段连接而成。Perler 等（1994）根据 mRNA 剪接将蛋白质的这种

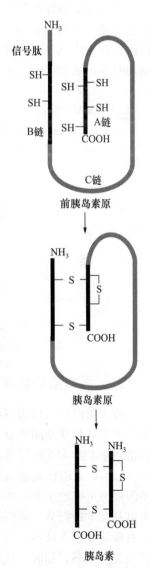

图 6.14　前胰岛素原的翻译后加工

加工过程命名为蛋白质剪接，其中被剪切去除的部分称为蛋白质内含子或内含肽（intein），保留下来的蛋白质序列称为外显肽（extein）。迄今已经发现了 500 种以上的可以发生肽链剪接的基因，广泛分布于病毒、细菌和真核生物中。相比之下，内含肽在古细菌中比较丰富，真细菌次之，真核生物中最少，这一分布规律与 RNA 内含子恰好相反。

按照结构特点可以将内含肽分为经典内含肽、微小内含肽和断裂型内含肽三种类型。经典内含肽由两端的剪接区和中间的连接区构成，连接区具有蛋白质剪接活性和自导引核酸内切酶序列。微小内含肽两端与经典内含肽相同，但中间连接区没有核酸内切酶功能。断裂型内含肽上的中间连接区的核酸内切酶结构域在特定位点断开，N 端和 C 端分别由基因组上相距较远的两个基因编码，在翻译后加工过程中，两个前体蛋白通过反式剪接形成核酸内切酶结构域。

在蛋白质剪接过程中，大部分外显肽的顺式或反式拼接都是按顺序进行，但有些也可以发生重排。伴刀豆球蛋白 A（concanavalin A，con A）前体分子的加工成熟需要多次切割和拼接，首先由 Asn 内切酶在连接肽内部的 Asn 残基处切断，然后经过信号肽切除、连接肽切口和前体蛋白 C 末端切短后，剩余两肽段前后交换连接得到成熟的 con A 蛋白（图 6.15）。

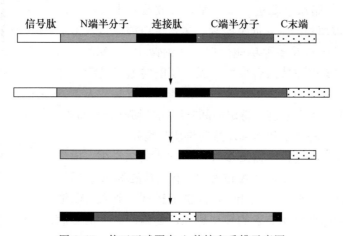

图 6.15　伴刀豆球蛋白 A 剪接和重排示意图

二、蛋白质的化学修饰

许多蛋白质可以进行酰基化、羟基化、磷酸化、甲基化、糖基化、泛素化和核苷酰化等不同类型的化学基团或分子的共价修饰。修饰是酶促反应过程，且具有一定的特异性，如胶原蛋白中 Pro 常发生羟基化，而组蛋白常常是被甲基化或乙酰化。修饰可以发生在蛋白质的 N 末端、C 末端以及除 Ala、Gly、Ile、Leu、Met 和 Val 外的大部分氨基酸的侧链上。蛋白质的修饰可以产生非标准氨基酸，也可以调控蛋白质活性。羟脯氨酸、羟赖氨酸等都是在相应氨基酸上进行修饰的结果，但硒代半胱氨酸和吡咯赖氨酸属于稀有的标准氨基酸，二者都是直接添加到多肽链中的。发生蛋白质修饰后，有些蛋白质可以表现为活化状态，也可以表现为失活状态，如磷酸化等。下面介绍几种代表性的蛋白质修饰方式。

1. 糖基化　糖基化是真核细胞蛋白质的特征之一，几乎所有的分泌蛋白和膜蛋白都可以被糖基化修饰，如动物的血浆蛋白和植物中的凝集素等。多肽链的氨基酸残基与糖链的还原端通过糖苷键共价连接，形成带有糖链的糖蛋白（glycoproteins）或蛋白聚糖（proteoglycan），称为糖基化。参与修饰的糖基有很多种，如 β-D-葡萄糖（Glc）、α-D-甘露糖（Man）、α-D-半乳糖（Gal）、α-D-木糖（Xyl）、α-D阿拉伯糖（Ara）、α-L-岩藻糖（Fuc）、葡萄糖醛酸（GlcuA）、艾杜糖醛酸（IduA）、N-乙酰葡萄糖胺（GlcNAG）、N-乙酰半乳糖胺（GalNAC）、N-乙酰神经氨酸（NeuNAC）或称唾液酸（Sia）。这些修饰糖基可以同类型多聚化，如高甘露糖；也可以不同类型的糖基聚合在一起，形成杂多糖。

根据糖苷键的不同，糖基化有 O-糖基化、N-糖基化、S-糖基化、酯糖基化等几种类型。O-糖基化仅发生在高尔基体中，寡糖链通过 O-糖苷键结合在蛋白质 Ser、Thr、羟赖氨酸和羟脯氨酸的羟基氧原子上。N-糖基化是指寡糖链与 Asn 的酰胺基、N 末端的 α 氨基、Lys 或 Arg 的 ω 氨基通过 N-糖苷键相连，由内质网开始，到高尔基体中进一步完成。S-糖基化是以 Cys 的巯基为糖基的连接位点。酯糖基化是以 Asp 和 Glu 的游离羧基为糖基连接位点。

糖基化修饰主要发生在内质网和高尔基体中，也有些发生在细胞质或细胞核中。在内质网中，糖基化不是逐个添加单糖基，而是在多萜醇载体上由单糖逐个连接而成的 14 个糖基的分支寡糖，再由糖基转移酶催化已经合成的寡糖链连接在蛋白质的糖基化位点（Asn-X-Ser/Thr）中的 Asn 上。当蛋白质从内质网转移到高尔基体后，修饰支糖链组分的种类和数量更加复杂多变。修饰后的蛋白质进入高尔基体释放的分泌小泡内，进行定向运输。

糖基化修饰可以改变蛋白质的结构、性质甚至功能。一方面，糖基化修饰可以促使内质网中多肽进行适当的折叠，产生更大更复杂的蛋白质。若糖基化遇到抑制，会导致蛋白质的错误折叠而影响其空间结构。但蛋白质折叠一般不依赖于多个糖基化修饰位点中的某个特定位点，糖链在蛋白质折叠中既有局部作用又有整体作用。另一方面，糖基化修饰可增加蛋白质稳定性，并使蛋白质保持可溶状态。此外，糖基化修饰还可以赋予蛋白质新的功能与特异性。在不改变氨基酸序列的情况下，末端糖基化可对蛋白质的细胞或组织专一特征进行精细调节。

2. 磷酸化 蛋白质的磷酸化是指由蛋白激酶催化 ATP（或 GTP）的 γ 磷酸基团转移到蛋白质氨基酸残基上的过程，其逆向反应是由蛋白磷酸酯酶催化的去磷酸化。

磷酸化多发生在多肽链中 Ser 和 Thr 的羟基上，偶尔也发生在 Tyr 残基上。磷酸化修饰常常可以提高或抑制蛋白质的活性，如在人的血糖代谢中，通过磷酸化改变糖原磷酸化酶和糖原合成酶的活性，共同调节糖原的合成与分解，维持血糖水平的稳定。经过磷酸化修饰后，分解糖原的磷酸化酶被激活，使无活性的糖原磷酸化酶 b 变为有活性的磷酸化酶 a。同时，有活性的糖原合成酶 I 经磷酸化修饰后变成无活性的糖原合成酶 D。

细胞内任何一种蛋白质的磷酸化状态都是由蛋白激酶和蛋白磷酸酯酶两种相反的酶活性之间的平衡决定的。磷酸化和去磷酸化这种可逆修饰不仅可以调节细胞内很多酶和蛋白质的生物活性，而且可以通过级联调节将上游的代谢调节信号（如激素）放大。

3. 脂酰化 从低等的原核细胞到高等哺乳动物，都有在脂酰基转移酶催化作用下，蛋白质发生各种脂酰化修饰的现象。修饰可以发生在蛋白质的 N 端或肽链内部的 Lys、Cys 等残基位置。根据脂酰基的不同，可以分为乙酰化、豆蔻酰化、棕榈酰化等。以 N-乙酰化为例，人的肝脏细胞中有超过 1 000 种蛋白质能被乙酰化修饰。在细胞核内，组蛋白乙酰化和去乙酰化过程处于动态平衡，由组蛋白乙酰基转移酶（histone acetyltransferase，HAT）和组蛋白去乙酰化酶（histone deacetylase，HDAC）共同调控。HAT 将乙酰辅酶 A 的乙酰基转移到组蛋白氨基末端特定的 Lys 残基上，组蛋白的乙酰化有利于核小体上 DNA 与组蛋白八聚体的解离,使核小体结构松弛从而促进各种转录因子和辅助因子与 DNA 特异性结合,激活基因的转录。HDAC 催化组蛋白去乙酰化,使其与带负电荷的 DNA 紧密结合,染色质致密卷曲,基因的转录受到抑制。在白血病研究中发现,参与肿瘤发生的信号通路蛋白也被高度乙酰化修饰。

4. 甲基化　蛋白质的甲基化修饰是由甲基转移酶催化,甲基供体是 S-腺苷甲硫氨酸(SAM),甲基化方式主要包括多肽链上 Lys、Arg、His、Gln 侧链的 N-甲基化和 Glu、Asp 侧链上的 O-甲基化。核小体上 H3、H4 两种组蛋白常发生 Arg 和 Lys 的可逆甲基化修饰,它与可逆的 DNA 甲基化、可逆的组蛋白乙酰化修饰等共同调节染色体结构及相关基因的表达活性,是表观遗传学的重要研究内容。

5. 泛素化　蛋白质降解是由蛋白酶催化的代谢过程,主要包括溶酶体途径和细胞质途径。溶酶体途径是一种不依赖 ATP 的非选择性降解过程,主要针对胞外蛋白、膜表面蛋白和长寿命的细胞内蛋白,对正常状态下的细胞质蛋白质的正常转运过程不发挥主要作用。而细胞质途径主要是依赖 ATP 的选择性泛素(ubiquitin)降解途径,用于降解异常蛋白和短寿命的蛋白质。此外,还有不依赖 ATP 的细胞质降解途径,如钙蛋白酶(calpain)和半胱氨酸蛋白酶(caspase)降解方式,在组织损伤、细胞凋亡、细胞坏死和自溶过程中发挥着重要作用。

在细胞质中,蛋白质的泛素化修饰是蛋白质通过泛素降解途径进行降解的前提条件。泛素广泛分布在真核细胞中,是一种由 76 个氨基酸残基组成的球状蛋白,序列高度保守,如酵母和人的泛素蛋白仅有 3 个氨基酸差异。在泛素激活酶(E1)、泛素结合酶(E2)和泛素连接酶(E3)的共同催化下,泛素 C 末端的 Gly 与靶蛋白的 Lys 残基的 ε-NH_2 或 α-NH_2 相连,其他活化的泛素分子依次连接到靶蛋白上已经结合的泛素分子的 Lys 侧链上,形成多泛素化链。蛋白质要被 26S 蛋白酶复合体所识别和降解,需要结合 4 个以上的泛素分子。单泛素链、双泛素链和三泛素链不能被蛋白酶体识别和降解,它们具有其他功能,如单泛素化蛋白质常作为膜上的受体或组蛋白的基本结构蛋白。

此外,在生物体中还发现了一些类泛素蛋白,它们对蛋白质的修饰称为类泛素化修饰。Meluh 和 Koshland(1995)在酿酒酵母中发现一种新的蛋白质 Smt3,此后在动物和植物中也发现了一种到数种同源蛋白,统称为 SUMO(small ubiquitin-related modifier)。蛋白质的 SUMO 化修饰一般不介导靶蛋白质的蛋白酶体降解,而是通过对靶蛋白的可逆修饰来调节靶蛋白的定位及功能。

三、蛋白质的折叠

折叠是蛋白质由松散的多肽链形成有功能的空间构象的过程。蛋白质的一级结构是形成特定高级结构的基础,Anfinsen(1973)等最早提出多肽链上氨基酸序列包含了其形成热力学上稳定的天然构象的全部信息。一些低分子质量的简单蛋白(如核糖核酸酶 A)能够缓慢地自发折叠,形成天然构象,而且不需要额外提供能量。但细胞内大多数分子质量较高或包含多个结构域的结构复杂的蛋白质,其空间构象的形成不能靠自发折叠完成,还需要另外一些酶或功能蛋白的协助,才能保证其正确折叠。常见的参与蛋白质折叠的蛋白至少有两类,一类是分子伴侣(molecular chaperone),另一类是折叠酶(foldase)。除了肽链自身的折叠外,寡聚蛋白还要经过亚基的聚合,才能形成有功能的蛋白质。

1. 分子伴侣 分子伴侣是细胞内一类能够识别并结合正在合成或部分折叠的蛋白质上，帮助新生肽链正确折叠、组装或跨膜运输，但自身不参与靶蛋白构成的一类蛋白质。分子伴侣首先发现于核小体的体外组装过程中，在组蛋白和 DNA 形成核小体时需要一种酸性蛋白——核质素（nucleo-plasmin），它和组蛋白结合后促进其与 DNA 的组装。现在发现，分子伴侣广泛分布在细菌和各种真核生物中，如大肠杆菌 SecB 蛋白、真核细胞内信号肽识别颗粒 SRB 等，尤其是以热休克蛋白（heat shock protein，HSP）为典型代表。HSP 是一类广泛分布的典型分子伴侣蛋白超家族，根据分子质量范围可以分为 HSP100、HSP90、HSP70、HSP60 和小分子 HSP 等类型，参与热激等多种条件下的众多蛋白质的结构修复、组装和运输等过程。

分子伴侣的功能特点类似于酶，但又与酶有很大差别。在蛋白质折叠过程中，分子伴侣与一个靶蛋白分子结合在一起，而一旦折叠完成甚至部分完成后，分子伴侣就会离开并继续作用于其他靶蛋白，并不参与靶蛋白的功能，这种特性与酶相似。但是，分子伴侣一般对靶蛋白的专一性不高，大多数分子伴侣可以促进多种氨基酸序列完全不同的多肽链折叠成性质和功能各不相同的蛋白质。当然也有少数分子伴侣的专一性很强，只作用于特定的底物。有些分子伴侣的作用效率很低，有时只起阻止靶蛋白错误折叠的作用，而不促进其正确折叠，而且也不提供折叠过程的正确构象信息。在分子伴侣作用过程中，常借助 ATP 水解释放的能量，完成非天然态蛋白质的正确折叠与装配。简单蛋白质的折叠过程可能只需要一种分子伴侣，而长链的复杂蛋白质的折叠可能需要多个分子伴侣共同作用。

大多数新生肽链的折叠和组装离不开分子伴侣。在新生肽链的空间构象形成过程中，蛋白质上的疏水侧链相互结合形成内部疏水区，但这些互作的疏水结构在肽链顺序上不一定相互靠近，如果没有分子伴侣的作用，靶蛋白上错误的结合会导致肽链的错误折叠，部分疏水结构暴露在外会引起蛋白质沉淀，这些都会引起蛋白质的功能失活。大肠杆菌触发因子（trigger factor）结合在核糖体上新生肽链的出口处，作用于多肽链合成过程中顺序生成的疏水结构，使其不会错误地相互作用，避免多肽链的错误折叠。真核细胞中缺乏触发因子，因此其新生蛋白质的正确折叠和转运离不开众多分子伴侣的作用。

分子伴侣可以通过影响许多激酶、受体蛋白和转录因子的折叠改变其活性，从而参与细胞中几乎所有的代谢过程。除调节新生肽链的折叠和装配，分子伴侣还介导线粒体蛋白跨膜转运、微管的形成和修复甚至核酸的组装和转运，参与高温等各种逆境胁迫保护等诸多过程。

2. 折叠酶 迄今为止，典型的辅助蛋白折叠的酶有两种，一种是二硫键异构酶（protein disulfide isomerase，PDI），另一种是肽基脯氨酰顺反异构酶（peptidyl-prolyl *cis-trans* isomerase，PPI），它们分别催化二硫键的形成和脯氨酰键的顺反异构两种共价反应，通常是蛋白质折叠过程中的限速步骤。

（1）二硫键异构酶。在真核细胞中，PDI 定位在内质网管腔内，催化蛋白质分子内巯基与二硫键之间的交换反应。它能识别和水解非正确配对的二硫键，使它们在正确的半胱氨酸残基位置重新形成二硫键，从而保证二硫键的正确连接。蛋白质分子中的二硫键形成与新生肽链的折叠密切相关，对维系蛋白质分子结构和功能的稳定也有重要作用。此外，PDI 还有独立于二硫键异构酶之外的分子伴侣活性。在高等真核生物中，PDI 通常是由一个多基因家族编码，成员可以达 20 个以上，其底物众多，基因突变常引起生物个体的生长发育异常。

(2)肽基脯氨酰顺反异构酶。PPI可以催化肽基-脯氨酰之间肽键的旋转反应，促使X-pro（X可以是任何氨基酸）肽键发生顺反异构。在蛋白质分子中，一般肽键的反式构象更有利于减少位阻干扰，顺式构象占4%左右。但对于X-pro肽键，由于脯氨酸吡咯环上亚氨基的影响，在顺式和反式构象中位阻干扰程度相似，因此X-pro肽键比其他肽键采取顺式构象更多些，能增加至20%（图6.16）。一些天然结构蛋白质包含较多顺式X-pro肽键，这些蛋白质在完成折叠时，X-pro

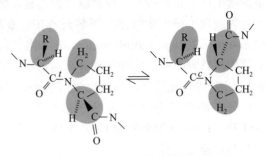

图6.16　X-pro肽键的顺反互变

肽键必须将反式转变为为顺式，这样折叠速率可提高300倍。但有些蛋白质中，X-pro肽键的顺式构象会阻碍蛋白质折叠为天然的二级和三级结构，因此需要将X-pro肽键顺式构象异构化为反式构象。总之，PPI就是根据需要催化X-pro肽键的顺反互变。

3. 亚基的聚合　有些酶或蛋白质是由两个以上相同或不同的亚基构成的，这些蛋白质亚基上一般都有相互作用的结构域，借助结构域之间非共价键，多个亚基形成寡聚体，才能表现出生物活性。例如，成人血红蛋白主要是由两个α亚基、两个β亚基及与之分别相连的四分子血红素辅基所组成。在α亚基合成后，从多核糖体上自发释放出来，并与尚未从多核糖体上释放下来的β亚基结合，然后以αβ异源二聚体形式从多核糖体上脱离。αβ二聚体再与线粒体内合成的两个血红素分子分别结合，接受血红素辅基的αβ二聚体再次二聚化为$\alpha_2\beta_2$四聚体，即是成人的血红蛋白。

四、蛋白质的定向运输

不论是原核生物还是真核生物，在细胞质内合成的蛋白质需定位于细胞特定的区域，才能有效发挥其功能。除了仍保留在细胞质的蛋白质外，其他蛋白质要运输到质膜和各种细胞器中，甚至到分泌细胞外。

（一）细菌蛋白的运输

细菌中新合成的多肽一部分仍保留在于细胞质中，另一部分则被运送到质膜、外膜或二者之间的周质区，也有一些分泌到细胞外。大多数蛋白质在核糖体上合成的同时即开始被运输，运输过程需要一些帮助多肽运输的蛋白质的参与。绝大多数跨膜蛋白的N端常有一段引导肽（leader peptide）序列，其前端为亲水区，后面连接一个疏水核。分子伴侣蛋白SecB识别引导肽序列，将正在进行翻译的核糖体拉至质膜转运复合物SecA-SecYEG上，借助SecA的ATPase活性，通过水解ATP推动多肽转运。

（二）真核生物蛋白质的运输

真核生物的蛋白质，除线粒体和叶绿体合成少量的蛋白质外，大多数是在细胞质中的核糖体上合成的。许多参与细胞质代谢途径的酶（如催化糖酵解过程的酶），还有血红蛋白等一些特定的蛋白质，在合成后就保留在细胞质中。其他蛋白质则被输送到细胞器、质膜或被分泌到细胞外。根据这些蛋白质运转过程中翻译和转运是否同步进行，分为共翻译运输（co-translational transportion）和翻译后运输（post-translational transportion）。

1. 共翻译运输　与内质网结合的核糖体可以合成三类主要的蛋白质：溶酶体蛋白、分泌蛋白和部分质膜骨架蛋白，它们在翻译的同时即开始同步转运，所以称为共翻译运输。

在这些蛋白质的前体中，N端常有一段称为信号肽（signal peptide）的序列（图 6.17）。信号肽的作用是引导合成中的多肽穿过内质网膜进入内质网腔，在那里继续进行蛋白质的合成和加工，然后向不同的位置转运。也就是说，在多肽开始合成不久，其合成后的去向就已被确定。信号肽结构的基本特点如下：①长度一般为13～36个氨基酸残基，没有严格的序列专一性；②信号肽近N端常有1个到数个碱性氨基酸；③中部有10～15个几乎全是疏水氨基酸，容易形成α螺旋；④C端有信号肽酶识别位点，切割位点上游的氨基酸残基常为短侧链氨基酸，如Gly和Ala。

Human influenza virus A	Met Lys Ala Lys Leu Leu Val Leu Leu Tyr Ala Phe Val Ala Gly ↓ Asp Gln
Human preproinsulin	Met Ala Leu Trp Met Arg Leu Leu Leu Leu Ala Leu Leu Ala Leu Trp Gly Pro Asp Pro Ala Ala Ala ↓ Phe Val
Bovine growth hormone	Met Met Ala Ala Gly Pro Arg Thr Ser Leu Leu Leu Ala Phe Ala Leu Leu Cys Leu Pro Trp Thr Gln Val Val Gly ↓ Ala Phe
Bee promellitin	Met Lys Phe Leu Val Asn Val Ala Leu Val Phe Met Val Val Tyr Ile Ser Tyr Ile Tyr Ala ↓ Ala Pro
Drosophilia glue protein	Met Lys Leu Leu Val Val Ala Val Ile Ala Cys Met Leu Ile Gly Phe Ala Asp Pro Ala Ser Gly ↓ Cys Lys

图 6.17 几种蛋白质的信号肽序列

疏水性信号肽对于新生肽链在膜上的固定及其跨膜转运起重要作用。信号肽合成后，首先被细胞质中的一种由7S RNA和6种蛋白质组成的核糖核蛋白复合物——信号肽识别颗粒（signal recognition particle，SRP）特异性地识别并结合。SRP的结合可以暂时中止多肽链的合成，并将新生肽链拉近内质网膜。借助GTP水解的能量，SRP可与内质网外膜上的SRP受体蛋白（SRP receptor protein）或停泊蛋白（docking protein，DP）结合，进而打开内质网膜上的运输通道，进入内质网腔。信号肽上的疏水区和信号序列之后的一段氨基酸残基都可以形成α螺旋，两个α螺旋以反平行方式组成一个发夹结构，进入内质网膜的脂双层结构。而一旦蛋白质的N端锚定在内质网膜上，后续合成的其他肽段也能随之顺利进膜内。当信号肽进入内质网后，SRP和DP释放入细胞质，可以循环利用。在多肽链合成完成之前，信号肽常常已进入内质网内，并被腔壁上的信号肽酶水解除去（图6.18）。

进入内质网的蛋白质除一些保留在内质网中，其他大部分需要继续输送至他处。需要继续输送的肽链被传送到高尔基体中，进一步进行糖基化等加工。加工后的蛋白质除少数留在高尔基体中执行功能外，其他不属于高尔基体的蛋白质会被包在输送小泡内，继续前往溶酶体、细胞质膜或储存在分泌性小泡内。留在内质网腔内的蛋白质的羧基端常含4个连续的Lys-Asp-Glu-Leu，它们可以与内质网上的膜受体结合使蛋白质留在内质网中。到达细胞质膜上的蛋白质有些结合在膜上发挥功能，有些则通过胞吐作用等方式分泌到细胞外。

尽管完整的信号序列是蛋白质转运的必要条件，但蛋白质的转运可能还涉及信号序列之外的序列或结构，而信号序列的切除也不是所有蛋白质转运所必需的过程。如将麦芽糖转运蛋白的信号序列添加到半乳糖苷酶上并不能产生相应的转运，而卵清蛋白向微粒体的转运没有可降解的信号序列。

2. 翻译后运输 需要跨膜选择性地转运到各细胞器的蛋白质大都是在翻译后进行转运。在胞质中游离核糖体上合成的蛋白质，按其所携带的引导序列的位置、性质和长短不同，从细胞质转移到线粒体、叶绿体、细胞核、过氧化物酶体等不同细胞器中。线粒体和叶绿体中的核糖体虽然也能合成少量蛋白质，但大部分线粒体和叶绿体中的蛋白质是由细胞核基因组

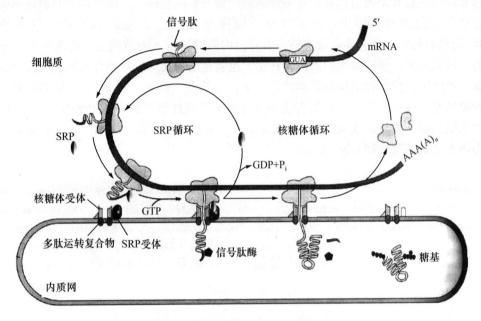

图 6.18 蛋白质的共翻译运输

编码,在细胞质中的核糖体上合成后再转运到线粒体和叶绿体中。

蛋白质向线粒体内跨膜转运,常需要蛋白质 N 端的引导肽。引导肽含 20~80 个氨基酸残基,含有较多的碱性氨基酸残基(如 Arg)和羟基氨基酸残基(如 Ser),基本不含带负电荷的酸性氨基酸,常形成有亲水面和疏水面的两亲 α 螺旋结构。引导肽可被细胞质中的分子伴侣(如 HSP70)识别并结合,从而保持蛋白质处于解折叠状态以利于其跨膜转运。新生肽链与线粒体外膜上的受体蛋白结合后,受体蛋白沿着外膜滑动到内、外膜相连的转位蛋白处,借助 ATP 水解释放的能量,新生肽链穿过转位蛋白形成的膜上通道进入线粒体基质,同时分子伴侣被释放,引导肽序列被蛋白酶切除后变为成熟的蛋白质。此外,蛋白质向线粒体内膜和膜间隙的定位需要双重信号。蛋白质需要先进入线粒体基质,然后在第二个信号的作用下定位到内膜上或定位到内、外膜间隙。在输送过程中还需要 ATP 和质子梯度,以帮助蛋白质去折叠和跨膜转运。

蛋白质向叶绿体内的转运过程和线粒体转运过程基本相似,引导肽上包含定位到叶绿体基质和类囊体膜上的两类信号序列。

向细胞核转运蛋白质需要细胞核定位序列(nuclear localization sequence,NLS)。NLS 一般在蛋白质的 N 端,也可以在蛋白质的其他部位,而且一般不会被切除。核定位蛋白的运输需要核转运因子(importin)辅助完成,蛋白质经核孔复合物进入细胞核时需要 Ran GTP 酶的参与。

复习思考题

1. 名词解释

密码子简并性　变偶性　同工 tRNA　核糖体循环　SD 序列　分子伴侣　信号肽

2. 简述遗传密码的基本特点。

3. 简述原核细胞的蛋白质合成体系组分及其功能。
4. 比较原核和真核细胞在蛋白质翻译过程中有哪些异同。
5. 试述原核生物和真核生物蛋白质合成的抑制剂及其作用机理。
6. 比较在蛋白质加工过程中分子伴侣和折叠酶功能的异同点。
7. 简述肽链合成后有哪些主要加工方式。
8. 比较真核生物蛋白质合成后的两种运输方式的差异。

第七章 原核生物基因表达的调控

第一节 基因表达调控的概述

一、基因表达

1. 基因表达的概念 生物体各种组织的成体细胞中都含有生物生存、发育、活动和繁殖所需要的全部遗传信息,这些遗传信息以基因的形式储存在细胞内的 DNA 或 RNA 分子中。细胞在生命活动中,把储存在核酸序列中的遗传信息经过转录和翻译,转变成具有生物活性的蛋白质分子或功能 RNA,并表现出生物功能的整个过程称为基因表达(gene expression)。在生物体的生活周期中,并非细胞内所有的基因都一齐表达。有些基因进行表达,形成其基因表达的特殊产物,从而构成细胞活动所需要的蛋白质或酶类;但是,许多基因的表达却被关闭,要在适当的时候才能开放表达。例如,昆虫变态过程中的各种调控基因要在相应的发育阶段才能表达,控制植物开花的基因也只会在开花前进行表达,而在营养生长阶段表达都被关闭。基因在细胞各个发育阶段的差别表达受到时空等多种因素的调控。

2. 基因表达的特性

(1) 时间特异性。按功能需要,某一特定基因的表达严格按特定的时间顺序发生,称为基因表达的时间特异性(temporal specificity)。多细胞生物基因表达的时间特异性又称阶段特异性(stage specificity)。一个受精卵含有发育成一个成熟个体的全部遗传信息,在个体发育的各个阶段,各种基因的表达有序地开放或关闭。一般在胚胎时期开放表达的基因数量最多,随着细胞分化的进行,某些基因表达关闭,而另一些基因表达则转向开放,显示出基因表达的有序性。

(2) 空间特异性。多细胞生物个体在某一特定生长发育阶段,基因的表达水平在不同的细胞或组织器官各不相同,从而使蛋白质特异性地在某一特定组织或器官中表达。这种在个体发育过程中,某种基因产物按不同组织空间顺序出现的现象称为基因表达的空间特异性(spatial specificity)或组织特异性(tissue specificity)。细胞特定基因的表达状态决定了组织细胞特有的形态和功能,如果细胞基因表达发生改变,细胞的形态和功能也会随之改变。

3. 基因表达的方式

(1) 组成型表达。基因的组成型表达(constitutive expression)是指在个体发育的任一阶段都能在大多数细胞中持续进行的基因表达,通常是对生命过程必需的或必不可少的,且较少受环境因素的影响。组成型表达的基因称为持家基因或管家基因(housekeeping gene)。例如,一些编码细胞骨架蛋白的基因 *actin*、*tubulin* 和 DNA 复制过程中所需要的酶类等。持家基因在各种细胞类型和细胞的各个发育时期几乎持续表达,以维持细胞的基本生命过程。这类基因的表达一般只受启动子序列及启动子与 RNA 聚合酶相互作用的影响,而不受其他机制调节。

(2) 调节型表达。基因的调节型表达 (regulated expression) 是指基因表达具有明显的时空调节特性，受许多内外因子的诱导或阻遏作用，或极易受环境条件变化的影响。调节型表达的基因称为奢侈基因 (luxury gene)。例如，热激蛋白 HSP 类基因的表达水平在热激条件下明显上升。由于内外因素的变化而使基因表达水平增高的现象称为诱导 (induction)，这类基因称为可诱导基因 (inducible gene)；相反，因内外因素的变化而使基因表达水平降低的现象称为阻遏 (repression)，相应的基因称为可阻遏基因 (repressible gene)。可诱导或可阻遏基因的表达调控，除受启动子序列及启动子与 RNA 聚合酶相互作用的影响外，还受特异性顺式作用元件和反式作用因子的调节。

二、基因表达调控

1. 基因表达调控的概念 生物体内的基因并不是同时都在表达。即使是单细胞的细菌，也能够根据环境的变化开启或关闭某些基因，以便迅速合成它所需要的蛋白质，而停止合成它不需要的蛋白质。生物体内的基因之所以能够有序地表达，是因为细胞内存在着对基因表达的调控机制，这种调控机制是生物体所不可缺少的。同一个体的不同细胞，在不同的发育时期和不同组织器官中基因表达不同；即使同一细胞在不同的生存环境下基因表达也不同。这种根据生物体生长发育的要求或环境条件的变化开启或关闭某些基因表达的过程称为基因表达调控 (regulation of gene expression)。

2. 基因表达调控的多层次性 基因表达调控主要表现在转录水平的调控 (transcriptional regulation) 和转录后水平的调控 (post-transcriptional regulation)。在转录水平上对基因表达的调控取决于 DNA 的结构、RNA 聚合酶的功能、蛋白因子及其他小分子配基的相互作用等。而转录后水平的基因表达调控包括转录后加工、蛋白质翻译及翻译后的加工运输等过程的调控。

由于原核生物的 mRNA 在合成过程中与核糖体结合在一起，所以细菌的转录和翻译几乎在同一时间和同一位置上发生，基因表达的调控主要在转录水平上进行。真核生物由于存在细胞核结构的分化，转录产物必须从细胞核内运输到细胞核外，才能被核糖体翻译成蛋白质；且存在转录和翻译后复杂的信息加工过程，故基因的表达调控可分为染色质水平、转录水平、转录后加工水平、翻译水平和翻译后加工水平等。

3. 基因表达调控的意义 E. coli 的全基因组序列全长约为 4.6×10^6 bp，含有约 4 000 个基因的可译框架。一般情况下只有 5%~10% 的基因一直处于高水平转录状态，因为其产物是恒定需要的；其他基因有的处于较低水平的转录状态，有的则暂时处于关闭状态。例如，当 E. coli 的最适能源葡萄糖缺乏而只有阿拉伯糖存在时，才需要表达代谢阿拉伯糖的酶，而多数情况下编码这些酶的基因是关闭的。而在哺乳类动物的细胞中，即使在蛋白质合成量较多、基因开放比例较高的肝细胞中，也只有不超过 20% 的基因处于表达状态。这表明，当生物体需要某一个基因表达体系时，该体系就被打开，当不需要时，体系则被关闭。为什么细胞不让所有基因一直处于高水平表达的状态，以便在需要时能够快速提供所需要的酶？

这是由于基因的功能不同，生物体对各种基因的功能需求存在差别，如果所有基因一直处于表达状态，合成 RNA 和蛋白质就会消耗细胞大量的能量，是一种浪费，不利于更高效的生物体竞争。因此，基因表达调控实际上是生物对各个基因表达的时间、地点以及表达方式的正确选择。基因表达调控的生物学意义在于通过调节基因表达以实现细胞的分化、组织器官的建成、生物的个体发育，完成生物的生长、繁殖和衰老等过程，并确保生物对外界环境条件变化做出适应。正是因为生物体能够根据其自身固有的遗传信息进行表达与调控，并对各种环境进行适应，才产生了各种功能特异的基因表达产物来体现生命现象和执行生物功能，使得地球上的生物从低等到高等呈现出多样的生命现象。

近年来，基因的表达调控在多个方向取得了突破性的进展。首先，基因表达调控成为分子生物学基础研究领域的重点内容。随着人类基因组测序工作的基本完成，功能基因组学的研究变得越来越重要。分子生物学的研究内容逐渐从功能基因转到启动子的顺式作用元件和转录因子对基因表达的调控机理上，对转录因子的结构与功能的分析鉴定是阐明各种环境条件下基因表达调控机理的重要内容。其次，基因表达调控在各行业的应用越来越广泛。①基因表达调控在基因治疗中有很多的应用。DNA甲基化、组蛋白修饰及RNA分子的作用可在不同层面影响基因的表达，其中任何环节出现错误都会导致不同的基因表达错误，从而引发人类疾病。如果我们能控制基因表达的时间和水平，将可以使癌症、病毒引发的疾病（如肝炎、艾滋病）、血液疾病等得到治愈。1991年美国向一患先天性免疫缺陷病（遗传性腺苷脱氨酶 ADA 基因缺陷）的女孩体内导入重组的 ADA 基因使其表达，获得成功。我国也在1994年用导入并诱导人凝血因子Ⅸ基因的方法成功治疗了乙型血友病的患者。②基因表达调控在农作物上的应用也越来越广泛。例如，通过基因工程的方法引入或提高植物抗病虫基因的表达，能够提高植物对病虫害的抗性，减少农药等对人类健康和生态环境的破坏；或通过控制基因表达而提高植物组织中花青苷的积累，从而有效地改变苹果等果实的色泽等。③基因表达调控在环境保护、食品加工等行业中也有非常重要的应用。因此，通过对基因表达调控更深入的研究，会陆续解开更多的生命奥秘，基因表达调控的应用也将解决生活中更多实际的重要问题。

第二节　原核生物基因表达调控的特点

1. 基因表达调控比较简单　原核生物结构比较简单，一般为单细胞，它们能在适宜的环境条件下无限生长和分裂，其代谢活动与环境变化关系密切。调控系统能随环境变化而迅速改变某些基因的表达，在特定环境中为细胞创造快速生长的条件，或使细胞在受到损伤时及时修复。因此，原核生物基因表达调控比较简单，主要是通过转录调控开启或关闭某些基因的表达以适应环境条件。营养水平和环境因素对基因表达起着举足轻重的影响。

2. 基因的转录和翻译偶联进行　由于原核生物细胞无核膜结构，所以转录与翻译是偶联的，也是连续进行的。原核基因转录成 mRNA 后，可直接在胞浆中与核糖体结合并指导合成蛋白质。在翻译过程中，mRNA 可与一定数目的核糖体结合形成多聚核糖体。每个核糖体可独立完成一条肽链的合成，即这种多聚核糖体可以同时在一条 mRNA 链上合成多条肽链。

3. 基因表达调控主要是以操纵元的形式进行转录水平的调控　原核基因的表达调控主要发生在转录水平上，以操纵元为单位进行。

1961年，法国巴斯德研究所著名科学家 Jacob 和 Monod 根据 E. coli 对葡萄糖和乳糖的选择性利用提出了乳糖操纵元模型（lactose operon model），很好地解释了不同碳源对细菌基因表达的诱导和调控过程。他们的操纵元学说（theory of operon）认为：为使基因表达调控更有效，细菌调控其基因表达的策略是将功能相关的一组结构基因连续排列，协调调控它们的表达。这样一组彼此相邻、协同调控表达的基因串称为操纵元。操纵元的基本组成包括结构基因、启动子、终止子、调节基因和操作子等。

（1）结构基因。结构基因（structrual gene）是指编码蛋白质或功能 RNA 的任何基因。原核生物的一个操纵元中含有两个以上的结构基因，多的可达十几个。各结构基因成簇串联排列，受单一启动子调控而共同开启或关闭，转录出多顺反子（polycistron）mRNA，这是细菌及噬菌体转录的典型特征。

（2）启动子和终止子。启动子一般位于第一个结构基因 5′端上游区域，其核心序列被 RNA 聚合酶识别结合，从而调控串联排列的各个结构基因的转录。终止子一般在一组结构基因最后一个基因的 3′端，它只能由转录这一基因的 RNA 聚合酶终止。

（3）调节基因。操纵元中的结构基因是被调控的基因，而调节基因（regulatory gene）则通过编码蛋白质（调控蛋白）或者 RNA 与操纵元 DNA 序列上的特定位点结合来调控结构基因的表达。

（4）操作子。操作子（operator）常与启动子邻近或与启动子序列重叠，是能被调节基因编码的调控蛋白特异性结合的一段 DNA 序列。通过调控蛋白与操作子的结合进行结构基因的表达调控。分析操作子的序列，可见这段双链 DNA 序列一般都具有回文（palindrome）样的对称性一级结构，能形成十字形的茎-环（stem loop）构造。不少操纵元都具有类似的对称性序列，这可能与特定蛋白质的结合有关。

以上五种组分是一个典型操纵元必定含有的。其中启动子和操作子一般位于紧邻结构基因的上游，终止子在结构基因之后。它们都在结构基因的附近，只能对同一条 DNA 链上的基因表达起调控作用。调节基因可以在结构基因附近，也可以远离结构基因，它是通过其基因产物——调控蛋白来发挥作用的，因而调节基因不仅能对同一条 DNA 链上的结构基因起表达调控作用，而且能对不在一条 DNA 链上的结构基因起作用。

4. 基因表达调控以负调控为主　调控蛋白根据对基因表达的作用可分为两种，一种能减弱或阻止结构基因转录，称为阻遏蛋白（repressor），其介导的调控方式称为负调控（negative regulation）；另一种是能增强或启动结构基因的转录，称为激活蛋白（activator），其所介导的调控方式称为正调控（positive regulation）。原核生物基因典型的转录调节模式就是负调控，即当调节基因编码的阻遏蛋白与操作子结合时，会妨碍 RNA 聚合酶与启动子的结合，影响结构基因的转录起始，从而阻遏结构基因的表达。如果调节基因发生突变，不能编码有活性的阻遏蛋白，使其无法与操作子结合，结构基因则处于开放表达状态。原核生物基因负调控发生的频率相对较高，而在真核生物中则正调控更为常见。

5. 效应物参与基因表达调控　原核生物的基因表达常受到效应物的调节。如在酶促反应底物缺少或产物过多的情况下，细菌会抑制或关闭编码代谢底物或合成产物相关酶的基因表达。而当底物过多或产物不足时，细菌就会开放或增强编码代谢底物或合成产物相关酶的基因表达。这些特定的参与基因表达调控的酶促反应底物或产物等称为效应物（effector）。在操纵元的基因表达调控机制中，效应物常常与调控蛋白结合，通过改变调控蛋白的空间构象来抑制或激活其功能。效应物通过改变调控蛋白的活性从而促进基因表达的现象称为诱导，此类效应物称为诱导物（inducer），如调控乳糖操纵元结构基因表达的异构乳糖。相反，效应物通过改变调控蛋白的活性抑制或关闭基因表达的现象称为阻遏，此类效应物称为辅阻遏物（corepressor），如调控色氨酸操纵元结构基因表达的色氨酸。

根据效应物与调控蛋白作用效果的不同可分为四种不同类型的基因转录调节方式：负调控诱导调节、负调控阻遏调节、正调控诱导调节和正调控阻遏调节（图7.1）。①负调控诱导调节。调节基因编码有活性的阻遏蛋白，阻止结构基因转录的起始；当阻遏蛋白与诱导物结合后失去活性，结构基因可以正常转录。乳糖操纵元即具有这种调控机制。②负调控阻遏调节。没有活性的阻遏蛋白不能阻止结构基因的转录；当阻遏蛋白与辅阻遏物结合后功能被激活，抑制结构基因的转录。色氨酸操纵元即具有这种调控机制。③正调控诱导调节。没有活性的激活蛋白不能促使结构基因的转录；诱导物的结合使激活蛋白变成活性状态，进而诱导结构基因的转录。④正调控阻遏调节。有活性的激活蛋白可以使结构基因处于转录状态；辅阻遏物的结合使激活蛋白变成非活性状态，结构基因不能正常表达。

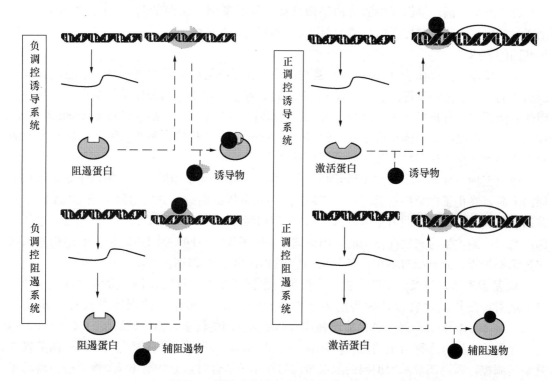

图 7.1　操纵元基因表达调控方式及其特征

6. RNA 聚合酶的 σ 亚基在基因表达调控中起重要作用　原核生物 RNA 聚合酶的核心酶只有与 σ 亚基（又称 σ 因子）组装成全酶，才能决定转录的起始。不同的 σ 因子识别特异启动子序列，激活特异基因的转录。在 *E. coli* 中，至少有六种 σ 因子参与基因表达调控，它们分别是 σ^{70}、σ^{54}、σ^{38}、σ^{32}、σ^{28} 和 σ^{24}。其中，σ^{70} 参与最基本的碳代谢等生理功能相关基因的转录调控。σ^{54} 参与氮代谢相关基因的转录调控，能够识别并结合启动子上的 −24 区和 −12 区，且能够在无核心酶时独立结合到启动子上。除 σ^{54} 外，其他五种 σ 因子在结构上具有同源性，能够特异性地结合启动子的 −35 区和 −10 区，并且在核心酶结合到 DNA 链上之后才能与启动子区相结合。

第三节 原核生物转录水平基因表达的调控

一、操纵元调控基因表达

(一)乳糖操纵元的调控

1. 乳糖操纵元的结构 *E. coli* 在繁殖过程中可以根据碳源的不同选择相应的代谢方式。当生长环境不存在乳糖或同时存在葡萄糖和乳糖时，*E. coli* 将优先利用葡萄糖而不能代谢乳糖，这种现象称为葡萄糖效应。当葡萄糖被用完而乳糖又存在时，细菌会在约 1 h 的短暂停止生长后，利用乳糖重新恢复生长。细菌获得乳糖代谢能力的原因是乳糖诱导开启了乳糖操纵元（lactose operon, *lac*）中相关酶的合成。

图 7.2 大肠杆菌乳糖操纵元的基本组成示意图

乳糖操纵元的结构如图 7.2 所示，三个结构基因分别编码 β 半乳糖苷酶（lacZ）、半乳糖苷透性酶（lacY）和 β 半乳糖苷转乙酰基酶（lacA），它们都与乳糖代谢有关，共同完成乳糖的分解（表 7.1）。结构基因上游 −82～+28 区是调控序列，包括位于 −7～+28 区的操作子（O）和位于 −82～+1 区的启动子（P），两者有 7 bp 的重叠。操作子双链 DNA 具有回文对称性，能形成十字形的茎-环结构，可以和调控基因（*lacI*）编码的阻遏蛋白结合。启动子上有 RNA 聚合酶结合位点，邻近上游还有代谢激活蛋白（catabolite activator protein, CAP）的结合位点。结构基因下游是控制转录结束的终止子。

表 7.1 乳糖操纵元转录调控相关基因的结构与功能

项目	*lacZ*	*lacY*	*lacA*	*lacI*	*CAP*（或 *CRP*）
基因长度(bp)	3 510	780	825		
蛋白名称	β 半乳糖苷酶	β 半乳糖苷透性酶	β 半乳糖苷转乙酰基酶	阻遏蛋白	代谢激活蛋白
肽链长度	1 170	260	275		
分子质量(ku)	500	30	32	38	22.5
活性结构形式	同源四聚体		同源二聚体	同源四聚体	同源二聚体
功能	催化乳糖转变为异构乳糖，然后分解为半乳糖和葡萄糖	负责乳糖跨膜运输进入细胞质	催化乙酰辅酶 A 的乙酰基转移到半乳糖上，形成乙酰半乳糖	与操纵元上的操作子 O 结合，抑制结构基因转录	以 cAMP-CAP 形式结合到启动子上，协助 RNA 聚合酶与启动子结合

2. 乳糖操纵元的负调控诱导调节 乳糖操纵元中结构基因的转录都受到调节基因编码的阻遏蛋白的负调控（图 7.3），乳糖操纵元的开或关实际上是阻遏蛋白与 RNA 聚合酶竞争

结合位点的结果。*lacI* 基因编码的阻遏蛋白是一种变构蛋白（allosteric protein），其蛋白质分子上有两个重要的功能位点：操作子的结合位点和诱导物的结合位点。当阻遏蛋白结合到操作子上，由于操作子和启动子区的序列有部分重叠，启动子区中的 RNA 聚合酶结合位点则被阻遏蛋白所覆盖，RNA 聚合酶无法有效地与启动子结合，下游的结构基因就无法转录，操纵元处于关闭状态。

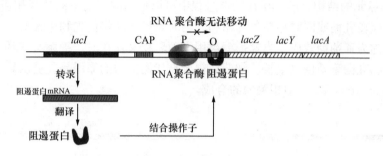

图 7.3　乳糖操纵元的 *lacI* 基因产物与 O 序列结合，操纵元关闭

而诱导物的去阻遏作用可以解除阻遏蛋白的负调控。乳糖的同分异构体形式——异构乳糖（allolactose）是乳糖操纵元的诱导物。这两种同分异构体可在 β 半乳糖苷酶的催化下相互转化，它们的区别在于连接半乳糖和葡萄糖的糖苷键不同：乳糖由 β-1，4-糖苷键连接，而异构乳糖则是由 β-1，6-糖苷键连接。异构乳糖与阻遏蛋白结合后，促使其构象发生改变，与操作子的结合则由高亲和型转变为低亲和型，导致阻遏蛋白不能与操作子结合或者从操作子上解离。因此，RNA 聚合酶能够与启动子正常结合，启动结构基因的转录（图 7.4）。由此可以看出，大肠杆菌乳糖操纵元属于负调控的诱导型操纵元。

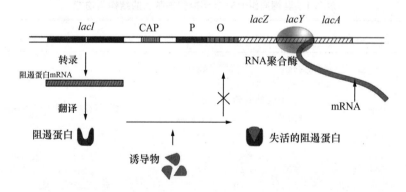

图 7.4　乳糖操纵元的 *lacI* 基因产物与异构乳糖结合后变构，操纵元开放

在加入乳糖初期或葡萄糖用竭初期，乳糖操纵元处于关闭状态，β 半乳糖苷酶还没有合成，细菌如何获得异构乳糖呢？一般认为，乳糖操纵元即使在阻遏状态下，也有本底水平的基因表达，它的关闭存在不完全性，即存在渗漏（leaky）现象。这是由于阻遏蛋白与操作子偶尔也解离，使细胞中有几个分子的 β 半乳糖苷酶生成，进而将痕量的乳糖转变成异构乳糖。异构乳糖则与结合在操作子上的阻遏蛋白结合，改变阻遏蛋白的构象，使阻遏蛋白从操作子上解离下来。这时乳糖操纵元就处于开放状态，*lacZ*、*lacY* 和 *lacA* 基因得以转录。新的 β 半乳糖苷酶的合成，则进一步开放乳糖操纵元，合成分解乳糖所必需的酶类。

3. 乳糖操纵元的正调控　除了负调控结构基因表达的阻遏蛋白发生去阻遏之外，乳糖操纵元的表达还需要一种激活蛋白的正调控。在 E.coli 培养基中只要有葡萄糖存在，细胞就会优先利用葡萄糖作为碳源，保持相对失活状态。葡萄糖利用其分解代谢产物抑制乳糖操纵元 mRNA 的合成，这种调控方式称为代谢阻遏（catabolite repression）。在葡萄糖缺乏的条件下，乳糖操纵元响应葡萄糖缺乏信号的是一个正调控蛋白因子 cAMP-CAP 复合体。代谢激活蛋白（CAP）的功能需要配体环腺苷酸（cyclic-AMP，cAMP）的结合才能诱导激活，因此它也被命名为环腺苷酸受体蛋白（cyclic-AMP receptor protein，CRP）。每个 CAP 亚基含有一个 DNA 结合域和一个转录激活域。在启动子中长约 22 bp 的 CAP 结合位点上，有两个反向重复的五核苷酸序列（TGTGA 和 TCANA），分别结合一个 CAP 亚基，而两个 CAP 亚基形成二聚体起作用。广泛存在于动、植物组织及细菌中的 cAMP 是由腺苷酸环化酶（adenylate cyclase）催化 ATP 发生 3′和 5′位分子内环化而成。cAMP-CAP 复合体可以促进 RNA 聚合酶与启动子的有效结合，可能通过两种方式：一是 CAP 直接作用于 RNA 聚合酶；二是作用于启动子 DNA 并改变其结构，以协助 RNA 聚合酶的结合，这两种作用方式可能同时存在。

葡萄糖的浓度与 cAMP 之间是负相关的。ATP 在腺苷酸环化酶的催化下转化为 cAMP，后者在磷酸二酯酶的作用下又可转化为 AMP。而葡萄糖的分解代谢产物可以抑制腺苷酸环化酶的活性，从而抑制 cAMP 的合成；同时，还可以激活磷酸二酯酶的活性，加速 cAMP 的分解。因此，葡萄糖的存在造成细胞内 cAMP 浓度降低，导致 CAP 因配体缺乏而不能形成 cAMP-CAP 复合物，进而没有足够的 cAMP-CAP 能与 lac 启动子结合，抑制了 RNA 聚合酶与启动子的结合和结构基因的转录。当葡萄糖缺乏时，才能产生足量的 cAMP-CAP 复合体，与启动子上游的 CAP 结合位点相结合，启动结构基因的转录（图 7.5）。

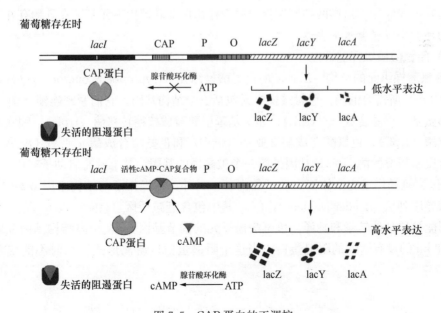

图 7.5　CAP 蛋白的正调控

4. 乳糖操纵元中负调控与正调控的协同作用　E.coli 根据碳源性质选择代谢方式。如图 7.6 所示，生长环境中有葡萄糖存在时，细菌优先选择葡萄糖供应能量。阻遏蛋白封闭乳糖操纵元转录，使细菌只利用葡萄糖，此时 CAP 对乳糖操纵元系统不能发挥作用。在没有葡萄糖而只有乳糖的条件下，阻遏蛋白变构与操作子解聚，同时 CAP 结合 cAMP 后与乳糖操纵元的启动子 CAP 位点结合，激活 lac 基因转录，使得细菌能够利用乳糖作为能量来源。因此，乳糖操纵元的调控系统中存在阻遏蛋白的负调控和 CAP 蛋白的正调控两种方式的共存与协调。

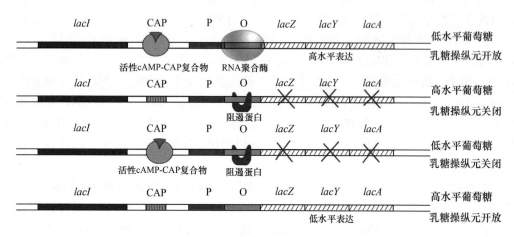

图 7.6　乳糖操纵元正负调控的协同作用

每一种调控蛋白分别响应一种环境信号并将其传递给乳糖操纵元基因。CAP 介导葡萄糖信号，而阻遏蛋白介导乳糖信号：阻遏蛋白只在乳糖缺乏的时候才结合 DNA 从而抑制乳糖操纵元转录，而在乳糖存在时，lac 基因表达；CAP 只在没有葡萄糖的时候才结合 DNA 从而激活乳糖操纵元。这样两种调控蛋白联合作用保证乳糖操纵元基因在乳糖存在同时缺少葡萄糖的环境中以显著水平表达。

（二）色氨酸操纵元的调控

1. 色氨酸操纵元的结构　E.coli 的色氨酸操纵元（tryptophane operon，trp）编码合成色氨酸（Trp）所需要的酶。色氨酸操纵元包括五个结构基因，它们紧密连锁（图 7.7），分别编码邻氨基苯甲酸合成酶（trpE）、邻氨基苯甲酸磷酸核糖转移酶（trpD）、吲哚甘油-3-磷酸合成酶（trpC）、色氨酸合成酶 β 亚基（trpB）和色氨酸合成酶 α 亚基（trpA）等色氨酸生物合成所需要的酶。trpE 基因是第一个被翻译的基因，其上游有启动子（P）区和操作子（O）区，且操作子完全位于启动子的内部。另外，在操作子与结构基因 trpE 之间还存在一个前导序列区（leader sequence，L），其中包含衰减子区（attenuator，A）（图 7.7），前导序列能被单独地转录和翻译。色氨酸操纵元的调节基因 trpR 距离结构基因簇较远，编码一个 58 ku 的没有活性的阻遏蛋白。当这个阻遏蛋白以游离形式存在时不能结合到操作子上。

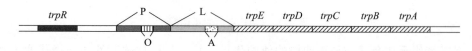

图 7.7　大肠杆菌色氨酸操纵元的结构示意图

2. 色氨酸操纵元的负调控阻遏调节　色氨酸操纵元的转录调控受合成终产物的负调控阻遏调节。如图 7.8，当培养环境或细胞中存在足量的色氨酸时，色氨酸作为辅阻遏物与阻遏蛋白形成复合物，使阻遏蛋白的构象发生改变，从一种无活性的状态转变成为有活性的蛋白，并结合到位于 P 区内部的 O 序列上，使得 RNA 聚合酶不能与 P 区域结合，因而色氨酸操纵元关闭，$trpE$、$trpD$、$trpC$、$trpB$ 和 $trpA$ 基因不能被转录。然而，当培养环境或细胞中的色氨酸被耗尽，阻遏蛋白则由于没有色氨酸的结合而以无活性的游离形式存在，不能再与 O 序列结合。这时，RNA 聚合酶就可以与启动子结合，完成五个结构基因的转录，因而色氨酸操纵元开放。这种以终产物（色氨酸）阻止基因转录的机制称为反馈阻遏。这种调控方式使细菌在色氨酸充足的环境中完全阻断色氨酸合成酶基因的转录，防止色氨酸的过度合成；而当色氨酸水平很低时，阻遏蛋白的阻遏作用消除，转录开放合成色氨酸，保持细菌细胞色氨酸水平的稳定。这种合成终产物的反馈调节机制是生物的一种广泛性的适应机制。

色氨酸操纵元的调节基因（$trpR$）如发生突变（$trpR^c$），会编码不能与辅阻遏物（色氨酸）相结合的无活性阻遏蛋白，此时无论有无色氨酸存在，阻遏蛋白都维持无活性状态，色氨酸操纵元处于开放状态，结构基因则表现为组成型表达。如果 O 序列发生突变，就不能与活性的阻遏蛋白结合，此时色氨酸操纵元无论有无色氨酸存在也都处于开放状态。

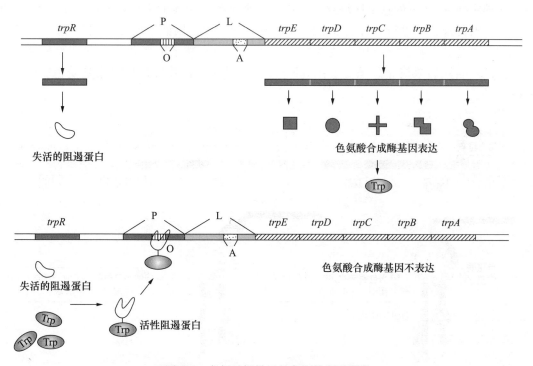

图 7.8　色氨酸操纵元的负调控阻遏调节

因此，与乳糖操纵元一样，色氨酸操纵元也受到阻遏蛋白的负调控，但两者的根本性区别在于：乳糖操纵元属于负调控诱导调节，而色氨酸操纵元则属于负调控阻遏调节。即在色氨酸操纵元中，调节基因（$trpR$）的表达产物也是阻遏蛋白，但这种阻遏蛋白是无活性的，自身不能结合操作子的特异性 DNA 序列。由于没有阻遏蛋白结合操作子，因而 RNA 聚合酶可以识别并结合于启动子，转录结构基因，操纵元表现为开放状态。只有当效应物存在时，阻遏蛋白获得活性，操纵元所控制的结构基因的转录才能被关闭或被阻抑。

3. 色氨酸操纵元的衰减调节　研究发现，在色氨酸高浓度和低浓度下色氨酸操纵元结构基因的表达水平相差约 700 倍，然而阻遏调控仅使结构基因转录水平降低约 70 倍。这说明色氨酸操纵元除了阻遏调节机制之外，还存在其他的调控方式，而这种调控方式与阻遏蛋白的控制无关。通过缺失突变体的研究发现，这种调控机制就是衰减作用（attenuation）。事实上，阻遏蛋白的调节对色氨酸操纵元来说相当于一级粗调开关，控制转录的启动。而衰减调控是色氨酸操纵元的二级精细调控机制，它决定着已经启动的转录是否进行下去。细胞中色氨酸的浓度是细菌选择粗调或精细调节机制调控转录的关键因素。高浓度的色氨酸激活阻遏蛋白，导致色氨酸操纵元系统关闭，转录不会进行；如果色氨酸浓度不够高，系统就会倾向于精细调节，已经起始的转录会提前终止，不能表达结构基因；如果色氨酸水平足够低，整个色氨酸操纵元都将被打开，合成色氨酸。

衰减作用的调控机制依赖于前导序列 mRNA 的存在。在色氨酸操纵元转录形成的 *trp* mRNA 5′端，*trpE* 基因的起始密码子之前，有一个长 162 bp 的 mRNA 片段称为前导序列 mRNA（图 7.9A）。研究发现，若前导序列 123~150 位的碱基序列发生缺失，色氨酸操纵元基因表达量可提高 6~10 倍。如果培养基中存在低浓度的色氨酸，色氨酸操纵元的转录总是在前导序列 mRNA 的这个区域终止，产生一个仅有 140 nt 的 RNA 分子；如果没有色氨酸存在，则转录继续进行，合成下游结构基因的 mRNA。因此，前导序列的 123~150 位区域参与了色氨酸操纵元基因表达的精细调控，称为衰减子或弱化子。除非培养基中没有色氨酸，否则转录终止总是发生在 mRNA 的这段序列，并且这种终止是受色氨酸浓度所调节的。

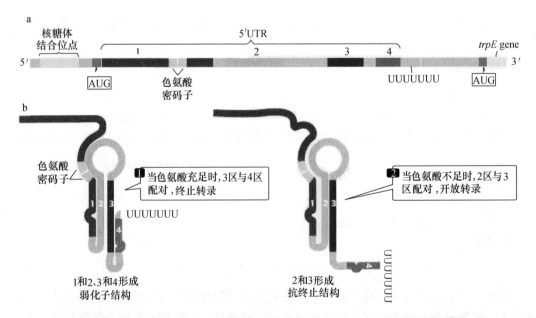

图 7.9　色氨酸操纵元前导序列 mRNA 的基本结构（a）及 mRNA 区段的配对模式（b）

前导序列 mRNA 的碱基序列可通过自我配对形成茎-环结构。如图 7.9b 所示，前导序列 mRNA 含有分别以 1、2、3、4 表示的四个片段，它们能以两种不同的方式进行碱基互补配对：有时以 1-2 和 3-4 互补配对，有时只以 2-3 互补配对。当区段 3 和区段 4 配对产生发夹结构时，发夹结构后尾随着一串尿嘧啶（U），形成终止子结构，转录终止。当区段 2 和区段 3 配对产生发夹结构时，发夹结构后没有尾随一串尿嘧啶，因而不具备终止子的功能，RNA 聚合酶能够通过此序列进一步转录结构基因的编码区域，色氨酸生物合成酶的基因得以表达。因此，区段 2 和区段 3 配对所形成的结构称为抗终止子（antiterminator）结构。

原核生物中转录和翻译可偶合进行，衰减调控就是通过前导肽基因的翻译来调节结构基因的转录。研究发现，前导序列包括起始密码子 AUG 和终止密码子 UGA，可编码一个含有 14 个氨基酸残基的前导肽。前导肽的第 10 和第 11 个密码子是连续的两个色氨酸密码子（UGGUGG），色氨酸是稀有氨基酸，通常两个色氨酸密码子连续出现的可能性很小，在色氨酸含量很低的情况下核糖体将会在这个位点停滞。前导肽的作用就是根据色氨酸含量的多少控制转录的起始或终止。色氨酸操纵元的衰减调控过程如图 7.10 所示。当培养基中色氨酸浓度较高时，RNA 聚合酶结合于色氨酸操纵子上起始转录，随着转录的进行，核糖体则开始结合于已转录出的 mRNA 的 5′ 端。当 RNA 聚合酶转录到达区段 2 时，核糖体覆盖在

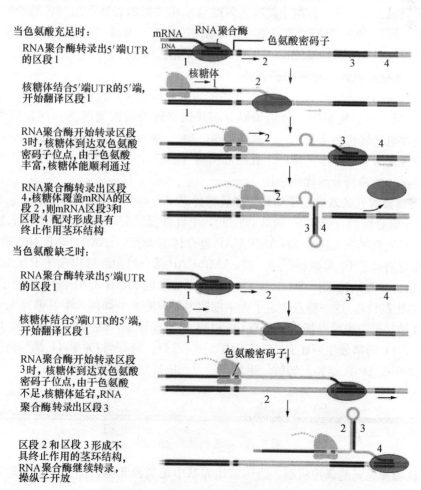

图 7.10 色氨酸操纵元的衰减调控过程

区段 1 上，所以区段 1 和区段 2 无法形成配对。当 RNA 聚合酶转录到达区段 3 时，核糖体继续翻译区段 1。当核糖体到达两个色氨酸密码子位点时，由于色氨酸丰富，有大量的 Trp-tRNA^{Trp} 可供使用，核糖体的翻译可顺利通过此位点。当核糖体的翻译通过区段 1 的终止密码子时，核糖体将覆盖区段 2 的部分序列，此时 RNA 聚合酶已完成了区段 3 的转录。由于区段 2 部分序列已被核糖体所覆盖，所以区段 2 和区段 3 不能完成碱基配对。RNA 聚合酶继续沿 DNA 链前进，最终转录出操纵元前导序列的区段 4。此时，区段 3 就可与新转录出来的区段 4 配对形成发夹结构，并且其后尾随着一串尿嘧啶，这一结构为转录终止子，RNA 聚合酶的转录作用被终止，结构基因不能被转录，因而也不能进行色氨酸的生物合成。相反，当培养基中色氨酸浓度较低时，Trp-tRNA^{Trp} 浓度也较低，这样核糖体翻译通过两个相邻色氨酸密码子位点时的速度就会受到限制，使核糖体在此延宕，翻译暂停。因此当 RNA 聚合酶转录区段 3 时，核糖体才进行到 1 区（或停留在 UGGUGG 密码子位点）。此时，由于区段 1 的部分序列被核糖体覆盖，因而区段 1 与区段 2 不能形成配对结构。当区段 3 被转录出来后，区段 2 和区段 3 则相互配对形成没有终止功能的发夹结构，且随后转录出来的区段 4 无法再与区段 3 配对。所以，RNA 聚合酶可以通过前导序列并继续转录结构基因，色氨酸操纵元被开放，细胞中就有色氨酸合成相关酶的表达和新的色氨酸的生物合成。除色氨酸外，苯丙氨酸、苏氨酸、亮氨酸和组氨酸的有关基因组中都存在衰减子的调节位点，其前导 RNA 编码的小肽能抑制相应基因的转录，对遗传信息的表达起着阻止或衰减的作用。

（三）半乳糖操纵元的双启动子调控

半乳糖也是一种能够被 E. coli 分解利用的碳源。E. coli 半乳糖操纵元（galactose operon, gal）包括 3 个结构基因，分别编码分解代谢半乳糖所需要的三种酶，即半乳糖激酶（galK），将半乳糖转化为半乳糖-1-磷酸；半乳糖-磷酸尿嘧啶核苷转移酶（galT），将半乳糖-1-磷酸转化为 UDP-半乳糖；半乳糖异构酶（galE），将 UDP-半乳糖转化为 UDP-葡萄糖，然后进入葡萄糖分解代谢途径。

1. 半乳糖操纵元的双启动子结构 半乳糖操纵元有两个启动子 P_1 和 P_2，它们分别拥有各自的 RNA 聚合酶结合位点 S_1 和 S_2，因此，半乳糖操纵元可从两个不同的起始点开始转录。同时，半乳糖操纵元还受到 cAMP-CAP 复合体的调控，cAMP-CAP 对启动子 P_1 起激活作用，而对启动子 P_2 起抑制作用。当 cAMP-CAP 结合时，激活启动子 P_1，RNA 聚合酶与 S_1 位点结合并起始转录；当 cAMP 缺乏时，无法形成 cAMP-CAP，P_2 启动子从 S_2 位点起始转录（图 7.11）。这一特点决定了无论细胞内葡萄糖水平如何，半乳糖操纵元的结构基因总是能够被转录。半乳糖操纵元具有 O_E 和 O_I 两个操作子，O_E 的部分序列在上游的 CAP 结合位点内，O_I 的部分序列在 galE 基因内（图 7.11）。只有当 O_E 和 O_I 都与活性阻遏蛋白 GalR 结合并引起 DNA 结构回转时，半乳糖操纵元的转录活性才会被关闭。

图 7.11 半乳糖操纵元的结构

2. 半乳糖操纵元的调控机制 当细菌培养基中葡萄糖和半乳糖同时存在时，因为半乳糖的利用效率比葡萄糖低，人们猜想此时半乳糖操纵元不被诱导，但实际上即使有葡萄糖存在，半乳糖操纵元仍可被诱导。培养基中的半乳糖作为诱导物使 galR 编码的阻遏蛋白 GalR

失活,半乳糖操纵元开放。而葡萄糖的存在造成活性 cAMP-CAP 浓度较低,因此 P_1 不能启动转录而 P_2 能够启动,RNA 聚合酶从 S_2 起始转录下游基因(图 7.12)。当培养基中葡萄糖存在而无半乳糖时,活性阻遏蛋白 GalR 结合在 O_E 和 O_I 两个操作子上(图 7.12)。GalR 与乳糖操纵元系统中的阻遏蛋白作用方式不同,它不是通过物理阻断 RNA 聚合酶的结合,而是两个阻遏蛋白分别结合一个操作子,使 DNA 形成一个环。位于两个操作子之间的 DNA 环含有启动子,这种成环阻碍了 RNA 聚合酶起始转录。尽管还不知道准确的抑制机制,但我们认为 DNA 环的形成可能使调控蛋白和 RNA 聚合酶之间有物理接触,从而阻止转录的起始。当培养基中无葡萄糖而存在半乳糖时,GalR 阻遏蛋白失活,高活性的 cAMP-CAP 抑制由 P_2 启动子起始的转录,而对启动子 P_1 起激活作用,RNA 聚合酶从 S_1 起始转录(图 7.12)。因此,RNA 聚合酶与 S_1 的结合需要半乳糖、CAP 和较高浓度的 cAMP,cAMP-CAP 在半乳糖操纵元中所起的调节作用比在乳糖操纵元中更为复杂。

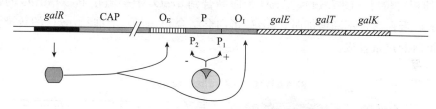

图 7.12 半乳糖操纵元的双启动子调节

(四)阿拉伯糖操纵元的调控

E. coli 的阿拉伯糖操纵元(arabinose operon,ara)能够编码代谢阿拉伯糖所需要的酶。在 E. coli 中,阿拉伯糖的降解需要基因 araB、araA 和 araD 编码的产物,分别是核酮糖激酶、L-阿拉伯糖异构酶和 L-核酮糖-5-磷酸-4-差向异构酶。这三种酶基因在操纵元上形成基因簇。

1. 阿拉伯糖操纵元的结构 阿拉伯糖操纵元包括调节基因 araC、操作子 araO 和启动子 P。三个结构基因 araB、araA 和 araD 由共同的启动子 P_{BAD} 起始转录,而调节基因 araC 的转录由启动子 P_C 起始,两个启动子以相反的方向调控各自基因的转录。阿拉伯糖操纵元具有 $araO_1$ 和 $araO_2$ 两个操作子:$araO_1$ 位于 P_C 区,控制调节基因 araC 的转录;而 $araO_2$ 位于启动子 P_{BAD} 上游的 araC 调节基因的内部,控制下游结构基因的转录(图 7.13)。cAMP-CAP 对阿拉伯糖操纵元也有调控作用,实验证明,腺苷酸环化酶缺陷型细菌突变株不能转录 ara 结构基因,因此活性 cAMP-CAP 具有促进结构基因转录的功能。CAP 结合位点位于 P_{BAD} 上游约 200 bp 处。另外,阿拉伯糖操纵元还包含两个 araI 激活区($araI_1$ 和 $araI_2$),也位于启动子 P_{BAD} 的上游。

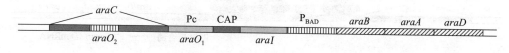

图 7.13 阿拉伯糖操纵元的结构

2. 阿拉伯糖操纵元的调控机制 阿拉伯糖操纵元的调控蛋白 AraC 具有正、负调节因子的双重功能构象。Pr 是起阻遏作用的构象,与操作子 $araO_2$ 结合能够抑制结构基因的转录;而 Pi 是起诱导作用的构象,通过结合激活区促进结构基因的转录。Pr 和 Pi 两种构象处于相对平衡之中。阿拉伯糖操纵元是可诱导操纵元，阿拉伯糖本身是诱导物。当阿拉伯糖存在时，调控蛋白 AraC 与阿拉伯糖结合形成复合物，使其构象变为诱导型 Pi，以二聚体的形式与激活区 $araI_1$ 和 $araI_2$ 结合，而不能与操作子 $araO_2$ 结合，从而激活了 RNA 聚合酶与启动子的结合，顺利转录 ara 结构基因；当缺乏阿拉伯糖时，AraC 以阻遏型 Pr 的形式存在，结合操作子 $araO_2$ 和激活区 $araI_1$。研究发现，Pr 阻遏型 AraC 的结合使操作子和启动子之间的 DNA 发生环化，阻碍了结构基因的转录（图 7.14）。

AraC 蛋白 Pi 型正调控因子的作用需要 cAMP-CAP 的共同参与，原因是活性 CAP 蛋白能协助解开由于 Pr 型 AraC 结合操作子 $araO_2$ 和激活区 $araI_1$ 所形成的 DNA 环化，促进 Pi 型 AraC 与激活区 $araI_1$ 和 $araI_2$ 结合，从而激活 araB、araA 和 araD 的转录。

AraC 蛋白不仅调控阿拉伯糖操纵元中 araB、araA 和 araD 的转录，还能调控其自身的转录，这称为阿拉伯糖操纵元的自主调节（auto-regulation）。根据 araC、P_C 和 $araO_1$ 在操纵元中的相对位置（图 7.14），AraC 蛋白结合到 $araO_1$ 上会阻止 P_C 对 araC 的转录。当细胞中 AraC 蛋白含量不断增加时，AraC 蛋白会结合到 $araO_1$ 上抑制 araC 的转录，从而阻止 AraC 蛋白的过量合成。

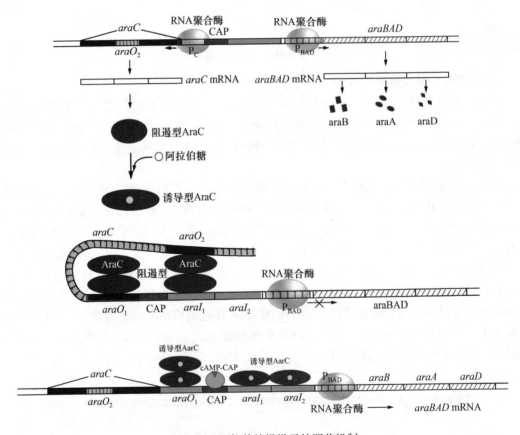

图 7.14　阿拉伯糖操纵元的调节机制

因此，当培养基中阿拉伯糖缺乏时，E. coli 不需要 araB、araA 和 araD 基因的表达来代谢阿拉伯糖，因此调控蛋白 AraC 作为负调控因子结合 $araO_2$ 和 $araI_1$，使两个位点之间的 DNA 环化，从而成功阻止结构基因的转录；当阿拉伯糖存在时，阿拉伯糖作为诱导物与

AraC 蛋白结合，使其变构为正调控因子，从而不能与 $araO_2$ 结合，转而结合激活区 $araI_1$ 和 $araI_2$，使阿拉伯糖操纵元发生去阻遏，结构基因正常转录，合成阿拉伯糖代谢酶。而与乳糖操纵元一样，cAMP-CAP 也参与了阿拉伯糖操纵元的正调控，CAP 结合在 P_{BAD} 启动子的上游，促进了 RNA 聚合酶与启动子的结合，从而加快了下游基因的转录。

二、其他转录水平的表达调控

1. 细菌营养缺乏时的严谨反应　当细菌处于"营养饥饿"条件时，由于氨基酸等营养物质的全面匮乏，细菌细胞内的蛋白质合成受到抑制，同时各种 RNA（包括 rRNA 和 tRNA）的合成速度下降，大量的代谢过程关闭，只维持生命最低限度的需求，这就是细菌对营养缺乏时所表现的一种广泛调控机制，称为严谨反应（stringent response），也称为应急型反应。当营养条件得到改善时，细菌将停止这种应急调控，重新开放各个代谢过程。

当氨基酸缺乏时，细菌会产生鸟苷四磷酸（ppGpp）和鸟苷五磷酸（pppGpp）作为报警物质。这两种化合物能够在层析谱上检出斑点，分别称为魔斑Ⅰ（magic spot Ⅰ）和魔斑Ⅱ（magic spot Ⅱ）。诱导这两种物质产生的是空载 tRNA。在蛋白质合成时，当缺乏某种氨基酸时，相应的氨酰-tRNA 不能形成，即空载 tRNA 占据 A 位因而无法形成肽键。这种空载 tRNA 会激活焦磷酸转移酶，以 ATP 作为焦磷酸基团的供体，将焦磷酸基团转移到 GTP 或 GDP 的 3 号 C 位上形成 ppGpp 或 pppGpp（图 7.15）。ppGpp 或 pppGpp 的主要作用可能是影响 RNA 聚合酶与启动子结合的专一性，导致基因转录被关闭；也可能通过与 RNA 聚合酶结合，使其构型发生变化，从而识别不同的启动子，改变基因转录的效率，使之关闭、减弱或增加。ppGpp 也可抑制核糖体和其他大分子的合成，活化某些氨基酸操纵元的转录表达，抑制与氨基酸运转无关的转运系统，活化蛋白水解酶等。

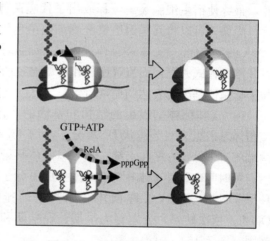

图 7.15　氨基酸缺乏时的严谨反应

细菌在葡萄糖缺乏时可提高 cAMP 的水平，以打开乳糖操纵元、半乳糖操纵元或阿拉伯糖操纵元等，这样可保证细菌利用其他糖类，因此 cAMP 被称为葡萄糖缺乏的报警物质。这也是细菌严谨反应的一种。

2. RNA 聚合酶 σ 因子更换的调节作用　细菌对生活环境或生活状态所做出的响应是通过对转录水平进行调控而实现的，这种调控可以体现在 RNA 聚合酶作用的改变，而很多时候 RNA 聚合酶作用的变化是由其 σ 因子的更换引起的。

σ 因子的更换调节细菌的生长与分化。枯草芽孢杆菌等细菌孢子形成时，营养生长阶段所需要的基因表达会被关闭，而孢子形成所需要的关键基因开始表达，这种基因表达的转换是由 σ 因子的有序更替引起的。这种更替使 RNA 聚合酶识别不同基因的启动子，促进与孢子形成有关的基因有序的表达。目前发现在这一过程中，σ 因子的更替次序为 σ^{55}、σ^{28}、σ^{32}、σ^{37}、σ^{29}。含有 σ^{55} 的 RNA 聚合酶只能识别营养生长阶段的基因启动子，而含有 σ^{28} 的 RNA

聚合酶则负责转录孢子起始形成有关的基因。含有 σ^{32} 和 σ^{37} 的 RNA 聚合酶负责转录孢子形成早期表达的基因，而 σ^{29} 则负责帮助 RNA 聚合酶识别孢子形成中晚期基因的启动子。此外，还有其他的 σ 因子参与中晚期基因的转录。

σ 因子的更换调节细菌对环境的适应性。E. coli 在正常生长条件下只有一种 σ 因子参与 RNA 聚合酶的识别结合。但如果 E. coli 细胞受到热激后（从正常生长温度 37 ℃升高到 42～50 ℃），正常转录立即停止或者降低，同时开始合成新的热激蛋白转录产物。这些热激基因编码分子伴侣和蛋白酶，帮助蛋白质的正确折叠以及降解不能正确折叠的蛋白质。这种现象称为热激应答反应（heat shock response）。热激反应中基因的表达需要 rPOH 基因产物的参与，该基因编码分子质量为 32 ku 的 σ 因子，称为 σ^{32}。由 σ^{32} 参与识别热激基因的启动子并合成转录产物。

3. λ 噬菌体感染 E. coli 的转录调控　λ 噬菌体是一种温和噬菌体，感染 E. coli 时不一定非要像烈性噬菌体（如 T7 噬菌体）那样通过裂解杀死宿主细胞。它比其他噬菌体的感染方式更灵活些，有两种增殖方式：①裂解模式，即 λ 噬菌体感染 E. coli 后，利用细菌内的基因表达体系合成噬菌体基因编码的酶和外壳蛋白，在 E. coli 内组装出许多子代的噬菌体颗粒，最终使宿主细胞裂解，释放出子代噬菌体。②溶源模式，噬菌体 DNA 进入宿主细胞后，噬菌体可以将其基因组整合到细菌染色体上，成为细菌基因组的一部分，随着染色体 DNA 的复制而复制。λ 噬菌体进入宿主细胞时，裂解和溶源模式并存，而裂解途径和溶源途径的选择与 λ 噬菌体基因的表达调控密切相关。

（1）λ 噬菌体基因组的结构和基因的功能。λ 噬菌体基因组为双链线状 DNA 分子，约 48.5 kb，两端各有 12 bp 的黏性末端。当 λ 噬菌体感染细菌后，短时间内黏性末端配对使线性 DNA 分子形成环形 DNA。通常，λ 噬菌体有三类基因排列在 DNA 上依次转录，分别称为早期、晚早期和晚期基因（图 7.16）。

λ 噬菌体的两条链都有遗传密码，具有各自的操纵元。基因的转录从两条链的不同方向进行，向左转录的一条链为 L 链，向右转录的一条链为 R 链。启动子 P_L 和 P_R 分别负责启动向左和向右的转录。当 cⅠ 基因编码的 λ 噬菌体阻遏物产生并与 cⅠ 基因左右两边操纵元的操作子结合后，直接抑制了其他所有噬菌体基因的转录，只剩下 cⅠ 基因能够转录，不能形成子代噬菌体，使噬菌体的感染进入溶源模式；当 λ 噬菌体侵染的宿主 RNA 聚合酶分别结合在左启动子 P_L 和右启动子 P_R 上，转录并翻译两个早期基因 cro 和 N 时，cro 编码的蛋白对 cⅠ 基因的转录起负调控作用，因而没有阻遏物与含有 P_L 和 P_R 启动子的操纵元结合，使噬菌体的感染得

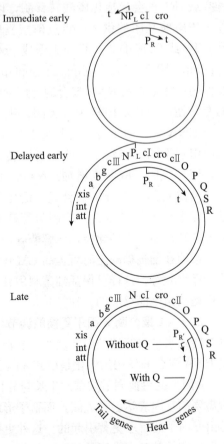

图 7.16　λ 噬菌体基因组的结构和基因的表达顺序

以进入裂解模式。由于 N 基因编码的抗终止因子行使抗终止的作用,可使早期基因的转录越过终止信号而继续转录晚早期基因,一直到晚早期基因终止子处终止,这是由相同启动子控制的转录的延续。

晚早期基因的表达产物对于裂解周期的继续或者进入溶源周期都很重要。晚早期基因 O 基因和 P 基因编码噬菌体 DNA 复制所需要的蛋白质,Q 基因的产物是另一个抗终止因子,可使晚期基因从启动子 $P_{R'}$ 开始转录,并持续进行到晚期基因得以表达。晚期基因占整个噬菌体基因组的一半,编码包括噬菌体头部和尾部的蛋白质及裂解宿主细胞有关的蛋白质,晚期基因的表达使 λ 噬菌体的感染保持裂解模式并最终产生子代噬菌体。晚早期基因还可以协助溶源状态的建立,某些晚早期基因的产物是噬菌体 DNA 整合到宿主的基因组形成溶源态所必需的。晚早期基因 cⅡ和 cⅢ编码的蛋白质促使 cⅠ基因转录产生 λ 阻遏物蛋白,与早期基因的操纵元结合阻止早期基因的转录,以实现溶源态的形成。cⅡ编码的蛋白质直接刺激 RNA 聚合酶结合到 cⅠ基因的启动子上,cⅢ编码的蛋白质可以减缓 cⅡ编码产物的降解,cⅡ-cⅢ复合物还具有启动 cⅠ基因和整合酶基因表达的功能,使 λ 噬菌体基因组在整合酶的作用下,整合到宿主染色体上而进入溶源模式。所以,cⅠ、cⅡ和 cⅢ编码的蛋白质与噬菌体的溶源状态有关。cⅠ的编码蛋白质除了阻遏其他基因的转录外,还阻止自身基因的转录,称为自我调节。

(2) λ 噬菌体对裂解和溶源两种模式的选择。λ 噬菌体基因表达是由不同的调控蛋白进行调节的,并表现为一定的时序性。由以上基因的功能可以看出,λ 噬菌体对裂解和溶源两种生活周期的选择,取决于两种调控蛋白——cⅠ编码的 λ 阻遏物蛋白和早期基因 cro 编码的蛋白质——之间的竞争,即两个基因产物的合成速度,胜者决定细菌被感染后的命运。如果 cⅠ基因产生足够多的阻遏物,那么这些蛋白质会结合到左向和右向操纵元上,阻止早期基因的进一步转录,当然也抑制将产生子代噬菌体和引起宿主细胞裂解的晚期基因的表达。因此 cⅠ编码的 λ 阻遏物蛋白如果占优势,溶源状态就得到建立和维持。而如果产生足够多的 cro 蛋白,则会阻止 cⅠ基因的转录从而阻止溶源态的建立。

环境条件对于 λ 噬菌体选择裂解或者溶源生活周期起重要的影响作用。例如,在"营养饥饿"条件下,由于缺乏裂解途径所需的大量的能量和物质以合成 DNA、RNA 和蛋白质,λ 噬菌体会选择进入溶源途径。这是由于在营养饥饿时,葡萄糖消耗至较低的水平,使得 cAMP 合成水平提高,活性 cAMP-CAP 能够抑制水解 cⅡ蛋白的酶的合成。由于 cⅡ蛋白不被水解,有利于 cⅠ的表达和阻遏蛋白的合成,就有利于 λ 噬菌体进入溶源状态。相反,丰富的培养条件有利于 λ 噬菌体进入裂解途径。

在裂解周期的较晚阶段,由于已经不再需要早期和晚早期基因的表达,λ 噬菌体会积累大量的 cro 蛋白充当阻遏物的作用。当 cro 蛋白的浓度达到一定水平,能够与所有的左向和右向的操纵元都结合的程度,它就阻断了早期基因的表达,这也是裂解生长所必需的。而此时已经表达的 Q 基因编码的蛋白质立即启动晚期基因的表达,合成 λ 噬菌体的头部和尾部蛋白质,并装配成熟的噬菌体颗粒。

第四节　原核生物转录后水平基因表达的调控

原核生物的基因表达调控虽然主要表现在转录水平上,但在转录后也存在一些调控机制。这些机制是对转录调控的补充,转录后对基因的表达进行"微调"能够使其更加适应生物本身的需求和外界环境的变化。

一、反义 RNA 对基因表达的调控

1983 年,Mizuno、Simous 和 Kleckner 等同时发现反义 RNA 在原核生物基因表达转录后调控的作用。反义 RNA(antisense RNA)是指细菌响应外界环境的变化而产生的非编码小 RNA 分子,它们能够与靶序列 RNA 碱基互补配对。反义 RNA 与靶序列 RNA 配对,形成部分双链 RNA,可能引起核糖体结合区域的二级结构发生变化,阻止核糖体的前进,使 mRNA 的翻译被迫中断,也可能使形成的双链 RNA 被 RNaseH 降解,抑制靶基因蛋白质的合成。

E. coli 能够借助反义 RNA 进行 CAP 蛋白合成的自我调节。cAMP-CAP 复合物可以与 *CAP* 反义 RNA 基因的启动子结合,以 *CAP* 基因的非编码 DNA 链为模板,从 *CAP* 基因的转录起始位点上游 3 个核苷酸处开始,以相反方向合成 *CAP* 反义 RNA。反义 RNA 的 5′端序列和 mRNA 的 5′端序列通过不完全的互补形成双链 RNA,mRNA 上紧随双链区之后是一段约长 11 bp 的富含 AU 的序列,这样的结构十分类似于转录过程中不依赖于 ρ 因子的转录终止子,从而使 mRNA 的转录刚刚开始不久即迅速终止。在 *CAP* 基因表达产物过多时,CAP 蛋白即可与 cAMP 结合成 cAMP-CAP 复合物,激活 *CAP* 反义 RNA 的转录,通过反义 RNA 来抑制 CAP mRNA 的合成,使 CAP 蛋白维持在稳定的水平。

利用反义 RNA 可以人为地进行基因表达调控。人工合成反义 RNA 的基因,将其通过载体导入原核细胞内转录出反义 RNA,抑制特定基因的表达,进而分析抑制基因表达的生物体发生的变化而了解该基因的功能。这种反义 RNA 在细胞内存在的时间长,并且可以使用不同的启动子而使其表达具有细胞专一性,有助于了解该基因对原核细胞生长和分化的作用。

二、mRNA 的稳定性对蛋白质合成的调节

与 DNA 相比,RNA 自身非常不稳定。在三类 RNA(mRNA、tRNA、rRNA)中,原核细胞 mRNA 的半衰期最短,它们在产生后几分钟之内就被降解,使细胞内的 mRNA 频繁更新。原核细胞正是通过 mRNA 的不断更新来迅速改变其蛋白质合成途径,以适应多变的生存环境。同一种原核细胞中不同蛋白质的 mRNA 半衰期相差很大,例如 *E. coli* 的 mRNA 功能性半衰期的差异可在 40 s 至 20 min 之间,而基因的表达量与 mRNA 的半衰期成正比例关系。

三、mRNA 的结构对蛋白质合成起始的调控

原核生物蛋白质的翻译起始要靠核糖体 30S 亚基识别并结合 mRNA 上的核糖体结合位点,一般是起始密码子 AUG 上游的 SD 序列,它能够与核糖体 16S rRNA 的 3′端互补配对,使核糖体结合到 mRNA 上并开始翻译。核糖体与 mRNA 的结合强度取决于 SD 序列的结构及其与起始密码子之间的距离。研究表明,当 SD 序列与起始密码子 AUG 相距 4~10 个核苷酸时起始翻译效果好,相距 9 个核苷酸时翻译起始频率最高。另外,原核生物的起始密码子除了 AUG 外还有其他的选择,如大肠杆菌中常见的 GUG。由于这些起始密码子与 fMet-tRNA 的配对能力相比 AUG 较弱,它们的使用就会导致翻译效率的降低。例如,AUG 被

替换成 GUG 或 UUG 后，蛋白质的翻译效率降低了 8 倍。

原核生物 mRNA 的高级结构可以影响不同蛋白质的翻译起始效率。原核细胞的基因以多顺反子转录成一条 mRNA 链，同一 mRNA 链上有多个基因，但各个基因的翻译量往往不同。例如，乳糖操纵元中的 lacZ、lacY 和 lacA 基因所编码的产物 β 半乳糖苷酶、半乳糖苷酶透性酶和半乳糖苷乙酰化酶的量相差几倍，λ 噬菌体晚期基因 26 kb 的多顺反子中各蛋白质的翻译量可相差上千倍。因为核糖体的 30S 亚基必须与 mRNA 结合，要求 mRNA 的 5′端有一定的空间结构。mRNA 可以形成链内的二级结构和高级结构，这样使得不同的基因位于高级结构中的不同位置：位于结构表面的基因或者翻译起始位点相对暴露的基因更有利于核糖体的识别与结合，翻译起始位点位于结构内部的基因则不易为核糖体识别与结合，从而影响基因的表达量。例如，R17 病毒是一种 RNA 病毒，其 A、C 和 Rep 基因位于同一正链 RNA 的不同区域。A 基因靠近 RNA 的 5′端，Rep 基因靠近 RNA 的 3′端，C 基因位于 A 与 Rep 之间。在 RNA 的二级结构中，A 和 Rep 基因被折叠在双链区，C 基因则相对暴露于单链区。C 基因首先被翻译，并打开随后的二级结构，进而翻译出 Rep 蛋白。Rep 蛋白为复制酶，翻译出来的 Rep 蛋白结合于正链 RNA 的 3′端，复制出新的 RNA 负链。当复制到达 A 基因区域时，RNA 正链的 A 基因翻译起始位点暴露出来，此时核糖体结合于 A 基因的翻译起始位点，翻译出 A 蛋白。但随着 A 蛋白的翻译进行，A 基因区域的 RNA 重建二级结构，翻译再次关闭。

四、稀有密码子的蛋白质合成调控

在蛋白质的翻译过程中，tRNA 利用其反密码子将氨基酸引导到 mRNA 上。原核生物中各种 tRNA 的含量有很大的区别，有些密码子相应的 tRNA 数量有限，导致核糖体往往会停滞在这些密码子上等待有限的 tRNA，从而大大降低了蛋白质的翻译速度。这些对应的 tRNA 量稀少的密码子称为稀有密码子（rare codon）。原核基因利用稀有密码子进行转录后的翻译调控，对同一操纵元中不同基因的表达量进行控制。

在 E. coli 中，dnaG、rpoD 和 rpsU 为同一操纵元上的三个基因。DNA 复制起始时，冈崎片段的合成需要在 RNA 引物上延续，而 RNA 引物是由 dnaG 基因编码的引物酶催化合成的。由于细胞对这种引物酶的需要量不大，因此同一操纵元上的这三个基因的编码产物在数量上差异很大，每个细胞中仅有 dnaG 产物约 50 个拷贝，而 rpoD 产物（RNA 聚合酶 σ 亚基）为 2 800 个拷贝，rpsU 产物（核糖体蛋白 S21）则高达 4 万份。研究发现，造成这种表达差异的原因是 dnaG 的 mRNA 序列里含有很多稀有密码子。例如，三种 Ile 密码子在其他 25 种非调节蛋白中共出现 405 次，其中 AUU 占 37%、AUC 占 62%、AUA 占 1%；而这三种密码子在 dnaG 中出现 22 次，其中 AUU 占 36%、AUC 占 32%、AUA 占 32%。可见 AUA 密码子在其他基因中的利用频率很低，识别该密码子的 tRNA 的量在 E. coli 细胞中也很少，而该密码子在 dnaG 中利用的频率很高。但细胞中没有相应数量的 tRNA 识别该密码子，dnaG mRNA 中 AUA 密码子就成了稀有密码子，从而导致 dnaG 的编码产物比同一操纵元上的 rpoD 和 rpsU 的蛋白质产物要少得多。

五、重叠基因的蛋白质合成调控

重叠基因最早是在大肠杆菌噬菌体 ΦX174 中发现的，后来发现丝状 RNA 噬菌体、线粒体 DNA 和细菌染色体上都有重叠基因存在。重叠基因不仅能够通过一段序列不同的阅读方式来扩大遗传信息，而且也是一种基因表达翻译调节的方式。

例如，色氨酸操纵元包含 *trpE*、*trpD*、*trpC*、*trpB*、*trpA* 这五个结构基因，在正常情况下，这五个基因的表达产物是等量的，但是研究发现当 *trpE* 突变后，其邻近的 *trpD* 产物的量也明显下降，比下游的 *trpB* 和 *trpA* 编码的产物少得多。进一步研究证明，*trpE* 和 *trpD* 基因的序列存在重叠，即 *trpE* 的终止密码子和 *trpD* 的起始密码子共用一个核苷酸（A）。

trpE——苏氨酸——苯丙氨酸——终止密码子
　　　　ACU —— UUC —— UGA
　　　　　　　　　　　　AUG —— GCU
　　　　　　　　　　　甲硫氨酸——丙氨酸——*trpD*

因此 *trpE* 基因翻译终止时，核糖体立即处在 *trpD* 基因的翻译起始状态中。这种同一核糖体对两个连续基因进行翻译的过程称为翻译偶联。实验证明，翻译偶联可能是保证两个连续基因产物在数量上保持一致的重要手段。除了 *trpE* 和 *trpD* 基因之外，*trpB* 和 *trpA* 基因也存在着翻译偶联。

trpB——谷氨酸——异亮氨酸——终止密码子
　　　　GAA —— AUC —— UGA
　　　　　　　　　　　　AUG —— GAA
　　　　　　　　　　　甲硫氨酸——谷氨酸——*trpA*

六、蛋白质合成产物的自体调控

1. 核糖体蛋白质合成的自体调控　前面已经讲到，当细菌处于"营养饥饿"条件时，rRNA 的合成速度大大下降或停止合成。而核糖体的结构是由 rRNA 和核糖体蛋白质构成的，因此当细菌发生严谨反应时，由于 rRNA 的量骤然下降，使核糖体蛋白质失去了结合的对象而成为多余的。而细菌会通过核糖体蛋白质翻译的自体调控来减少这种多余蛋白质的合成。

E. coli 的核糖体中含有 50 多种蛋白质，它们与 rRNA 组装成核糖体。核糖体蛋白的合成与 rRNA 合成是严格协调的。50 多种核糖体蛋白的基因分别定位于 20 多个操纵元上，不同的核糖体蛋白基因分布于不同的操纵元中，每个操纵元内都有一个核糖体蛋白作为自身操纵元的调控蛋白。当某种核糖体蛋白合成过快或 rRNA 量不足时，作为调控蛋白的核糖体蛋白与其模板 mRNA 上的 SD 序列结合，而使 mRNA 不能与核糖体结合，导致这种核糖体蛋白合成速度降低（图 7.17）。通过这种调控，核糖体蛋白的合成速度就不会超过构建核糖体的速度。与核糖体蛋白结合的 rRNA 和编码核糖体蛋白的 mRNA 有同源性，因此二者与核糖体蛋

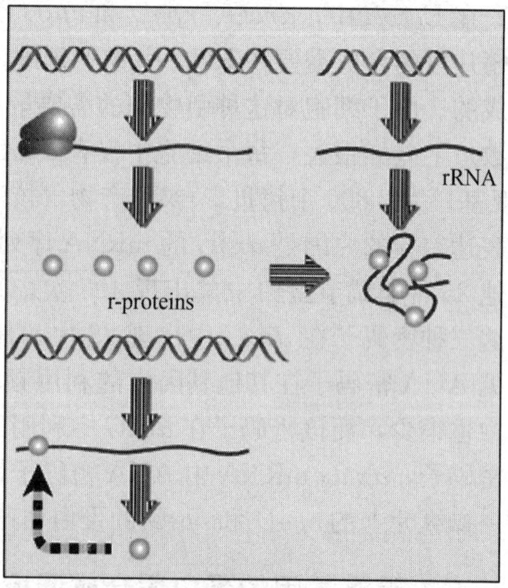

图 7.17　核糖体蛋白的自体调控

白发生竞争性结合。但核糖体蛋白与 rRNA 的结合力高于与自身 mRNA 的结合力，因此当细胞中存在充足的 rRNA 时，核糖体蛋白优先结合 rRNA 组装成核糖体。

2. Qβ 噬菌体感染 *E. coli* 的自体调控　原核生物不仅在转录过程中存在着蛋白质的阻遏，研究发现某些蛋白质对翻译过程也能起到类似的阻遏作用。如 *E. coli* RNA 噬菌体 Qβ 基因组中结构基因的翻译过程就存在阻遏蛋白的作用。三个结构基因从 5′ 到 3′ 方向依次编码与噬菌体组装和吸附有关的成熟蛋白 A、噬菌体外壳蛋白和 RNA 复制酶。当噬菌体感染 *E. coli* 后，其 RNA 进入宿主细胞，作为模板指导 RNA 复制酶的合成，然后与宿主中已有的某些亚基结合行使复制 RNA 的功能。但是此时结构基因的 RNA 链上已经有不少的核糖体从 5′ 到 3′ 方向进行翻译，这无疑影响了复制酶催化 RNA 的复制。Qβ 噬菌体的调控方式是由复制酶作为阻遏物对翻译进行调节。实验证明，复制酶可以结合在外壳蛋白 RNA 的翻译起始区，阻止核糖体与起始区结合，从而抑制蛋白质的合成。但是已经起始的翻译是可以继续进行的，直到翻译完毕核糖体脱落，复制酶便可以进行外壳蛋白 RNA 的复制。因此，复制酶既可以与外壳蛋白 RNA 的翻译起始区结合阻遏翻译，又可以与外壳蛋白 RNA 的 3′ 端结合进行 RNA 复制。序列分析表明，翻译起始区和 RNA 的 3′ 端这两个复制酶的结合位点都存在共同的序列，即 CUUUAAA，能够形成稳定的茎-环结构，具备翻译阻遏特征。

复习思考题

1. 解释名词

　　基因表达　组成型表达与调节型表达　管家基因　可诱导基因　调控蛋白　前导肽　衰减子　操纵元　结构基因　操作子　调节基因　终止子　CAP　魔斑

2. 说明基因表达的空间特异性和时间特异性。
3. 试述原核生物操纵元调控的类型及其特征。
4. 简述乳糖操纵元的正负调控机制。
5. 试述色氨酸操纵元的负调控阻遏调节和衰减调节机制。
6. 操纵元中的诱导物和辅阻遏物对基因表达的调控有何不同？
7. 说明 λ 噬菌体基因表达的时序调控机理。
8. 试述原核细胞在蛋白质翻译水平上的调控机制。

第八章 真核生物基因表达的调控

第一节 真核生物基因表达调控的特点

在真核生物细胞中，除细胞核的染色体外，低等真核生物（如酵母）的质粒DNA和高等真核生物的某些细胞器（线粒体及叶绿体）DNA也是遗传物质。所以，真核生物的基因包括核基因和细胞器基因。质粒和细胞器是半自主性的遗传系统，基因数量很少，且表达调控与原核生物基因相似。因此，这里所说的真核生物基因表达的调控主要是指细胞核基因表达的调控。

与原核生物相比，真核生物的细胞结构和遗传物质有显著的差异。真核生物细胞中有独立的细胞核，DNA也不是裸露的，要与组蛋白、非组蛋白等结合形成核小体结构；真核生物基因组大，有大量的非编码序列；真核生物基因数目多，且大部分含有内含子，等等。这些特点使真核生物基因表达的调控要比原核生物复杂得多，其基因表达调控的特点主要体现在以下几个方面。

1. 真核生物基因表达调控是多层次的 与原核生物基因表达的调控相比，细胞核的存在使真核生物基因的转录和翻译分别独立进行，而且有复杂的后加工过程。另一方面，染色体DNA和蛋白质复杂的结合方式使真核生物基因的表达受染色质结构影响非常大。因此，真核生物基因表达的调控表现出较原核生物更多的层次，可以分为染色质、转录、转录后、翻译及翻译后水平的调控。

（1）染色质水平。染色质的浓缩程度可以直接影响基因的表达活性，在高度浓缩的异染色质（heterochromatin）中的基因往往处于表达关闭状态；而结构松散的常染色质（euchromatin）中基因表达活性高。染色质重塑复合体能够诱导核小体中组蛋白八聚体沿DNA重新定位，使附近的基因表达被激活；染色质中DNA序列的修饰、重排、扩增、丢失与组蛋白的修饰同样会改变相关位点处基因的表达活性。

（2）转录水平。真核生物基因无操纵元结构，一般呈单顺反子表达，基因表达活性的高低主要取决于顺式作用元件和RNA聚合酶、转录因子的相互作用。启动子、增强子、沉默子、绝缘子等顺式作用元件提供了转录因子的识别和结合位点，而转录因子通过改变DNA的结构或者直接提供各种酶活性来调节基因的转录效率，转录因子之间也可以相互作用。

（3）转录后水平。真核生物RNA的加工过程几乎是与转录同时进行的，加工快慢和加工的准确性直接影响成熟RNA的数量和活性高低。有些加工方式，如RNA的可变剪接和RNA编辑可以改变RNA序列的组成，使同一个基因的转录产物可以加工成为与初始RNA序列不同的一种或多种成熟RNA。非编码小RNA、环状RNA也参与加工过程，为基因表达调控提供了转录因子之外的新途径。

（4）翻译及翻译后水平。mRNA寿命的长短直接决定了指导蛋白质合成的模板数量，而mRNA空间结构的影响及翻译因子的修饰可以使同样多mRNA翻译出数量不同的多肽链。多肽链的折叠、剪接、修饰及定向运输能否顺利进行，同样影响蛋白质最终能否发挥其特定的生物学功能。对翻译过程和翻译后各个加工环节的调节也是基因表达调控的重要内容。

2. 真核生物基因表达以正调控为主 在原核生物基因表达的调控中，存在着正调控和负调控两种同样重要的调控方式。而在真核生物中，虽然也有沉默子等负调控元件，但基因表达的调控以正调控为主。大多数真核生物调控蛋白是转录激活因子，没有转录激活因子起作用时，多数基因转录水平较低甚至不转录，只有在激活因子起作用时，基因的转录水平才能提高。因此，除组成型表达的持家基因外，真核生物的奢侈基因多数只在特定条件下诱导表达。另外，一个真核基因通常有多个顺式作用元件，需要由多个调控蛋白同时结合才能精确启动基因的表达。这样的调控机制更为经济有效，也更为安全可靠。

3. 真核生物的 RNA 聚合酶不能直接识别启动子 原核生物只有一种 RNA 聚合酶，当行使功能时，RNA 聚合酶能直接识别并结合到启动子上，起始下游结构基因的转录。真核生物有 3 种 RNA 聚合酶，它们都不能直接结合到基因的启动子上。当然，这并非意味着真核生物 RNA 聚合酶不能"主动"参与转录调控。实际上，RNA 聚合酶Ⅱ可以通过改变羧基末端结构域（carboxyl terminal domain，CTD）的磷酸化程度，选择性地结合不同的转录因子及 mRNA 加工因子，从而调控转录及转录后加工过程。

4. 真核生物基因表达具有更复杂的时空特异性和环境适应性 相对于仅具单细胞的原核生物来说，多细胞真核生物中很多基因表达的调控不仅表现出与生长发育密切相关的时序性，而且常常具有细胞、组织或器官的空间特异性。通过这种时空特异性基因表达调控，生物体根据生长发育的要求，在特定时间和特定的细胞中激活或关闭特定基因的表达，从而实现预定的、有序的、不可逆转的分化、发育，保持组织、器官功能的正常运行，使生命体经历产生、发展、衰老及死亡的过程。

另外，真核生物通过基因表达调控表现出对外界环境条件变化更强的适应性。在同样的环境条件变化中，不同细胞、组织或器官可能有不同的基因表达调控响应方式。只有少部分细胞的基因表达直接受到影响和调节，而其他细胞的基因表达只受到间接的影响，或者基本不受影响。这种基因表达调控的特异性既保证了生物体对环境变化能做出及时有效的响应，又避免了系统应答造成的不必要消耗。

5. 真核生物基因表达受表观遗传调控 真核生物基因表达的经典遗传调控都是基于 DNA 序列信息的表达水平的调节。除此之外，近年来发现还有一种基于非 DNA 序列改变的基因表达调控，称为表观遗传调控，如染色质重塑、组蛋白修饰、DNA 甲基化、非编码 RNA（如 miRNA、siRNA）等对基因表达的调控。表观遗传调控不涉及 DNA 序列的改变，或不能用 DNA 序列改变来解释，但也是可遗传的。表观遗传信息为基因选择性表达（何时、何地、何种方式）提供了更丰富的调控指令，在生物体的生长发育和疾病的发生发展等过程中起到重要作用。

第二节　真核生物染色质水平基因表达的调控

真核生物的染色体在细胞周期的大部分时间里是以染色质的形式存在的。染色质的基本组成单位是由 DNA、组蛋白和少量 RNA 构成的核小体。真核基因转录时，要求其所在的染色质处于松散状态，构成核小体的 DNA 与组蛋白分离，使 DNA 暴露出来，才能进一步解开双螺旋，释放单链 DNA 模板，从而组装转录起始复合物并完成转录过程（图 8.1）。转录过后，DNA 与组蛋白重新结合形成核小体，染色质又恢复到原来的自然结构，这是一个可逆的染色质重塑（chromatin remodeling）的过程。以染色质重塑为核心内容的表观遗传学已形成一门学科，相关内容我们在这里不再赘述。下面，我们只从染色质的结构状态、染色质组分的修饰和染色质 DNA 序列的改变这 3 个方面，来简要地谈谈染色质对基因表达调控的影响。

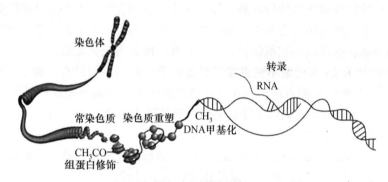

图 8.1　染色质结构影响基因转录

一、染色质的结构状态影响基因表达

根据染色质在细胞分裂间期的折叠压缩程度，真核生物的染色质分为常染色质和异染色质两种形式。常染色质压缩相对松散，异染色质压缩紧凑。活跃转录的基因往往位于常染色质区，而异染色质区的基因通常没有转录活性。这是因为常染色质区基因的启动子更容易松弛并解旋，从而能有效地招募转录因子和 RNA 聚合酶。但位于常染色质区仅是基因表达的必要条件，而非充分条件，也就是说并不是所有常染色质区的基因都处于活跃转录状态。

异染色质可分为结构性异染色质（constitutive heterochromatin）和兼性异染色质（facultative heterochromatin）两种类型。结构性异染色质是各类细胞的整个发育过程中始终处于凝聚状态的染色质，是异染色质的主要类型。此类染色质多位于染色体的着丝粒区、端粒区、次缢痕及动物 Y 染色体长臂远端 2/3 区段，含有高度重复的 DNA 序列，没有转录活性。兼性异染色质是在特定细胞的某一发育阶段由原来的常染色质转变成凝缩状态的异染色质，浓缩程度的转变与基因表达的调控密切相关。例如，雄性哺乳动物的体细胞只有 1 个 X 染色体，而且是常染色质；而雌性哺乳动物体细胞中的两条 X 染色体只有在胚胎发育早期全是有活性的常染色质，在胚胎发育的第 16 天左右，其中一条 X 染色体转变成异染色质，在核膜内缘形成高度凝聚的巴氏小体（barr body）。这种 X 染色体通过异染色质化失去表达活性的现象称为基因封闭。巴氏小体的形成保证了雄性和雌性都只有一条具有活性的 X 染色体，合成等量的 X 连锁基因编码的产物。

二、染色质组分的修饰调控基因表达

在染色质 DNA 序列不发生变化的情况下，通过修饰染色质中的组蛋白或 DNA，也可以使染色质的局部核小体结构发生变化，从而改变邻近 DNA 区段中基因的表达活性。

(一) 组蛋白修饰

组蛋白是带正电荷的碱性蛋白质，可与 DNA 链上带负电荷的磷酸基结合，将 DNA 束缚在核心组蛋白八聚体上，阻碍 DNA 解链和转录。从这一点可以说，组蛋白是真核基因表达的负调控因子，它在维持核小体结构的同时抑制了基因的表达。每个核心组蛋白都有两个功能结构域：球形折叠区和氨基末端（N 末端）结构域，其折叠区参与组蛋白之间及组蛋白与 DNA 的相互作用，而氨基末端结构域可以与其他调节蛋白相互作用。这些功能区某些氨基酸残基可以进行共价修饰，进而改变核小体结构、调控基因表达，成为典型的表观遗传信息。常见的组蛋白修饰包括赖氨酸上氨基的乙酰化及甲基化、精氨酸上氨基的甲基化、丝氨酸和苏氨酸上羟基的磷酸化、赖氨酸上氨基的泛素化等。

1. 组蛋白的乙酰化修饰 乙酰化修饰是通过组蛋白乙酰化酶（histone acetyltransferase，HAT）的催化，将乙酰 CoA 的乙酰基转移到组蛋白 N 末端赖氨酸侧链的 ε 氨基上的过程。修饰可以通过中和电荷的方式削弱组蛋白-DNA 或核小体-核小体之间的相互作用，破坏核小体结构的稳定，从而提高修饰区基因的转录活性。乙酰化修饰的组蛋白也可以招募其他相关因子（如转录复合物），促进基因的转录。

组蛋白的乙酰化修饰是一个可逆的过程。组蛋白上的乙酰基团也可以被组蛋白脱乙酰酶（histone deacetylase，HDAC）催化去除。去乙酰化使组蛋白的碱性尾部紧密结合到邻近核小体的 DNA 和组蛋白上，使核小体保持结构稳定并进行交联，进而抑制转录。由上可知，组蛋白上可逆的乙酰化修饰与基因表达的调控密切相关。

2. 组蛋白的甲基化修饰 组蛋白上不同位点的甲基化对于邻近基因的表达可以起到抑制或促进的作用。赖氨酸甲基转移酶（lysine methyltransferase，KMT 或 HMT）催化组蛋白上赖氨酸的甲基化，甲基化对基因表达的调控作用与甲基化位点密切相关。譬如，组蛋白 H3K4（H3 组蛋白的第 4 位赖氨酸）的双甲基化和三甲基化与转录激活有关，且三甲基化的组蛋白 H3K4 常出现在活性基因的转录起始点周围，但在 H3K9 或者 H3K27 位点的甲基化常常导致邻近基因的转录抑制。

3. 组蛋白的磷酸化修饰 在磷酸激酶等相关酶的作用下，ATP 水解后的磷酸基团可与组蛋白 N 末端丝氨酸或苏氨酸残基的羟基脱水缩合。组蛋白的磷酸化可能会改变组蛋白与 DNA 结合的稳定性，影响染色质的结构和功能，从而在细胞信号转导、有丝分裂、细胞凋亡、DNA 损伤修复、DNA 复制、转录和重组过程中发挥重要作用。组蛋白的磷酸化修饰往往对基因的表达起促进作用，这种磷酸化修饰对基因表达调控可能有以下两种机制：①磷酸基团携带的负电荷中和了组蛋白上的正电荷，造成组蛋白与 DNA 之间亲和力下降；②磷酸化修饰可以通过影响组蛋白的空间构象，改变其与其他蛋白质的相互作用。

4. 组蛋白的泛素化修饰 在泛素激活酶（ubiquitin-activating enzyme，E1）、泛素结合酶（ubiquitin conjugating enzyme，E2）和泛素蛋白质连接酶（ubiquitin protein ligase，E3）的催化作用下，组蛋白赖氨酸残基可与泛素分子羧基末端结合。泛素化修饰对转录既可能有促进作用，也可能有抑制作用。

2000 年，Strahl 和 Allis 提出"组蛋白密码假设"，认为单一组蛋白的修饰往往不能独立发挥作用，不同修饰之间存在着关联性，一个或多个组蛋白尾部的不同共价修饰依次发挥作用或组合在一起，形成修饰的级联，并通过彼此之间的协同或者拮抗来共同调控基因的表达。例如，组蛋白上不同位点的甲基化与泛素化可以形成多种组合修饰，不同位点及修饰程度的甲基化与乙酰化之间也有互作，磷酸化与甲基化、乙酰化、泛素化之间也存在关联。

（二）DNA 甲基化

DNA 的甲基化修饰现象广泛存在于各种生物体中。真核生物的 DNA 甲基化是以 S-腺苷甲硫氨酸作为甲基供体，由 DNA 甲基转移酶（DNA methyltransferase，DNMT）催化胞嘧啶的第 5 位碳原子发生甲基化修饰，形成 5-甲基胞嘧啶（5-^{m}C），此外也有少量的 N^6-甲基腺嘌呤（N^6-^{m}A）及 7-甲基鸟嘌呤（7-^{m}G）（图 8.2）。在染色体上，着丝粒附近的 DNA 往往处于高水平甲基化状态；在众多基因中，DNA 高水平甲基化的区域涵盖了多数的转座子、假基因和小 RNA 编码区；在基因内部，转录区和启动子等调控区都可以发生 DNA 甲基化，但在启动子区的 DNA 甲基化对基因表达活性的影响最大。

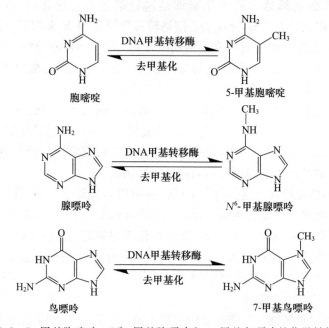

图 8.2　5-甲基胞嘧啶、N^6-甲基腺嘌呤和 7-甲基鸟嘌呤的化学结构式

不同真核生物中胞嘧啶甲基化位点及分布各有差异。线虫中胞嘧啶基本不发生甲基化；果蝇中胞嘧啶甲基化主要发生 CpT 双核苷酸序列中，也有少量发生在 CpG 位点；哺乳动物中近 70% 胞嘧啶甲基化发生在 CpG 位点，少数发生在 CpNpG 位点（N 为任意核苷酸）；植物胞嘧啶甲基化常常发生在 CpG 位点，其次为 CpHpG 和 CpHpH（H＝C/A/T）位点。

DNA 甲基化根据作用方式可以分为从头甲基化和持续性甲基化两种，各自由不同的 DNMT 催化。在哺乳动物中，从头甲基化主要由 DNMT3a 和 DNMT3b 催化，常发生在特定的基因表达调控过程中；而持续性甲基化主要由 DNMT1 催化，用于维持 DNA 分子固有的甲基化模式，如 DNA 复制中亲代 DNA 双链甲基化状态向子代 DNA 链的传递。植物中与 DNMT1 功能相似的酶是 MET1 和 CMT3，而后者是植物特有的；与 DNMT3 功能相似的是 DRM1 和 DRM2。

DNA 可逆的甲基化修饰可以通过改变 DNA 构象、DNA 稳定性及 DNA-蛋白质相互作用等方式来调控基因表达。启动子区的 DNA 甲基化常常能抑制某些基因的表达，而去甲基化则诱导基因的重新活化和表达。DNA 甲基化对转录的抑制是由于甲基化的 DNA 可以招募特异性转录阻遏物——甲基结合蛋白（methyl-binding protein，MBD），而 MBD 能与转录调控因子竞争 DNA 上的甲基化结合位点。另外，在 DNA 复制起始、错配修复以及转座子失活等过程中，DNA 甲基化对于维持遗传物质的稳定性发挥着重要的作用。

DNA 甲基化与多种组蛋白修饰密切相关。DNA 甲基化可以诱导组蛋白去乙酰化，因为甲基化 DNA 结合蛋白除了可以与转录调控因子竞争甲基化 DNA 的结合位点，还可吸引并结合组蛋白去乙酰化酶。此外，DNA 甲基转移酶还可与组蛋白甲基转移酶、ATP 依赖的染色质重塑复合物、非编码 RNA 等相互作用，共同调控基因表达。

三、染色体 DNA 序列的改变调控基因表达

真核生物染色体是其遗传信息的载体，其 DNA 序列是遗传信息的表现形式。当染色体上的 DNA 序列发生缺失、扩增或重排等结构变异时，就会造成相应基因表达的改变。染色体的这种一级结构变异可以发生在某些特定基因上，也可以发生于特定的染色体区段或整条染色体甚至多条染色体上。

（一）染色体丢失

染色体丢失（chromosome elimination）是指细胞中染色体的部分区段、整条染色体或多条染色体的永久性失去，是染色体畸变的一种重要形式。在果蝇、马蛔虫等生物体中都发现了染色体丢失现象。多数异常的染色体丢失是各种理化因素导致的遗传变异，但也有一些染色体丢失是生物体长期进化产生的一种调节发育的方式。

生殖细胞的染色体丢失常常产生严重的后果。染色体大片段或整条染色体的丢失常常是致死的，而某些小区段的异常丢失虽然不是致死的，也常常会导致基因突变或遗传疾病。譬如，红眼雌果蝇一条 X 染色体 C 区的 2~11 区域发生缺失，会导致其翅膀后端边缘产生缺刻（缺刻翅）。玉米第 6 条染色体长臂顶端的 PL 基因所在的 DNA 序列丢失，会导致植株颜色由显性的紫色变为隐性的绿色。人的猫叫综合征是由于第 5 条染色体短臂远端部分缺失，导致婴幼儿的喉部等多器官发育异常，发出猫叫一样的哭声。

体细胞的染色体丢失是某些生物控制细胞分化的一种方式。在马蛔虫（*Parascaris equoorum*）等个体发育的早期，生殖细胞中保留全部的基因组 DNA，但体细胞丢失了部分染色体或染色体片段。丢失的染色体（片段）所携带的遗传信息对分化后的体细胞来说没有用处，但对生殖细胞的发育是不可缺少的。马蛔虫受精卵细胞分裂后，可以分别发育成基因组完整的生殖细胞和部分染色体片段丢失的体细胞。受精卵细胞内只有一对染色体（2n=2）。第一次卵裂是横裂，产生上下两个子细胞，由于受精卵中含有的各种物质并不是均一分布，而是从上到下呈一种梯度分布，也就是说上面的动物极和下面的植物极的组成是不同的。这种梯度分布影响了第二次卵裂的分裂方向和染色体的完整性。其中，下面的子细胞仍进行横裂，保持着原有的基因组；而上面的子细胞却进行纵裂，在纵裂的细胞中染色体分成很多小片段，其中不含着丝粒的片段在分裂过程被丢弃。由此产生了细胞分化方向的差异，即下面的子细胞保持了全套基因组，将发育成生殖细胞，而上面的子细胞丢失了部分染色体片段，将分化为体细胞（图 8.3）。

（二）基因扩增

基因扩增（gene amplification）是指细胞内特定基因的拷贝数专一性大量增加的现象，它可使细胞在短期内产生大量的基因表达产物，以满足个体生长发育或者适应外界环境的需要。在真核生物中，基因扩增主要有以下 3 种类型。

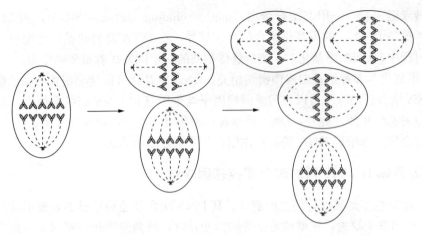

图 8.3 马蛔虫受精卵细胞分裂示意图

1. 染色体在特定组织中的整体扩增 果蝇和其他双翅目昆虫的幼虫唾腺等组织中,细胞核的染色体比普通染色体长度增加了100～200倍,体积增大了1 000～2 000倍。这是由于幼虫细胞 DNA 复制了4～15次,但细胞没有分裂,染色质丝平行排列,同源染色体对紧密联会,产生多达1 000条染色单体的巨大染色体。此外,哺乳动物肝细胞扩增为四倍体的现象也是典型的整个染色体的扩增。

2. 特定基因在生物体发育进程中的编程性扩增 果蝇在卵巢成熟之前,卵巢颗粒细胞中的卵壳蛋白基因会发生基因扩增。果蝇卵原细胞经4次分裂产生16个细胞,其中一个是卵母细胞,将发育成卵细胞;其他15个是营养细胞,它们为卵细胞的形成提供大量的蛋白质等大分子物质。营养细胞之所以能够产生大量的营养物质,是因为在它们的发育过程中发生了多次基因扩增,使卵壳蛋白基因等的拷贝数显著增加。营养细胞与卵细胞通过细胞质桥连接,营养细胞中的基因表达产物能顺利由此进入正在增大的卵细胞。因此,在卵细胞发生后期,营养细胞合成的大量卵壳蛋白,把卵母细胞包裹在卵壳内。另一个基因扩增的例子是非洲爪蟾卵母细胞,原有 rRNA 基因(rDNA)约500个拷贝,基因在减数分裂 I 的粗线期开始迅速复制,到双线期它的拷贝数约为 200 万个,扩增近 4 000 倍,可用于合成 10^{12} 个核糖体,以满足卵裂期和胚胎期合成大量蛋白质的需要。

3. 特定基因在生物体适应环境过程中的应激性扩增 真核生物除满足正常发育而出现的基因扩增外,外界环境也会造成某些基因扩增,以适应环境变化。如用二氢叶酸还原酶(DHFR)的抑制剂氨甲蝶呤(methotrexate)处理离体培养的动物细胞系,可以使编码这个酶的基因(*dhfr*)扩增达到40～400个拷贝,诱导细胞产生更多的酶来增加对氨甲蝶呤的抗性。

(三) 基因重排

基因重排(gene rearrangement)是指细胞内某些基因片段改变原来的顺序而重新排布的现象。重排可以是基因片段的空间位置或方向发生变化,也可能同时伴有某些基因片段的添加或丢失。因此,重排可以导致一种基因转换为另一种基因,也可能产生一种新的基因。通过基因重排,可以合成出不同的特异性表达产物,以适应生命活动的需要。

基因重排分为非定向重排和定向重排两大类。非定向重排是指转移的方向和位置不能预测的一种重排现象,例如转座子在染色体上的移动一般属于非定向重排,转座子的插入可激活或抑制某些基因。定向重排可使一个结构基因从远离其启动子的位置移到启动子附近位点而被启动,或者发生相反方向的重排使基因失活。如顺向末端重复序列的转座可能导致某些片段的缺失而使启动子邻近结构基因得以转录。

脊椎动物抗体基因的表达是通过基因重排合成出不同表达产物的典型实例。抗体指脊椎动物的免疫系统在抗原刺激下,由 B 淋巴细胞或记忆细胞增殖分化成的浆细胞所产生的、可与相应抗原发生特异性结合的免疫球蛋白(immunoglobulin, Ig)。抗体与抗原一一对应关系表明,有多少外来抗原入侵,机体就能产生多少抗体与之结合。可是,脊椎动物基因组内所有的基因总共不过 4 万个,远远少于抗体的种类。事实上,抗体的多样性来自于免疫球蛋白基因的重排。免疫球蛋白的单体是一个 4 条多肽链组成的"Y"形分子,两条相同的重链和两条相同的轻链由二硫键连接在一起。重链和轻链都包含可变区(IgV)和恒定区(IgC)两部分。可变区在免疫球蛋白"Y"形分叉的两个顶端,是抗原的特异结合位点,这一区域的细微变化可达百万种以上。一种抗原结合位点仅针对一种特定的抗原表位,使得每种免疫球蛋白仅能和一种抗原相结合。免疫球蛋白可变区这种极丰富的变化能力,使得免疫系统可以应对同样非常多变的各种抗原。

免疫球蛋白可变区发生高度变化的原因,是因为编码抗原结合位点的部分结构基因可以随机排列组合。哺乳动物体细胞的免疫球蛋白中每一条重链或者轻链的可变区是由若干个基因片段(亚基因)所编码的,这些片段分别称为可变区(V)、多样区(D)以及连接区(J),V、D 和 J 区的基因序列重复串联在一起。这 3 种片段均存在于编码重链的基因片段中,而编码轻链的基因片段中只含有 V 和 J 区。哺乳动物胚胎中正在发育的 B 淋巴细胞,通过随机排列和组合 V、D 及 J 区(轻链没有 D 区),来产生免疫球蛋白的可变区,这种基因重排又称为 V(D)J 重组(图 8.4 和图 8.5)。由于每段序列都有多个不同的拷贝,各区段之间还存在不同的组合方式,因此免疫球蛋白的可变区可以产生数量巨大的变化。正因有如此数量巨大的不同抗原结合位点,才可以产生对大量不同抗原具有特异性的抗体。

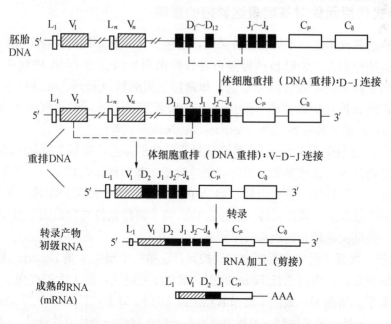

图 8.4 哺乳动物胚胎细胞免疫球蛋白重链基因可变区的结构与重排

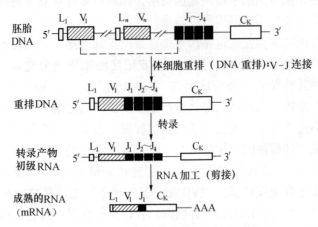

图 8.5 哺乳动物胚胎细胞免疫球蛋白轻链基因可变区的结构与重排

第三节 真核生物转录水平基因表达的调控

当染色质的基因结构处于开放状态，RNA 聚合酶和转录因子能够接近并与靶基因相关位点结合，成功组装转录起始复合物，基因表达调控就进入转录过程。真核生物具有比原核生物更加精细的转录系统，这一点在 RNA 聚合酶Ⅱ转录系统（主要用于转录所有编码蛋白质的基因）中尤为显著。在 RNA 聚合酶Ⅱ催化的基因转录的调控过程中，基因转录的调控依赖于顺式作用元件、RNA 聚合酶Ⅱ及转录因子的共同作用，而转录因子的正向或负向调控又受发育进程和环境条件中的"信号"控制。

一、顺式作用元件对基因表达调控的影响

一个完整的真核基因，不但包括转录区，还包括其 5′ 和 3′ 端的特异 DNA 序列。这些与结构基因表达调控相关、能够被调控蛋白特异性识别和结合的 DNA 序列称为顺式作用元件。顺式作用元件虽然不包含编码信息，却调控基因的转录起点、转录频率和选择性（图 2.2）。这些调控元件包括启动子（promoter）、增强子（enhancer）、沉默子（silencer）、绝缘子（insulator）及各种应答元件（responsive element）等。

1. 启动子　通过学习 RNA 的生物合成过程，我们知道，真核生物基因转录最重要的顺式作用元件是启动子。真核生物基因启动子一般是在基因转录起始位点（+1）附近及其 5′ 上游 100～200 bp 范围内，主要由核心启动子和上游启动子两部分组成，包含 TATA 框、CAAT 框、GC 框等多个调控元件。通过这些启动子调控元件与转录因子及 RNA 聚合酶Ⅱ的相互作用，共同决定转录起点和转录频率。

2. 增强子　增强子是一种远距离正调控元件。第一个增强子是 Benerji（1981）在 SV40 早期基因上游发现的，由两个长 72 bp 的正向重复序列组成，能大大提高兔 β 血红蛋白融合基因的表达水平。增强子一般位于转录起点上游 100 bp 以上，长度 200～3 000 bp，常有多个独立的、具有特征性的重复序列。虽然增强子不能独立启动一个基因的转录，但能显著改变启动子的转录调控活性，可以通过启动子增强基因转录起始频率 10～200 倍，有的甚至可以高达

上千倍。例如，在巨细胞病毒增强子作用下，人珠蛋白基因的表达水平可提高600倍以上。

增强子和启动子在结构和功能上均有重叠，但增强子不能取代启动子独立启动基因的转录。增强子的转录调控特性主要表现在以下几个方面：①增强子可以远距离发挥作用。增强子可以紧邻结构基因，也可以在距结构基因数千碱基以外甚至更远的位置起作用。②增强子的位置不固定，可以在启动子上游、转录区或终止子下游，也有可能跨基因起作用。③增强子的作用与其序列的方向无关，但一般优先活化邻近的启动子。④增强子常具有组织或细胞特异性，它必须与特定的蛋白质结合后才能发挥增强转录的作用。例如，由于免疫球蛋白基因的增强子激活蛋白仅在B淋巴细胞中存在，所以免疫球蛋白基因的增强子只在B淋巴细胞中有效。⑤增强子一般不具有基因特异性。尽管增强子通过启动子才能发挥转录调控作用，但一般没有启动子特异性，常常对异源基因也具有转录增强功能。⑥有些增强子还受外部信号的调控，属于诱导性增强子。如金属硫蛋白的基因启动区上游的增强子，可以对环境中的锌、镉浓度做出反应。

虽然在增强子的研究方面取得了很大的进展，但有关增强子的作用机制仍不是很清楚。目前普遍认为增强子是通过与特定转录因子的结合来实现对转录的增强作用，DNA双螺旋的空间构象可能对其作用也有一定影响。那么增强子到底是如何在远离起点处发挥作用的呢？可能至少有以下两类增强子作用机制：①增强子区为转录激活因子或RNA聚合酶Ⅱ提供进入启动子的位点。转录激活因子与增强子结合后，通过滑动、成环等方式接近启动子，发挥其转录增强作用。②增强子活化染色质或DNA双螺旋的构象。增强子通过招募组蛋白乙酰化酶、染色质重塑因子等，改变启动子区DNA的构象，增加其开放性，从而提高转录效率。在真核生物增强子中常有嘧啶-嘌呤交替组成的DNA序列，极易形成Z型DNA，可能与其转录增强作用有关。

3. 沉默子 沉默子又称静止子或抑制子，其作用与增强子相反，参与基因表达的负调控。沉默子被转录阻遏因子（repressor）结合后可阻断转录起始复合物的形成或活化，从而抑制基因的转录。它具有与增强子相似的调控特点：①沉默子的作用与其位置无关，可以远距离作用于顺式连接的启动子。②沉默子的阻遏作用无方向性，无论沉默子位于启动子的上游或下游均可阻遏启动子的表达。③对异源基因的表达也有抑制作用。

4. 绝缘子 绝缘子的功能是阻止转录激活或阻遏作用在染色质上的传递，通过这种阻断效应，可以使染色质的活性限制于一定的区域之内。当绝缘子位于增强子和启动子之间时，可以阻止增强子对启动子的激活（图8.6）；相反，当绝缘子位于异染色质和活性基因之间时，可以作为一个屏障，防止异染色质化的延伸从而保护基因处于活化状态。

5. 应答元件 应答元件是位于基因上游能被特异转录因子识别和结合，从而调控基因专一性表达的调控序列。在不同基因中，应答元件的序列具有相对保守性，但不一定完全相同。应答元件与转录起始点的距离一般大于200 bp，可以位于启动子或者增强子之中，但位置不固定。譬如，热激应答元件（heat shock response element，HSE）可以调控基因在高温条件下的诱导表达，金属应答元件（metal response element，MRE）常常调控基因受某些金属离子诱导表达，激素应答元件（hormone response element，HRE）可以调控基因响应不同激素表达发生改变。应答元件的存在只是基因特异性表达的必要条件，但能否发挥调控作用，还依赖于与其结合的转录因子是否存在及其含量的高低。只有应答元件和转录因子同时位于同一细胞中，才能真正实现基因的特异性表达。

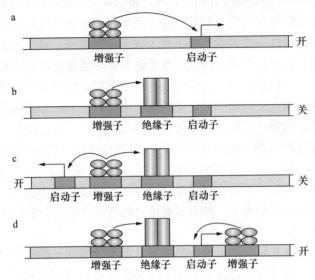

图 8.6 绝缘子阻止增强子的转录调控活性

(a 图显示与增强子结合的转录激活因子对启动子的激活作用；b 图显示一个绝缘子置于增强子和启动子之间，当适当的蛋白质与绝缘子结合后，尽管转录激活因子与增强子结合，但对启动子的活化作用仍被阻断；c 和 d 图表明，无论是增强子还是启动子，都不会因为绝缘子的活动而失去活性。c 图中，增强子能激活未被绝缘子隔开的另一启动子；d 图中，启动子能被未被绝缘子隔开的另一增强子所激活)

(引自 J.D. 沃森，2009)

二、RNA 聚合酶 II 对基因表达调控的影响

在真核生物细胞内，存在着两种不同类型的 RNA 聚合酶 II，一种是 RNA pol II A，其最大亚基羧基末端结构域 CTD 不发生磷酸化或者只发生轻微磷酸化；另一种是 RNA pol II O，其 CTD 发生高度磷酸化。这两种类型可以发生相互转换，从而调控 mRNA 转录和加工的偶联过程。正是借助 CTD 的磷酸化，RNA 聚合酶 II 才能跨越启动子障碍，从而引发此后的转录延伸和加工等诸多事件。

RNA 聚合酶 II 的 CTD 磷酸化导致其结构中部分脯氨酸的构象发生变化，使 RNA 聚合酶 II 更容易与转录因子结合并组装转录复合物。在转录起始过程中，RNA pol II A 与转录起始相关的转录因子及调控区 DNA 序列相互作用，在启动子区形成稳定的转录起始复合物。待转录起始，RNA pol II A 发生磷酸化从而转变为 RNA pol II O，转录起始复合物也重组为转录延伸复合物，转录进入延伸过程。在转录完成以后，RNA pol II O 又转变为 RNA pol II A，从转录延伸复合物中解离下来，参与下一次转录加工的循环反应。

另一方面，CTD 磷酸化也参与 mRNA 初始转录产物的加工过程。加帽酶和 RNA 聚合酶 II 的结合依赖于 CTD 磷酸化，而 CTD 也通过"征募"聚尾相关因子组成稳定的复合物来完成整个 3′ 末端的加尾过程。在 mRNA 的转录加工过程中，通过 CTD 的可逆磷酸化，RNA 聚合酶 II 与各种蛋白质因子间有机结合，从而实现对整个转录和加工过程的调控。正是由于 CTD 的存在，RNA 聚合酶 II 在整个转录延伸的过程中不仅募集了与转录起始和延伸相关的转录因子，还募集了与 mRNA 加工相关的加工因子。这些因子通过蛋白质与蛋白质间的相互作用组成了一个巨大的动态复合物，完成 mRNA 从合成到加工成熟的整个过程。

由此可以看出，RNA 聚合酶Ⅱ的 CTD 的可逆磷酸化能够影响转录及后加工过程。同时，磷酸化也受到蛋白激酶等多种蛋白质因子的调节。CTD 的磷酸化状态具有类似某种调控信号的作用，也可以看做是一种转录调控的"开关"，使 RNA pol Ⅱ不仅是作为转录复合物的一种组分，还能够"主动"地参与对转录过程的调控。

三、转录因子对基因表达调控的影响

真核生物 RNA 聚合酶并不包含类似于原核生物 RNA 聚合酶中 σ 因子的亚基，不能直接识别并结合启动子，需要借助其他蛋白质因子来识别启动子并解开 DNA 的双螺旋，确定转录起点、调控转录频率及表达特异性。这些能直接或间接地识别或结合在各类顺式作用元件上影响基因转录及加工过程的蛋白质就是转录因子。

（一）转录因子的类型

根据作用位点及功能特点，转录因子可以分为 4 类，即维持基因转录必不可少的基础转录因子（basal transcription factor）[也称通用转录因子（general transcription factor）]、维持基因基础转录频率的上游转录因子（upstream transcription factor）、在转录因子和 RNA 聚合酶Ⅱ之间传递信息的中介因子（mediator）及决定基因表达的时间或空间特异性的基因特异性转录因子（gene-specific transcription factor）。

1. 基础转录因子 基础转录因子是 RNA 聚合酶起始转录所必需的多种蛋白质因子，也是转录起始复合物的基本组分。以 RNA 聚合酶Ⅱ为例，其基础转录因子包括 TFⅡD、TFⅡA、TFⅡB、TFⅡF、TFⅡE、TFⅡH 等。这些基础转录因子一般结合在核心启动子区附近，通过与 TATA 框等核心元件及 RNA 聚合酶Ⅱ的相互作用形成转录起始复合物，决定转录的起点，并维持基础水平的转录。基础转录因子对于转录的重要作用请参考第六章。

2. 上游转录因子 上游转录因子识别并特异地结合在启动子的上游控制位点上，如结合在上游启动子成分 CAAT 框的 CTF/CP，结合在 GC 框的 SP1 等。它们在一般细胞中普遍存在，作用是提高启动转录的效率。

3. 中介因子 中介因子在多种类型的真核细胞中广泛存在，几乎参与了所有 RNA 聚合酶Ⅱ介导的基因转录，是介于其他转录因子与 RNA 聚合酶Ⅱ之间传递调控信息的"桥梁"，称为真核生物基因转录的中央控制器。酵母和人的中介因子拥有 20 多个在进化上高度保守的亚基，总体结构颇为类似，可分成"头部（head）－中部（middle）－尾部（tail）－CDK8 激酶基序（CDK8kinase motif, CKM）"4 个不同的结构区域（其中 CKM 是可以解离的）。中介因子的头部、中部和尾部像一只手一样，直接把 RNA 聚合酶Ⅱ握在掌心（图 8.7）；而 CKM 的结合则会抑制中介因子与 RNA 聚合酶Ⅱ的结合，使中介因子从促进转录的活化状态变为抑制转录的封闭状态。在此状态转换过程中，中介因子头部的 Med17 亚基和 RNA 聚合酶Ⅱ的 Rpb3 亚基的直接作用对于 RNA 聚合酶Ⅱ的招募是必需的，而基础转录因子 TBP 的结合能够促进 RNA 聚合酶Ⅱ通过 Rpb4/7 亚基和中介因子头部相互作用，使 RNA 聚合酶Ⅱ的"活性裂隙中心"更好地发挥作用（图 8.7b）。

4. 基因特异性转录因子 基因特异性转录因子能够特异性地识别并结合在某些顺式作用元件上，通过 DNA-蛋白质或蛋白质-蛋白质相互作用调节基因的转录活性，决定不同基因表达的时间或空间特异性。根据其调控作用，可分为转录激活因子和转录阻遏因子两类。

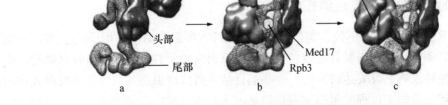

图 8.7 酵母中介因子——RNA 聚合酶 II 全酶复合体（holoenzyme）——可能的形成过程（电镜结构）
(改自 K.L. Tsai, et al., 2014)

转录激活因子的作用是提高启动转录的效率，包括组织特异性激活因子、诱导型激活因子、抗阻遏因子和构筑蛋白等。①组织特异性激活因子只在特定细胞、组织或器官中合成，调控靶基因组织特异性表达，其中最具代表性的是调节发育的因子；②诱导型激活因子能与 DNA 调控区的各种应答元件结合，在特定的时间或特定的条件下合成或被活化，从而调控靶基因在不同时间、不同条件或不同环境下表达，如热激转录因子、金属应答转录因子、激素受体等；③抗阻遏因子结合于增强子时，会募集组蛋白修饰酶和染色质重塑复合物，将染色质从封闭状态转变为开放状态；④构筑蛋白的作用是使 DNA 弯曲，将结合的蛋白质聚集在一起，并形成协同功能复合体，或使 DNA 向相反方向弯曲而阻止复合体的形成。如高迁移率群蛋白（high-mobility group protein, HMG protein），它们是一类含量丰富而不均一、富含电荷的非组蛋白，相对分子质量不大，因在聚丙烯酰胺电泳中迁移率很高而得名。

虽然真核生物的基因表达调控以正调控为主，但也存在一些起负调控作用的转录阻遏因子。这些转录阻遏因子虽然调控方向都是抑制基因表达，但作用机制并不一致：①阻遏因子可以结合在启动子邻近区域，与 RNA 聚合酶相互作用从而抑制转录起始；②阻遏因子可通过干扰激活因子的功能来发挥负调控作用；③阻遏因子能募集核小体修饰酶，从而引起染色质上某些基因转录失活。例如，组蛋白脱乙酰酶可以从组蛋白尾部去除乙酰基，从而提高组蛋白八聚体对 DNA 的束缚能力，抑制基因转录；DNA 甲基化酶则可以使调控区 DNA 序列甲基化，从而抑制其与转录因子或 RNA 聚合酶结合。

（二）转录因子的结构特点

一般情况下，转录因子需要与相应的顺式作用元件直接或间接相互作用之后，才能调控靶基因的转录。根据其作用机制的不同，转录因子上可能有不同的功能结构域：①能够直接与 DNA 结合的转录因子，必须包含 DNA 结合结构域；②能够直接调控转录活性的转录因子，要有转录激活（或抑制）结构域。另外，一些需要与自身或其他转录因子形成二聚体才能发挥作用的转录因子，含有可介导蛋白质聚合的二聚体结构域；一些可以与小分子物质结合来调控自身活性的转录因子，具有配体结合结构域。尽管这些转录因子的结构千差万别，但根据关键结构域的氨基酸序列和肽链的空间排布，可以归纳出若干具有典型特征的结构域。

1. DNA 结合结构域 转录因子的 DNA 结合结构域决定了它所结合的顺式作用元件的

序列特异性，同时将转录激活/抑制结构域定位于基础转录装置的附近，从而发挥其转录激活/抑制作用。它一般是由几个亚区组成，长度为 60～100 个氨基酸残基，与之结合的 DNA 区常是一段反向重复序列，因此许多转录因子常以二聚体形式与 DNA 结合。常见的 DNA 结合结构域有锌指结构域（zinc finger domain）、同源异形结构域（Homeodomain，HD）、亮氨酸拉链（leucine zipper）和螺旋-环-螺旋（helix-loop-helix，HLH）。其中，后两种结构域除了具有与 DNA 结合的结构域外，还有与蛋白质结合的结构域，这些蛋白质结合结构域参与二聚体的形成，并且二聚体的形成是此类转录因子与 DNA 结合的必要条件。

（1）锌指结构域。锌指结构域是一种含锌离子的手指状构象的结构域（图 8.8）。根据与锌离子结合的氨基酸残基组成的不同，常见的有两种形式，即 Cys_2/His_2 锌指（C_2H_2 型锌指）和 Cys_2/Cys_2 锌指（C_2C_2 型锌指）。锌指的数量可以是 1 个，也可以是多个，而且不一定每个锌指都是有功能的。

C_2H_2 型锌指中的 2 个半胱氨酸和 2 个组氨酸与 Zn^{2+} 结合，锌离子将一个 α 螺旋与一个反向平行 β 片层的基部相连，锌指环上突出的赖氨酸和精氨酸参与同 DNA 的结合。单个锌指约含 23 个氨基酸残基，共有序列为 $Cys-X_{2\sim4}-Cys-X_3-Phe-X_5-Leu-X_2-His-X_3-His$（X 表示任意氨基酸）。多个指状结构间常通过 7～8 个

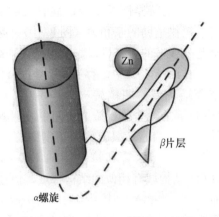

图 8.8 锌指结构域构象示意图

氨基酸残基相连成串联重复，重复出现的 α 螺旋几乎连成一线，一个 α 螺旋可以特异地识别 3～4 个碱基，因此这种蛋白质与 DNA 特定序列的结合很牢固且特异性也很高（图 8.9）。

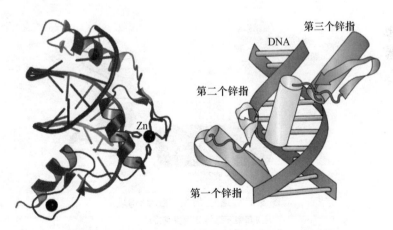

图 8.9 3 个 "C_2H_2" 型锌指排列成曲线嵌入 DNA 大沟中
（来源于转录因子 Zif268，PDB ID 1A1L）

C_2C_2 型锌指中的锌离子与 4 个半胱氨酸结合，单个锌指的序列常为 $Cys-X_2-Cys-X_{13}-Cys-X_2-Cys$。这类锌指出现在 100 多种类固醇激素受体转录因子中，这些转录因子常由同型或异型的二聚体组成，其中每个单体包含 2 个 C_2C_2 锌指结构，2 个单体通过锌离子稳定折叠成更复杂的构象，再把每个单体的 α 螺旋插入到 DNA 的连续大沟中。将类固醇受体的后 2 个半胱氨酸残基突变为组氨酸残基后，它就不能再活化其靶基因。

(2) 同源异形结构域。同源异形结构域最早是从果蝇同源异形座位（homeotic loci）（该遗传位点的基因产物决定了躯体发育）中克隆得到，它存在于很多控制果蝇早期发育的同源异形蛋白（homeotic protein）中。后来发现含同源异形结构域的蛋白质存在于从酵母到人几乎所有的真核细胞中，其序列在不同生物中有很高的同源性。

同源异形结构域包含 60 个保守的氨基酸，由 3 个 α 螺旋组成。与 DNA 相互作用时，前两个 α 螺旋往往靠在外侧，螺旋 3（α3，含 17 个氨基酸残基，称为识别螺旋）则卧于大沟，与 DNA 中的特异性碱基及磷酸骨架结合；另有 N 端区域深入小沟，提供辅助的亲和力（图 8.10）。此类结构域的 α 螺旋中某些氨基酸残基的突变可以影响与靶序列结合的亲和性。

在原核生物中，存在一种与同源异形结构域近似的 DNA 结合结构域，即螺旋-转角-螺旋（helix-turn-helix，HTH）。HTH 含有两个 α 螺旋，中间由短侧链氨基酸残基形成"转角"。其中近 C 端的 α 螺旋称为识别螺旋，与靶序列 DNA 大沟结合（图 8.11）。尽管真核生物的 HD 结构域与原核生物典型的 HTH 结构域有相似的结构特点，但在组成和 DNA 结合方式方面仍有一些差异。其一，HD 结构域中含 3 个螺旋，而 HTH 含两个螺旋。其二，HTH 型转录因子总是以同源二聚体形式与 DNA 结合，且靶 DNA 序列常是回文结构，而真核的 HD 型转录因子通常以单体或异源二聚体形式与 DNA 结合，靶序列不是回文结构。另外，HD 的 N 端区域结合在 DNA 的小沟，而 HTH 的 N 端螺旋与 DNA 的背面接触。

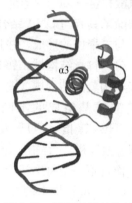

图 8.10 同源异形结构域
（来源于转录因子 Ultrabithorax，PDB ID 1B8I，其中识别螺旋 α3 嵌入 DNA 大沟内，N 端长臂插入 DNA 小沟中）

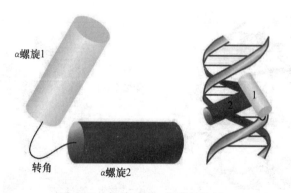

图 8.11 螺旋-转角-螺旋结构域
（其中 α 螺旋 2 为识别螺旋）

(3) 亮氨酸拉链结构域。亮氨酸拉链结构域是由两亲性 α 螺旋组成，其突出特点是每隔 6 个氨基酸残基出现一个亮氨酸残基。亮氨酸残基借助疏水作用集中排列在 α 螺旋的一侧，呈拉链状构象。两条肽链通过亮氨酸拉链的相互作用可形成二聚体，两个 α 螺旋彼此缠绕在一起形成螺旋的再螺旋。如果拉链区的侧翼是富含赖氨酸和精氨酸的碱性 α 螺旋，借助其正电荷可与 DNA 的磷酸基团结合，此种结构域称为碱性亮氨酸拉链（basic zipper，bzip）。亮氨酸拉链区的作用是将一对与 DNA 结合的区域拉在一起，以结合两个相邻的 DNA 序列。两个亮氨酸拉链蛋白形成二聚体时构成"Y"形，拉链构成了"Y"形的柄部，而碱性区则为两个分叉。每个碱性区的α螺旋缠绕在DNA的大沟中,氨基酸侧链与大沟中碱基对之间互作,进行序列特异性结合(图8.12)。

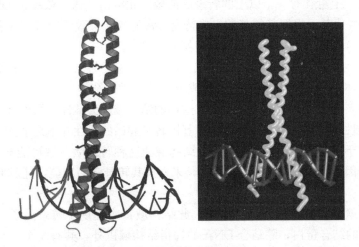

图 8.12　亮氨酸拉链结合 DNA
(来源于 GCN4,PDB ID 1YSA)

(4) 螺旋-环-螺旋结构域。螺旋-环-螺旋(helix-loop-helix,HLH)结构域包含两个α螺旋及中间的连接环,长40~50个氨基酸残基。两个α螺旋都是两亲性的,包含一侧疏水残基和一侧带电残基,每个螺旋长15~16个氨基酸残基。两个α螺旋之间的连接环长度大小不等,一般为12~28个残基。两条链的α螺旋可以依赖疏水氨基酸侧相互作用形成同源二聚体或者异源二聚体,与此结构域相邻的10~20个残基的碱性区可与DNA结合(图8.13)。二聚体的组分不同,碱性区域识别的DNA序列就有很大差异,造成不同的二聚体识别不同的DNA序列。

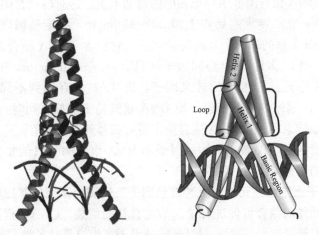

图 8.13　螺旋-环-螺旋结构域结合 DNA
(来源于转录因子 Max,PDB ID 1HLO,Basic Region 即结合 DNA 的区域)

2. 转录激活(或抑制)结构域　转录激活(或抑制)结构域是转录因子中直接参与激活(或抑制)基因转录的功能区。真核生物基因表达调控以正调控为主,因此转录因子中以转录激活结构域为主。转录激活结构域一般无基因特异性，即如果把 A 蛋白的 DNA 结合结构域与 B 蛋白的转录激活结构域重组在一起，融合蛋白只能激活 A 蛋白所能调控基因的转录。一个转录因子上可含有一个以上的转录激活域。此结构域通常依赖于 DNA 结合域外的 30～100 个氨基酸残基，根据其氨基酸组成特点，常见的转录激活域可有 3 种：富含酸性氨基酸结构域、富含谷氨酰胺结构域及富含脯氨酸结构域。

（1）富含酸性氨基酸的转录激活结构域。通过比较酵母转录因子 Gcn4 和 Gal4、哺乳动物糖皮质激素受体以及 AP1 转录因子家族成员的转录激活结构域，发现它们都含有很高比例的酸性氨基酸，多呈带负电荷的 α 螺旋，这样的结构域称为酸性 α 螺旋结构域或酸性激活结构域。这种酸性 α 螺旋结构域特异性诱导基因转录起始的活性并不是很强，其激活基因转录的特异性决定于同一蛋白上的 DNA 结合结构域。这种转录激活域可能与 TFⅡD 复合物中某个基础转录因子或 RNA 聚合酶Ⅱ结合，来发挥其转录激活功能，还具有稳定转录起始复合物的作用。

（2）富含谷氨酰胺的转录激活结构域。此结构域首次发现于转录因子 SP1 中。SP1 是启动子中 GC 框的结合蛋白，除结合 DNA 的锌指结构域以外，共有 4 个参与转录激活的区域，其中最强的转录激活域很少有极性氨基酸，却富含谷氨酰胺，达该区氨基酸总数的 25% 左右。与酸性激活结构域一样，该结构域中谷氨酰胺残基所占的比例似乎比总体结构更重要。酵母的 HAP1/2、GAL2 及哺乳动物细胞中的 Oct1/2、AP2、血清应答因子（SRF）等都含有相同的富含谷氨酰胺的结构域。

（3）富含脯氨酸的转录激活结构域。此类结构域含有一个能激活转录的连续的脯氨酸残基链。转录因子 CTF 家族蛋白（包括 CTF-1、CTF-2、CTF-3）的转录激活结构域在 C 末端，含有 20%～30% 的脯氨酸残基。在空间结构形成过程中，脯氨酸的存在可阻碍 α 螺旋的形成。

（三）转录因子对基因表达的调控特点

1. 基础转录因子识别不同的启动子并决定转录的起点与方向，维持基础水平的转录
基础转录因子可将 RNA 聚合酶Ⅱ引导至相应的启动子上，这对转录是绝对重要的。核心启动子元件 TATA 框一般在转录起始点上游 25～35 bp 处，决定基因转录的起点与方向。TFⅡD 是结合于 TATA 框的第一个基础转录因子，它包含 TATA 结合蛋白（TATA-binding protein，TBP）和 10 多种 TBP 协同因子（TBP associated factor，TAF）。其中，TBP 是唯一与特异 DNA 序列结合的基础转录因子，而 TAF 具有识别不同启动子的特异性。TBP 的结合使 TATA 框序列扭曲变形，使 DNA 双链易于解旋。同时，TBP-DNA 复合体的形成促使其他基础转录因子和 RNA 聚合酶本身被招募到启动子上。

但是，需要注意的是，仅靠基础转录因子和 RNA 聚合酶Ⅱ只能实现基础水平转录调控，不能调控基因的表达量。

2. 结合于启动子上游调控元件的上游转录因子负责调控基因的基础转录频率　上游转录因子与上游调控元件的结合可促进转录起始复合物的组装。CAAT 框是真核生物基因常有的调节区，控制着转录起始的频率。CTF 转录因子家族成员对各种 CAAT 框有相同的亲和力，而 CP 家族成员与不同基因启动子中 CAAT 框的亲和力不同。GC 框也是一个转录调节区，有激活转录的功能。相应的转录因子 SP1 能与 GC 框的共有序列 GGGCGG 及其互补序列结合，但是 SP1 的识别和结合同时还受 GC 框共有序列两侧的碱基序列影响。除了上游调控元件的基因序列，每个元件之间的距离也会影响转录的效率，只有它们之间的距离在一定范围时，才能协同作用发挥最大的转录活性。这些结构特点造成了不同基因基础转录水平的差异。

3. 中介因子在基因的转录调控中具有不可替代的"桥梁"作用 在转录起始复合物形成过程中，中介因子分别与 RNA 聚合酶Ⅱ及其他转录因子互作，不仅可以促进起始复合物在靶基因启动子上的组装，还可在其他转录因子与 RNA 聚合酶Ⅱ之间传递调控信息。

体外实验发现，当不含有中介因子，只含有高度纯化的 RNA 聚合酶Ⅱ及基础转录因子时，仅能维持基础水平的转录，对特殊基因的活化蛋白（基因特异性转录因子）不能发挥作用。只有当中介因子与其他转录因子相互作用时，通过空间构象改变将其他转录因子的激活或阻遏效应传递给 RNA 聚合酶Ⅱ，才能促进或抑制基因转录。

除此之外，越来越多的证据表明，中介因子在转录过程中还能发挥一定的招募后（post-recruitment）功能（一般地，转录的起始、延伸、mRNA 的加帽、可变剪接等统称为招募后事件）。因此，中介因子能够对靶基因的转录水平从多个层面进行调控，以达到精确控制的效果。

4. 基因特异性转录因子对基因的转录进行精细调控 在转录调控中，激活与抑制是相辅相成的两个方面，某个特定基因的转录与否取决于其正负调控因子之间的平衡。只要转录因子能够作用于基因的顺式作用元件，基因特异性的转录因子在上游激活物序列（upstream activator sequence，UAS）、增强子或沉默子等顺式作用元件上的先期结合都是必需的。转录激活因子能在染色质中找到靶 DNA 序列，招募染色质重塑因子、组蛋白修饰因子及 HMG 等，通过组蛋白修饰因子或染色质重塑因子使核小体移位或者重置从而暴露启动子，而 HMG 蛋白可以使 DNA 弯曲从而将结合在不同顺式作用元件上相隔甚远的转录因子聚集在一起。此后，转录起始复合物装配就开始了（图 8.14a）。如果此基因不需表达，那么转录阻遏因子代替转录激活因子出现，并通过与上游激活物序列、沉默子等顺式作用元件或与中介因子、其他转录因子、RNA 聚合酶Ⅱ等蛋白质互作来抑制转录起始（图 8.14b）。这些特异性基因表达的激活和抑制都严格地受到基因特异性转录因子的调控。

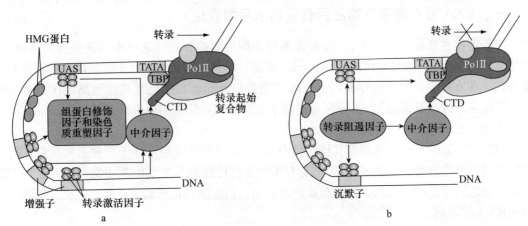

图 8.14 转录因子对基因转录的调控
a. 转录激活　b. 转录抑制
（箭头表示可能存在的互作）
（改自 D. L. Nelson，et al.，2008）

5. 转录因子能够接受上游调控信号进行级联调控　基因表达与否的"信号"是通过信号转导通路传递至相关转录因子，从而调控基因的转录。一个基因表达与否的最初"指令"一般来自于环境和发育中的各种"信号"。当信号分子与相应的受体（即基因特异性转录因子）作用后，可以引发受体分子的构象变化或者激活受体分子的蛋白激酶、磷酸酯酶等活性，从而直接或间接作用于靶位点，打开或关闭某些基因的表达。这些信号分子可以是离子或有机小分子，也可以是蛋白质。它们可以由一个细胞释放，而被另外的细胞接受。信号分子还可以通过其受体分子指导合成 cGMP、cAMP、肌醇三磷酸等第二信使分子。在真核生物里，大多数"信号"是沿着信号转导通路将调控信息传递给下游靶基因的。也就是说，各信号通路通过控制相应基因特异性转录因子，将"信号"传递到中介因子；中介因子接收到输入"信号"，并将之转化成特异的、精确的转录输出"信号"，调控 RNA 聚合酶Ⅱ的转录。例如，信号分子（如糖皮质激素）与其细胞质中的受体（如糖皮质激素受体）的结合可促使受体与抑制性蛋白解离，受体转移到细胞核并激活靶基因的转录。

第四节　真核生物转录后水平基因表达的调控

原核生物的转录和翻译是偶联的，mRNA 几乎不经过加工就直接进行翻译。而真核生物初始转录产物在转录过程中就已经开始进行一系列的修饰和加工，最后才成为成熟的 mRNA，并且从细胞核转运到细胞质，在核糖体上作为模板指导合成蛋白质。本节主要以 mRNA 为主，介绍 RNA 可变剪接（alternative splicing）、RNA 编辑（RNA editing）、非编码小 RNA（small noncoding RNA）及环状 RNA（circular RNA，circRNA）等在真核生物基因转录后水平表达调控中的作用。其中，RNA 可变剪接和 RNA 编辑可以使同一个基因在不同情况下、不同组织中加工成不同的产物；非编码小 RNA 可以对基因的表达进行负调控（少数情况下正调控）；环状 RNA 可以解除小 RNA 对其靶基因的抑制作用，从而提高靶基因的表达水平。

一、RNA 可变剪接影响基因转录后水平的表达

可变剪接主要是指从一个 RNA 前体通过不同的剪接方式（选择不同的剪接位点组合）产生不同的 RNA 剪接异构体的过程。mRNA 前体的可变剪接是真核生物基因表达调控的重要方式，在真核生物中普遍存在，也反映了遗传信息的动态变化及其在更高层次的重新组合，可以在不改变基因组 DNA 序列的前提下使编码序列的利用效率成几何级数增加，极大丰富了蛋白质表达的复杂程度。

但需要注意的是，虽然高等真核生物中 mRNA 可变剪接是一种十分普遍的现象，但并非所有通过可变剪接产生的 mRNA 都具有编码蛋白质或者其他生物学功能。在人类和大鼠已知序列的转录物中，大约 1/3 的剪接产物会引入前移的终止密码子，并通过无义密码子介导 mRNA 的降解。

1. 可变剪接的常见模式　对于可以进行可变剪接的基因来说，外显子和内含子是相对的。剪接可以发生在任何一个外显子或内含子上。目前已发现的多种 mRNA 可变剪接形式主要包括：①外显子跳跃，是指加工过程中内部的外显子连同两侧内含子序列一起被剪去（图 8.15a）。在高等真核生物中外显子跳跃约占整个剪接事件的 40%，但在低等生物中却很

稀少。②内含子保留，是指剪接过程中某些内含子可以保留下来（图 8.15b），这种情况在脊椎和非脊椎动物中最少发生，仅占不到 5%，但在植物及真菌中却非常普遍。③可变 3′剪接位点和可变 5′剪接位点，是指某个外显子的 3′端或 5′端有多个剪接位点，在高等生物中分别占 18.4% 和 7.9%（图 8.15c 和 d）。④互斥外显子，是指两个外显子不能同时出现在同一个剪接产物中（图 8.15e）。⑤第一外显子可变，是指只有 5′端第一个外显子有多种剪接位点（图 8.15f）。⑥最后外显子可变，是指只有 3′端最后一个外显子有多种剪接位点（图 8.15g）。这几种剪接模式也可以组合产生更加复杂的可变剪接形式。

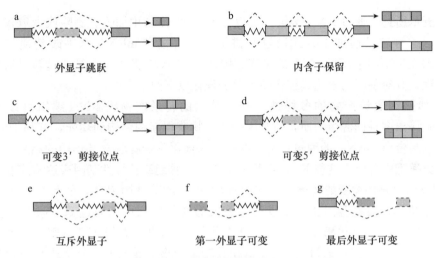

图 8.15 可变剪接的不同类型
（图中组成性外显子用黑色框表示，可变剪接外显子用灰色框表示，
内含子用波浪实线表示，虚线表示可变剪接的选择方式）
（改自 Z. Wang, et al., 2008）

2. 可变剪接的调控机制

（1）剪接增强子与沉默子竞争性调控可变剪接。剪接体组装过程首先必须识别内含子边界序列，而内含子的内部常常存在许多类似的隐秘的边界序列，因而细胞内有一套机制来防范不正确的 mRNA 剪接。目前已发现，在许多基因外显子与内含子的近边界位置含有 RNA 调控序列，可以辅助识别真假剪接位点。根据作用对象和作用方式，这些调控序列元件分为外显子剪接增强子、外显子剪接沉默子、内含子剪接增强子和内含子剪接沉默子。外显子和内含子的保留和跳过取决于这些元件竞争性调控作用的相对平衡，而这些调控元件的活性由其结合的剪接因子来执行。

（2）RNA 二级结构调控可变剪接。剪接增强子与沉默子的功能一般都须依赖 RNA 和蛋白质因子的相互作用，同时要求 mRNA 前体保持单链状态。RNA 上部分区域可以通过形成稳定的环状结构等高级构象，隐藏剪接位点或剪接因子结合位点，从而抑制剪接体的组装。与之相反，二级结构的形成如果封闭了剪接抑制因子结合位点，就能够促进剪接体的组装。

（3）转录过程调控可变剪接。mRNA 前体的修饰与加工并非完全发生在转录完成之后，而是与转录过程相偶联。在转录复合物中，RNA 聚合酶 II 的羧基末端结构域 CTD 对 mR-

NA 的加工有重要影响，它为 RNA 加工复合物提供组装的平台。同时，参与 RNA 合成的转录因子也可以影响剪接位点的选择。RNA 合成速率降低或暂停，有利于可变剪接中选择性外显子的保留。

除以上所述外，还有很多因素影响可变剪接过程，其调控也是正向和负向调控因子相互作用的复杂过程。例如，可逆的蛋白质磷酸化可以通过影响蛋白质与蛋白质、蛋白质与 RNA 相互作用，调控剪接体的组装，进而影响 mRNA 前体的可变剪接。

二、RNA 编辑影响基因转录后水平的表达

如第五章所述，通过 RNA 编辑，可以在 mRNA 序列中插入、删除或者取代一个或多个核苷酸，这种转录后加工方式通过非拼接作用直接在 mRNA 水平改变遗传信息，使 mRNA 序列发生不同于模板 DNA 的突变。因此，RNA 编辑实质上是通过转录后加工来调控翻译过程，其对基因的表达调控作用主要表现在以下两个方面。

1. 增加基因表达产物的多样性 同一基因的转录产物经 RNA 编辑可以产生多种 mRNA，翻译出多种同源蛋白质，使基因表达产物获得新的结构和功能，有利于生物进化。哺乳动物载脂蛋白 mRNA 的编辑是胞嘧啶脱氨酶催化胞嘧啶脱氨基作用的结果，而此编辑酶只在小肠细胞中合成，这种 RNA 编辑实际上是一种组织特异性基因表达调控方式。

2. 可以消除移码突变的危害 RNA 编辑不仅能调节基因表达，而且是一种基因突变的重要补救机制。有些基因在突变过程中丢失的遗传信息可能通过 RNA 编辑得以恢复。锥虫线粒体细胞色素氧化酶亚基 II 蛋白的基因序列（*co* II）在第 170 位密码子处存在一个移码（frameshift）突变，通过 RNA 编辑在其转录产物中插入了 4 个额外的 U 以后，恢复了 mRNA 正常的密码子组成，编码产物具有完整的酶活性，仅在蛋白质中增加了一个氨基酸。

三、非编码小 RNA 参与基因转录后水平表达的调控

从 20 世纪 90 年代开始，人们逐渐意识到非编码 RNA 在调控细胞活动方面有巨大的潜力。作为非编码 RNA 分子中的重要成员，小 RNA 通过影响基因的转录和翻译，在生物体的细胞分化、生长发育、环境适应等生命活动中发挥着重要的组织和调控作用。小 RNA 是一类成熟分子长度一般只有 20 多个核苷酸的 RNA 分子，研究最多的是小干涉 RNA（short or small interfering RNA，siRNA）和微小 RNA（microRNA，miRNA）。近年来又发现了一些新的小 RNA 种类，如 piRNA（piwi-interacting RNA，与 piwi 蛋白相作用的 RNA）。这些不同类型的小 RNA 在发生机制、对靶标的调控及其影响的生物学过程等都有所不同，却又相互关联、相互竞争或协作，共同调控基因表达或保护基因组免受来自细胞内外的威胁。下面就 siRNA 和 miRNA 进行重点介绍。

（一）siRNA

1990 年，Napoli 等将查尔酮合成酶基因导入矮牵牛中，试图通过增加酶的合成来加深花朵的紫色，结果却发现很多花朵的紫色不仅没有加深，而是变成了花斑甚至白色。他们认为这可能由于导入的基因和其相似的内源基因的表达同时被抑制所致，因此将这种现象称为协同抑制或共抑制（cosuppression）。1995 年，Guo 和 Kemphues 将 *par-1* 基因的 RNA 反义链注入线虫以阻断基因的表达，发现注入正义链 RNA 作为对照实验也同样阻断了基因的

表达。这一现象的原理直到 1998 年才被 Fire 和 Mello 揭示，其实质是在细胞内形成了双链 RNA，而双链 RNA 可诱发比正义链或反义链强得多的专一性基因沉默，并将此现象称为 RNA 干涉（RNA interference，RNAi），Fire 和 Mello 也因为在此领域的杰出贡献而获得 2006 年诺贝尔生理学或医学奖。植物中的共抑制、线虫中的 RNA 干涉和同期发现的真菌中的基因阻抑（gene quelling）现象的分子机理是相同的，现在统一称 RNA 干涉，而在其中起关键作用的小 RNA 分子称为小干涉 RNA。

1. siRNA 的发生机制 RNA 干涉广泛存在于从真菌到植物，从无脊椎动物到哺乳动物的各种真核生物细胞中。在经典的 RNA 干涉过程中，一些内源性或者外源性 siRNA 可通过碱基互补特异性结合于靶 mRNA 链上，引发 mRNA 降解，从而特异地抑制体内特定基因的表达，使细胞表现出特定的基因缺陷表型，产生转录后基因沉默（post-transcriptional gene silencing，PTGS）。通过 RNA 干涉进行转录后基因沉默的分子机制已逐渐被阐明，主要可分为 4 个阶段（图 8.14）。

① 长双链 RNA 在 Dicer 酶的作用下被切割为长度 21~23 个核苷酸的 siRNA。Dicer 酶是 RNaseⅢ家族中一种特异识别双链 RNA 的核酸内切酶，该酶能在 ATP 的参与下，逐步切割由外源导入或者通过转座子的转座、病毒的感染、反向重复序列的转录等各种方式引入的双链 RNA。酶解产生的 siRNA 的 5′端被磷酸化，3′端都有 2 个碱基突出。

② 双链 siRNA 解螺旋释放单链 RNA。siRNA 与一个核酶复合物结合形成 RNA 诱导的沉默复合物（RNA-induced silencing complex，RISC），然后消耗 ATP 将 siRNA 双链解螺旋为两条独立的单链小分子 RNA。其中，与靶 mRNA 互补的反义链保留在 RISC 中，而正义链则被降解。

③ RISC 中的 siRNA 反义链通过碱基配对定位到同源 mRNA 转录本上，激活 RISC。

④ 靶 mRNA 的切割和降解。在激活的 RISC 中，存在着另一种不同于 Dicer 的RNaseⅢ核酸内切酶家族成员 Argonaute（AGO，又名 slicer），它可以将与反义 siRNA 链互补的靶 mRNA 切割。被切割后的靶 mRNA 会被细胞内更多的核酸酶降解，从而不能再以其为模板指导蛋白质的合成。

另外，siRNA 不仅能引导 RISC 切割互补的同源单链 mRNA，而且可作为引物与靶 RNA 结合，并在 RNA 依赖的 RNA 聚合酶（RNA-dependent RNA polymerase，RdRp）作用下合成更多新的 dsRNA（图 8.16）。新合成的 dsRNA 再由 Dicer 切割产生大量的次级 siRNA，从而使 RNAi 的作用进一步放大。实际上，每个细胞只要有几个分子的双链 RNA，就足够完全阻断同源基因的表达。植物、线虫和酵母中都发现存在以 RNA 为模板的 RNA 扩增机制，但哺乳动物和果蝇的基因组分析却没有发现相关基因。

2. RNAi 的作用特点

（1）RNAi 具有极高的干涉特异性。siRNA 可以引起序列互补的内源 mRNA 的特异性降解，使生物体表现出该基因对应的沉默表型。在 siRNA 中若存在 1~2 个碱基错配会大大降低对靶 mRNA 的降解效果，表明 siRNA 识别靶序列具有高度特异性。

（2）RNAi 具有极高的干涉效率。数量远远少于内源 mRNA 的 siRNA，就能有效地抑制相应基因的表达，甚至能够达到近乎完全沉默的效果。因而，在 RNA 干涉过程中可能存在效应分子的扩增机制。

（3）RNAi 可在细胞间长距离运输。siRNA 引发的基因沉默不仅仅局限在开始发生的细

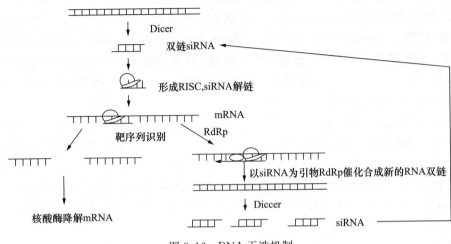

图 8.16　RNA 干涉机制

胞中，还可以通过细胞间扩散至邻近细胞，甚至可以通过向更远的组织或器官中长距离运输，进而在异地激发干涉效应。

(4) RNAi 具有遗传性。细胞中的 siRNA 可以传递给子代细胞，或者通过生殖系统传递给后代个体。也就是说，RNAi 的基因沉默效果不仅可以阻断生物体内的同源基因表达，还可以导致其第一代子代的同源基因沉默。

(5) RNAi 具有序列位置效应。Holen 等研究发现作用于基因不同位置的 siRNA 对基因沉默效率有非常大的影响，且 siRNA 与 mRNA 的结合部位有碱基偏好性，GC 含量较低的 mRNA 的沉默效果较好。

3. siRNA 的调控功能

(1) siRNA 可保护基因组免受病毒等外源核酸侵入。宿主细胞可利用入侵病毒的 RNA 为模板，通过 RdRp 合成双链 RNA，通过 RNAi 抑制病毒基因的表达，从而保护宿主免受病毒的危害。植物中的 siRNA 还可以通过胞间连丝在细胞间传递，或通过韧皮组织远距离传输到其他组织和器官中，让这些部位在病毒入侵之前就获得抵抗病毒的能力。但是，另一方面，病毒也会进化出与宿主抗病基因序列相似的序列，借助 RNAi 抑制宿主细胞抗病基因的表达。这种 siRNA 也会在宿主体内传播，增加了未被侵染的宿主细胞的易感性。

(2) siRNA 可清除错误 mRNA。通常情况下，成熟的真核 mRNA 与多种蛋白质（如 $5'$ 帽子结合蛋白和 $3'$ 多腺苷酸结合蛋白）结合，这些结合蛋白保护 mRNA，使 RdRp 无法靠近。当细胞中缺少这些 RNA 结合蛋白时，RdRp 可以结合 mRNA 并以其为模板扩增出双链 RNA，产生次级 siRNA 的放大效应。这个过程也可视作一种机体清除错误 mRNA 的机制。

(3) siRNA 可在转录前（即染色质水平）、转录后和翻译等多个层次参与基因表达的调控。除通过 RNAi 降解靶基因的转录物引发转录后基因沉默，RNAi 还能发生在转录前水平和翻译水平。在染色质水平，siRNA 可以通过引起同源基因或启动子的甲基化来介导转录前水平的基因沉默，也可能通过介导组蛋白和 DNA 甲基化引发染色体相应区域的异染色质化，抑制非必要基因和有害基因的表达，维护基因组的稳定。在翻译水平，siRNA 可以通过结合在 $3'$ 端非翻译区（$3'$ 端 UTR）来抑制 mRNA 的翻译。

(二) miRNA

1. miRNA 的发生机制　miRNA 是另一类非编码单链小分子 RNA，长度一般为 22 个核苷酸左右，也能够通过与靶 mRNA 特异性的碱基配对引起靶 mRNA 的降解或者抑制其翻译，从而对基因表达进行调控。1993 年，Ambros 等在线虫（C. elegans）首先发现调控基因 *lin-4* 并不编码蛋白质，但是最终合成一段 22 个核苷酸的小 RNA 转录产物，正好与序列互补的靶基因 *lin-14* 的 mRNA 的 3′端非翻译区的一个重复序列结合，形成异源 RNA 双链，因此实现了 *lin-4* 对 *lin-14* 的转录后沉默作用。

miRNA 在动物和植物基因组中普遍存在，而且 miRNA 的合成过程相似。首先由 RNA 聚合酶Ⅱ产生较长的初始 miRNA（pri-miRNA），然后经 RNA 酶切割产生前体 pre-miRNA，再经二次切割产生双链 miRNA，双链解链后产生成熟的单链 miRNA。成熟的 miRNA 5′端有磷酸基团，3′端为羟基，且具有独特的序列特征，如其 5′端第一个碱基经常是 U 而很少为 G，第 2~4 个碱基缺乏 U，一般除第 4 个碱基外，其他位置碱基通常都缺乏 C。成熟 miRNA 链与 AGO 蛋白等组装成非对称 RISC 复合物，然后结合到靶 mRNA 上，通过转录或翻译抑制阻断该基因的表达（图 8.17）。

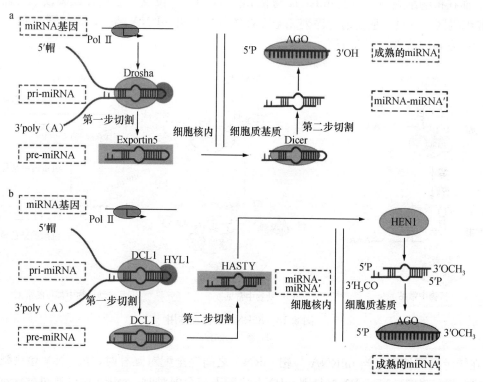

图 8.17　动物（a）、植物（b）中 miRNA 产生过程的比较
（引自朱玉贤，等，2013）

尽管动物和植物的 miRNA 合成的基本过程相似，但在一些细节上也存在差异。概括来说，主要表现在以下几个方面。

（1）在基因组中的分布特点不同。动物 miRNA 普遍存在基因簇现象，且来自同一基因簇的 miRNA 具有较强的同源性，来自不同基因簇的 miRNA 的同源性则较弱；在染色体上的基因之间及结构基因的内含子区域均存在大量编码 miRNA 的基因。植物 miRNA 多数由单一 pre-miRNA 加工而来，只有极少数 miRNA（如 miR395）存在基因簇现象；编码 miRNA 的基因主要存在于编码蛋白的基因之间，很少存在于 pre-miRNA 的内含子区域。

（2）miRNA 的合成步骤不同。在动物细胞中，miRNA 前体的两次切割都是由 RNAase Ⅲ 类核酸内切酶来完成。在 Drosha 对 pri-miRNA 进行第一次切割后，产物 pre-miRNA 在 Ran-GTP 依赖的转运蛋白 Exportin5 的作用下，从细胞核内运输到细胞质中，再由 Dicer 进行二次切割产生双链 miRNA，组装 RISC 复合物。但在植物细胞中，没有 Drosha 的同源基因，pri-miRNA 的两步切割都由 Dicer 的同源蛋白 Dicer-like1（DCL1）完成，而且都是在细胞核内进行的，产物双链 miRNA 由 Exportin5 的同源蛋白 HASTY 运输出细胞核，组装 RISC 复合物。此外，与动物中的 miRNA 不同，植物双链 miRNA 的两个 3′末端的自由羟基被甲基转移酶 HEN1 甲基化，以羟甲基的形式存在。甲基化的 3′末端不易被降解，还有助于 RISC 复合物的组装。

（3）miRNA 的作用方式不同。在动物细胞中，多数 miRNA 以不完全互补方式与其靶 mRNA 的 3′端非翻译区的识别位点结合，从而抑制 mRNA 的翻译，但不影响 mRNA 的稳定性。而在植物细胞中，多数 miRNA 与靶 mRNA 的结合位点一般在开放阅读框中而不在 3′端非编码区，并且一般是通过序列完全互补的方式与靶 mRNA 结合，常常通过靶 mRNA 的降解引发基因沉默（图 8.18）。

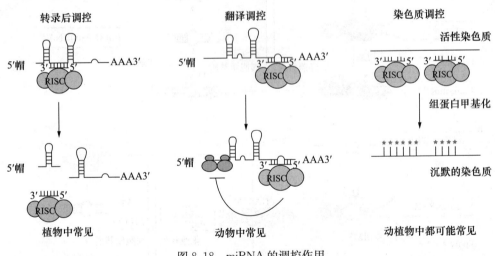

图 8.18　miRNA 的调控作用
（引自蔡禄，2012）

在转录后调控中，当 miRNA 与靶 mRNA 之间完全配对互补时，miRNA 导致靶 mRNA 被切割和降解；当 miRNA 与靶 mRNA 之间不完全配对时，miRNA 可通过翻译抑制发挥作用。miRNA 在染色质水平也有调控基因表达的作用，miRNA/RISC 复合物与活性染色质相结合时，可导致该区染色质沉默，从而抑制该区基因的转录。

当然，动、植物在以上各方面的区别是相对的。譬如，最新的研究表明，哺乳动物中有些 miRNA 也能够降解靶 mRNA。

2. miRNA 的调控功能　随着新 miRNA 的不断分离及其调控机制的深入研究，科学家发现 miRNA 与靶 mRNA 的结合部位、作用方式及调控方向具有广泛的多样性。

多数 miRNA 对靶基因具有负调控作用，但也有少数 miRNA 具有正调控功能。与靶 mRNA 之间的配对程度决定了 miRNA 抑制靶 mRNA 表达的方式。当 miRNA 与靶 mRNA 之间完全配对互补时，miRNA 可以和 siRNA 一样组装成 RISC，然后切割和降解靶 mRNA。当 miRNA 与靶 mRNA 之间不完全配对时，miRNA 可通过抑制翻译来降低靶基因的蛋白水平。此外，有些 miRNA 也可以在染色质水平进行表达抑制，通过 miRNA/RISC 复合物与染色质相结合，诱发组蛋白修饰，使该区染色质变为非活性状态（图 8.16），从而抑制转录。最新研究也发现，有些 miRNA 在一些条件下会发挥正调控作用。在细胞周期中，miRNA 的调控效应常在抑制作用和活化作用间摆动。在静态细胞中（G_0 期），有些 miRNA 激活翻译并上调基因表达，而在其他细胞循环/增殖期则继续发挥抑制作用。

miRNA 的调控作用不是单向的。有些 miRNA 基因本身是可调型基因，在某些特定条件下基因的表达会发生转录激活或转录抑制，而 miRNA 水平的变化直接导致其负调控的靶基因发生相反方向的表达变化。此外，在一些增殖细胞中发现了逃避 miRNA 抑制的现象。有些 mRNA 的 3'端非翻译区发生缩短，导致 mRNA 上的 miRNA 作用靶点减少，从而减弱了 miRNA 的负调控作用。

最新研究表明，在拟南芥和苜蓿等植物 pri-miRNA 中包含短的开放阅读框序列，能够编码一类具有调节功能的多肽。这种调节性多肽能够促进各自 pri-miRNA 的转录。

3. miRNA 和 siRNA 的比较

（1）miRNA 与 siRNA 的相同点。①长度都在 22 nt 左右；②合成都需要 Dicer 酶的参与；③都需要 Argonaute 家族蛋白存在；④二者都是 RISC 组分；⑤合成过程中都有双链 RNA 前体形式；⑥都具有作用的专一性和高效性、能长距离运输等特点。

（2）miRNA 与 siRNA 的不同点。①来源上，miRNA 是内源产生的，而 siRNA 可以是外源引入也可以是内源产生；②结构上，miRNA 是单链 RNA，而 siRNA 是双链 RNA；③Dicer 酶的加工方式不同，miRNA 是不对称剪切 pre-miRNA 的一个侧臂，而 siRNA 对称地剪切双链 RNA 的前体的两侧臂；④作用位置上，miRNA 主要作用于靶标基因 3'非编码区（动物）或编码区（植物），而 siRNA 可作用于 mRNA 的任何部位；⑤作用方式上，miRNA 可抑制靶标基因的翻译，也可以导致靶标基因降解，而 siRNA 主要介导靶标基因的降解。

四、环状 RNA 参与基因转录后水平表达的调控

环状 RNA（circle RNA，circRNA）最早于 20 世纪 70 年代发现于 RNA 病毒中，随后 Arnberg 等和 Cocquerelle 等分别在酵母和人体细胞中也发现了一些由外显子构成的 circRNA。与传统的线状 RNA（linear RNA）相比，circRNA 的分子呈封闭环状结构，不受 RNA 外切酶影响，表达更稳定，不易降解。近年来，随着 RNA 测序（RNA sequencing，RNA-seq）技术的广泛应用和生物信息学等技术的快速发展，人们发现 circRNA 并不像之前所认为的那样是一种极罕见现象，反而大量存在于真核细胞中，并且具有一定的组织、时序和疾病特异性。

1. circRNA 的发生机制 在真核生物中存在一种反向的可变剪接，使得基因的外显子序列反向首尾连接形成 circRNA。根据其来源不同，可以将 circRNA 的合成方式分为两大类：外显子环化（exon circularization）和内含子环化（intron circularization）。

2013年Jeck等提出了外显子环化产生circRNA的两种模型：套索驱动的环化（lariat-driven circularization）和内含子配对驱动的环化（intron-pairing-driven circularization）。它们生成的第一步是不同的：套索驱动的环化由一个外显子的3'剪接供体（splice donor，SD）与另一个外显子的5'剪接受体（splice acceptor，SA）共价结合，而内含子配对驱动的环化则先由两个内含子互补配对结合，从而形成环状结构。在接下来的步骤中，这两种模型的过程基本一致，即剪接体（splicesome）切除剩余内含子和形成circRNA（图8.19）。

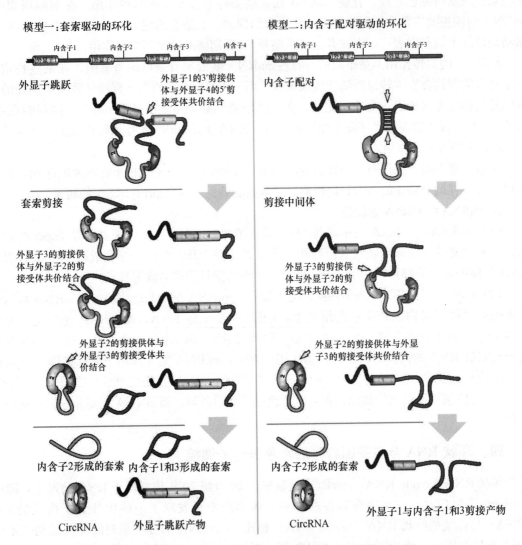

图8.19 外显子环状circRNA的可能发生机制
(改自 W. R. Jeck, et al., 2013)

同年，Zhang等紧接着提出了内含子来源的非编码circRNA，揭示circRNA也可来源于内含子（图8.20），内含子自身可发生环化，进而形成circRNA。随后又首次证明了内含子RNA互补序列介导的外显子环化，证实外显子环化依赖于两侧的内含子互补序列，为内含子配对驱动的环化模型提供了有力证据；还发现不同区域间内含子互补序列的竞争性配对，可以选择性地产生线状RNA或是环状RNA。

2. circRNA 的调控功能 circRNA 可竞争性抑制 miRNA 的调控作用。circRNA 分子富含 miRNA 结合位点，在细胞中起到 miRNA 海绵（miRNA sponge）的作用，通过竞争性结合 miRNA，可以解除 miRNA 对其靶基因的抑制作用，提高靶基因的表达水平（图 8.21a）。因此，circRNA 的这一作用也称为竞争性内源 RNA（competing endogenous RNA，ceRNA）。

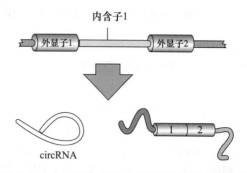

图 8.20　内含子来源的 circRNA 的可能发生机制

除作为 miRNA 的环状抑制剂，circRNA 至少还可能具有以下 3 种功能：①circRNA 通过碱基互补配对直接调控其他 RNA 水平（图 8.21b）；②circRNA 能与 RNA 结合蛋白（RNA-binding protein，RBP）结合，抑制蛋白质活性、募集蛋白质复合体的组分或调控蛋白质的活性（图 8.21c）；③一些 circRNA 可作为翻译的模板指导蛋白质的合成（图 8.21d）。

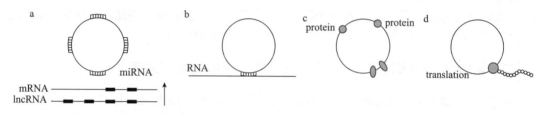

图 8.21　circRNA 主要调控功能

第五节　真核生物蛋白质合成水平基因表达的调控

在同一细胞中，同时转录出来的不同 mRNA 即使数量接近相等，编码蛋白质的数量和生物学活性却可以有很大差别，这便是在翻译水平对基因的表达进行调控的结果。调控主要表现在 mRNA 的寿命和结构及起始因子的修饰等几个方面。

一、mRNA 的寿命影响编码蛋白质的数量

真核细胞能否长时间、及时地利用成熟的 mRNA 分子翻译出足量的蛋白质，以供应个体生长、发育的需要，不仅取决于 mRNA 的数量，还与 mRNA 的寿命密切相关。mRNA 的寿命越长，在指导蛋白质合成时重复利用的次数越多。原核生物的 mRNA 半衰期很短，平均大约 3 min。由于真核生物的 mRNA 总是与不断变化的各种蛋白质结合成核糖核蛋白颗粒（ribonucleoprotein particle，RNP），结合蛋白的保护使真核 mRNA 的半衰期延长。迅速生长的真核细胞中 mRNA 的半衰期平均约为 3 h，高度分化的终端细胞中许多 mRNA 的寿命可长达几天或者数十天。例如，家蚕丝心蛋白基因几天内即可转录出 10^5 个丝心蛋白 mRNA，而它的寿命长达 4 d，每个 mRNA 分子能重复翻译出 10^5 个丝心蛋白，所以 4 d 内可以产生 10^{10} 个丝心蛋白，说明 mRNA 寿命的延长是提高翻译水平的一个重要因素。

二、mRNA 的末端特征结构调节蛋白质合成的活性

在成熟的真核生物 mRNA 中，5′端的帽子结构能够对其翻译活性产生重要影响。核糖体上蛋白质合成的起始，首先面临的问题就是如何识别帽子结构。帽子结构是否存在，是否易于接近起始因子 eIF4F，对翻译效率有重要影响。没有甲基化的帽子以及用化学或酶学方法脱去帽子的 mRNA，其翻译活性显著下降。此外，帽子结构对增加 mRNA 的稳定性及其从细胞核向胞质的转运都是必不可少的。

mRNA 的 3′端 poly（A）不仅和 mRNA 的核质转运能力有关，而且影响 mRNA 的稳定性和翻译效率。有 poly（A）的 mRNA 的翻译效率明显高于无 poly（A）的 mRNA。随着翻译次数的增加，poly（A）在逐步缩短，所以一般 poly（A）越长的 mRNA 的半衰期也越长。poly（A）对翻译的促进作用离不开 poly（A）结合蛋白（poly A binding protein, PABP），缺乏 PABP 结合的 mRNA 的 3′端裸露而易降解；而 PABP 迁移至 AAUAAA 序列（聚腺苷酸化信号序列）时，也会导致 poly（A）的暴露从而促进 mRNA 的降解。

真核生物 mRNA 上 5′端的帽子和 3′端 poly（A）尾巴以及相关蛋白质在翻译起始时是相互依赖、协同作用的。如果缺失 5′帽子结构，poly（A）尾巴常不能促进翻译。在缺乏 poly（A）尾巴的情况下，帽子结构的促进作用能降低一个数量级。因此，在缺少 5′端帽子和 3′端 poly（A）任何一方时，都对翻译的有效进行产生副作用。

三、mRNA 的末端非翻译区调节蛋白质合成的起始和效率

真核生物 mRNA 5′端由帽子结构到起始密码子之间的 5′端非翻译区（5′端 UTR），也称作先导序列（leader sequence）。先导序列对翻译起始有调控作用，能影响翻译起始的准确性和起始效率。当 5′端 UTR 中存在碱基配对区时，就可以形成发夹式二级结构，从而阻止核糖体 40S 亚基在 mRNA 上的移动，阻碍翻译起始，其抑制作用的强弱取决于发夹结构的稳定性及其在 5′端 UTR 中的位置。一般来说，碱基配对区越长或 G＋C 含量越高，发夹结构就越稳定。当第一个 AUG 密码子离 5′端帽子的位置太近时，常不能被 40S 亚基识别。Kozaki 比较了一系列含不同长度的 5′端 UTR 的转录体的翻译情况：当第一个 AUG 密码子距 5′端帽子结构的距离在 12 个核苷酸以内时，有一半以上的核糖体 40S 亚基会滑过第一个 AUG，从其下游 AUG 起始翻译；当把距离移至 20 个核苷酸长度，可以防止滑过的现象；当 5′端 UTR 长度在 17～80 核苷酸之间时，体外翻译效率与其长度成正比。

有些 mRNA 的 3′端 UTR 区也可以调控翻译效率。某些 mRNA 的 3′端 UTR 中有负调控元件，可与阻遏物（如 miRNA）结合后抑制翻译。也有些 3′端 UTR 内有正调控元件，可供核糖体识别，进而与其邻近起始密码子结合从而激活翻译。

四、起始密码子附近的核苷酸序列对蛋白质合成的起始有调控作用

真核生物起始蛋白质合成时，40S 核糖体亚基以及有关合成起始因子首先与 mRNA 模板的近 5′端处结合，然后向 3′方向滑行，发现 AUG 起始密码子时，与 60S 大亚基结合形成 80S 起始复合物。但是，为什么核糖体滑行到 mRNA 的 5′端最近的起始密码子位点就停下来并起始翻译呢？现在认为，这是由 AUG 的两侧序列所决定的。比较了 200 多种真核生物 mRNA 中 5′端第一个 AUG 前后序列发现，绝大部分都是 A/GNNAUGG，说明这样的序列

对翻译起始来说是最为合适的。

五、起始因子的修饰对蛋白质合成的起始有调控作用

参与翻译起始过程的蛋白因子有很多，哺乳动物细胞中就有 13 种以上，酵母也有 12 种。对这些起始因子进行磷酸化等修饰，常常会对蛋白质合成产生激活或抑制作用。譬如，eIF2 上 α 亚基磷酸化能够促进 eIF2 能够与 eIF2B 紧密结合，直接阻碍了 eIF2 的再利用，影响蛋白质起始复合物的形成，从而抑制翻译。另一个例子就是 eIF4F，它对蛋白质生物合成的调控作用也可通过亚基的可逆磷酸化作用来调节。当静止期细胞用胰岛素激活后，eIF4F 的 α 亚基磷酸化作用增加，此时蛋白质合成速度加快；而对细胞进行热休克处理或者细胞进行有丝分裂时，eIF4F 的 α 亚基发生去磷酸化，同时蛋白质合成受到抑制。蛋白质合成速度改变与 eIF4Fα 可逆磷酸化的相关性，证实了 eIF4Fα 修饰对翻译起始的调控作用。

另外，翻译产生的蛋白质还需要经过加工、修饰和折叠等过程才能具有蛋白质的天然构象，从而形成具有生物活性的分子，并且需要定向运输才能定位其功能位置。因此，蛋白质的翻译后加工过程也是基因表达调节的一个重要组成部分。

复习思考题

1. 真核生物基因表达的调控有什么特点？
2. 细胞核内的染色质一般有哪些状态？分别对基因表达有何影响？
3. 什么是 DNA 扩增？在真核生物中 DNA 扩增有几种形式？
4. 转录因子的 DNA 结合结构域有哪几种？分别写出其结构特点。
5. 什么是转录后沉默？有哪些不同的途径？
6. mRNA 结构对翻译起始是如何调节的？
7. 简述组蛋白乙酰化和去乙酰化影响基因表达的机制。
8. 简述 DNA 甲基化对基因表达调控的机制。
9. 简述不同转录因子对基因表达调控的机制。
10. 简述 mRNA 前体的可变剪接方式。

第九章 分子生物学研究方法

随着科技的飞速发展，分子生物学技术发展日新月异，一方面原有的研究方法和相关技术在不断改进，另一方面新的研究方法和技术手段也在不断涌现。分子生物学技术已几乎应用到生命科学研究的每一个领域，这些技术极大促进了科技工作者从不同层面探索生命奥秘的进程。尽管分子生物学主要研究生物大分子（核酸、蛋白质和其他大分子）的结构、功能以及大分子之间的相互作用，但核酸（或基因）仍然是分子生物学研究的主题。本章按照"核酸的分离与鉴定→基因表达分析→基因功能研究"的编写思路，对实验室常用的分子生物学技术的基本原理、操作要点、注意事项以及应用范围等进行简要介绍。

第一节 核酸的分离与鉴定相关技术

一、核酸的提取技术

核酸的提取与纯化是分子生物学操作的基本技术，核酸提取的质量和纯度成为实验中的重要影响因素，甚至直接决定着后续实验的成败。由于动物、植物或微生物的细胞结构（如细胞壁的有无）及化学组成（如多糖、脂类、蛋白质的含量）不同，所以提取核酸的方法会有所不同。对同种生物的不同种类或同一种类的不同组织，核酸的提取方法也会有所差异。虽然提取 DNA 或 RNA 的具体方法很多，但一般都包括 3 个基本的步骤：①破碎细胞，使核酸蛋白复合体释放出来；②使核酸蛋白复合体充分变性，利用各种理化方法将蛋白等非核酸成分除去；③将 DNA 或 RNA 从溶液中沉淀出来。

（一）DNA 的提取

1. 基因组 DNA 的提取 基因组 DNA 主要是指原核生物的拟核区和真核生物的细胞核内的大分子 DNA，真核生物的细胞器内（如线粒体或植物的叶绿体）也存有少量的相对较小的 DNA。无论提取原核生物还是真核生物的基因组 DNA，均需经过以下几个步骤：①通过高温、研磨、蛋白变性等理化作用破碎细胞，使核酸蛋白体释放出来；②通过去污剂（如 SDS、CTAB）及苯酚等试剂的作用，使核酸蛋白体解析；③加入氯仿等有机溶剂使蛋白质变性沉淀、DNA 被抽提；④用 RNase 进行消化以去除 RNA；⑤用乙醇或异丙醇将 DNA 沉淀出来。

操作时需注意以下几点：①提取溶液中通常加入 EDTA，因为 EDTA 是螯合剂，可以除去 DNase 所必需的 Mg^{2+}，防止 DNase 的降解作用；②提取过程中的机械剪切和变性剂等作用，使染色体 DNA 容易断裂成分子片段（分离方法不同，得到的片段大小会有所差异）；③若分别提取细胞核 DNA、线粒体 DNA 或叶绿体 DNA，一般先通过差速离心或密度梯度离心分离出细胞核及细胞器，然后再分别提取其 DNA；④植物材料尽量选取幼嫩组织或组织培养物，操作过程中注意克服植物次生代谢物质（如多酚、类黄酮和植物多糖等）对 DNA 制备的影响；⑤动物细胞没有细胞壁，因此破裂动物细胞相对容易一些，但动物细胞内的蛋白质含量较多，通常加入蛋白酶 K 对蛋白质进行水解；有些组织含脂肪较多，需要用乙醚抽提去除。

2. 质粒 DNA 的提取 质粒是主要存在于细菌内，独立于基因组 DNA 的共价闭合环状 DNA 分子。从细菌中分离提取质粒 DNA 主要包括 3 个基本步骤：①培养细菌使质粒扩增；②收集和裂解细胞；③分离和纯化质粒 DNA。通常采用加入溶菌酶破坏菌体细胞壁，用 SDS 或 Triton X-100 破裂细胞膜，从而使质粒 DNA 释放出来；再将质粒 DNA 与染色体 DNA 及细胞碎片分离开来；最后用乙醇沉淀等方法回收质粒 DNA。

操作过程中，应注意以下几个问题：①细胞裂解反应温和，并尽量减少对染色体 DNA 的机械剪切，使绝大部分染色体 DNA 以高分子质量形式存在，并与其他细胞碎片一起被离心除去，以避免在回收的质粒上清液中含有大量片段化的染色体 DNA；②由于抽提出的质粒 DNA 中仍然含有相当量的片段化的染色体 DNA，所以多数情况下需将质粒 DNA 进一步纯化；③大量提取质粒 DNA 时，可以通过氯化锂沉淀和 RNase 处理去除 RNA；④在剧烈裂解条件下，质粒 DNA 可以呈现完整的超螺旋、双链断裂的线状和单链断裂的开链环状 3 种构型。在琼脂糖凝胶电泳中，3 种构型的泳动速率不同，超螺旋形式要比开环和线状分子的泳动速率快。如果破坏程度较大，经常可以观测到 2~3 条电泳谱带。

（二）RNA 的提取与反转录

1. 总 RNA 的提取 RNA 的种类较多，主要有 rRNA、tRNA、mRNA 和 snRNA（small nuclear RNA）等。其中 80%~85% 是 rRNA，且其大小和序列确定；而剩余的大多是大小不等、序列相异的各种其他 RNA。总 RNA 提取的方法很多，但一般都包括以下几个步骤：①准备工作，试验中用到的所有试剂和器皿均进行去 RNase 处理；②收集组织或细胞，使细胞裂解；③使核酸蛋白复合体充分变性；④将 RNA 与蛋白质、多糖和 DNA 等分离开来；⑤沉淀、收集 RNA。

RNA 分离过程中，最关键的因素是尽量减少内源及外源 RNase 的污染，在制备的全过程中应保持高度警惕，并采取严格措施以避免其污染和抑制其活性：①对玻璃、陶瓷和金属器皿，于 180 ℃高温烘烤 4 h 以上对外源 RNase 进行灭活；②对塑料器皿，用 RNase 的特异性抑制剂如焦炭酸二乙酯（DEPC）浸泡 24 h 以上，再用常规高压灭菌锅于 120 ℃高温处理 20 min 以上使 DEPC 分解；③所有试剂均用被 DEPC 处理的水进行配制；④提取液中加入胍类试剂（如异硫氰酸胍）抑制内源 RNase 的活性；⑤在洁净的环境中进行操作，操作人员佩戴无 RNase 的手套和口罩等。

2. 真核生物 mRNA 的分离与纯化 细胞内 mRNA 只占 RNA 总量的 1%~5%，且分子大小不一，由几百至几千个核苷酸组成。从 mRNA 入手直接研究基因的结构和功能，能大大加快功能基因组研究的进程，因此 mRNA 的分离与纯化非常重要。mRNA 主要存在于细胞质中，大部分 mRNA 与蛋白质结合在一起形成核酸蛋白体。真核生物的 mRNA 大多数在 3′端都有 poly（A）序列，利用此特性可进行 mRNA 的分离与纯化。其提取一般有两条途径：①提取细胞总 RNA，然后再从中分离带 poly（A）的 mRNA；②先提取多聚核糖体，再将蛋白质与 mRNA 分开。

mRNA 分离纯化主要有亲和层析法、免疫法和超速离心法等。①寡聚（dT）纤维素柱层析法是分离 mRNA 最为有效和最常规的方法。在 RNA 流经寡聚（dT）纤维素柱时，在高盐缓冲液的作用下,mRNA 被特异地结合在柱上;当逐渐降低盐的浓度时,mRNA 被洗脱。经过两次寡聚(dT)纤维柱后,即可得到较高纯度的 mRNA。②免疫法用于分离纯化特定 mRNA。有生物活性的 mRNA 常与多个核糖体结合形成多聚核糖体,没有合成完的蛋白质还停留在多聚核糖体上。利用此特性,可以用特异性的抗体进行抗原抗体反应,即可将含量极微的特异的 mRNA 分离出来。③超速离心法可以同时分离多种 mRNA。利用密度梯度超速离心(如 CsCl 密度梯度超速离心法),将分子质量大小不同的 mRNA 分离开来,然后分别回收。此法由于应用范围窄、分离效果有限已不再常用。

3. mRNA 反转录成 cDNA 由于 mRNA 很不稳定,一般需要将提取的 mRNA 反转录成 cDNA,再进行存储或后续操作。反转录是在反转录酶的催化及引物的引导下,合成与 mRNA 互补的 cDNA 的过程。反应体系主要包括反转录酶、引物、RNase 抑制剂、dNTP 和离子条件。常用的反转录酶有莫洛尼氏鼠白血病病毒(moloney murine leukemia virus,MMLV)逆转录酶和禽成纤维病毒(avian myeloblastosis virus,AMV)逆转录酶。可用随机六聚核苷酸或与 mRNA 的 poly(A)碱基互补的 oligo(dT)对 mRNA 进行非选择性转录,也可以用特异引物反转录特定的 mRNA。通过反转录不仅可将在体外不稳定的 mRNA 转化为稳定的 DNA 的形式,也是利用 PCR 等方法检测细胞内 mRNA 丰度前必需的预处理手段。

二、聚合酶链式反应技术

聚合酶链式反应(polymerase chain reaction,PCR)是在体外进行 DNA 扩增的一门技术,又称无细胞分子克隆。PCR 技术以待扩增的两条 DNA 链为模板,在一对人工合成的寡核苷酸引物的介导下,通过耐高温 DNA 聚合酶的酶促作用,快速、特异地扩增出特定的 DNA 片段。Mullis 在 1985 年发明了这项技术,最初是利用 DNA 聚合酶 I 的 Klenow 片段进行 DNA 体外扩增,但该酶在高温下易变性失活,导致该项技术的推广受到了限制。直到 Saiki 等(1988)发现了耐热的 Taq DNA 聚合酶后,这项技术才得以广泛应用,并因其简单、快速、特异和灵敏的特点成为分子生物学研究中最重要的技术之一,Mullis 也因此获得了 1993 年度的诺贝尔化学奖。

(一)基本原理

PCR 技术实质上是一种在体外简化条件下模拟 DNA 复制的 DNA 分子拷贝数扩增方法。反应体系主要由模板 DNA、引物、四种脱氧核苷三磷酸(dNTPs)、DNA 聚合酶、Mg^{2+} 和缓冲液组成。反应过程是由高温变性、低温退火和适温延伸 3 个步骤组成的热循环。以变性后的 DNA 为模板,使一对引物分别与两条单链模板 DNA 中的一段互补序列相结合,形成部分双链;在适宜的温度和环境下,DNA 聚合酶将脱氧核苷酸加到引物的 $3'$-OH 末端;并以此为起始点,沿模板按 $5'\rightarrow 3'$ 的方向延伸,分别合成一条新的 DNA 互补链,类似于 DNA 的天然复制过程。这样,每一双链的 DNA 模板,经过一次变性、退火、延伸 3 个步骤的热循环后就成了两条双链 DNA 分子。如此反复进行,每一次循环所产生的 DNA 均能成为下一次循环的模板,每一次循环都使两条引物间的 DNA 特异区段的拷贝数扩增一倍(图 9.1)。经 25~35 个循环后,理论上可使基因扩增 10^9 倍以上,实际上受反应体系中各组分的限制,一般可扩增 10^6~10^7 倍。

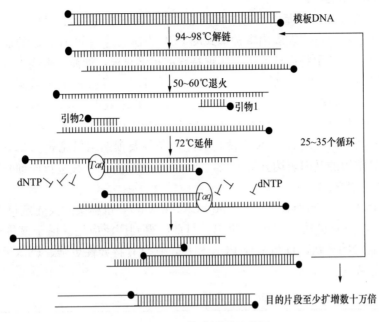

图 9.1 PCR 技术原理示意图

(二) 操作要点

在一个典型的 PCR 反应体系中，需加入适量的模板 DNA、上/下游引物、dNTPs、Taq DNA 聚合酶、Mg^{2+} 和适宜的缓冲液。各反应成分及其含量请见表 9.1 的示例。在进行 PCR 扩增之前，首先要设计并合成一对引物，以扩增所需要的 DNA 片段。然后，通过预实验优化反应体系中各组分的浓度和扩增条件，以便获得最佳的扩增效果。

一个完整的 PCR 反应包括 3 个基本步骤：①预变性，在进行热循环反应前，反应体系在 94~98 ℃下保温 3~5 min，以保证模板 DNA 完全热变性，由双螺旋变成为两条单链。②热循环，变性温度一般为 94 ℃，时间一般为 30~60 s；退火温度根据引物的 T_m 值来确定，时间一般为 15~30 s；延伸温度为 72 ℃，时间一般按 1 kb/min 确定。热循环数一般为 25~35。③后延伸，在末次循环结束后，仍需继续延伸 3~5 min 以上，以确保扩增的 DNA 为完整双链。其中，如果退火温度与延伸温度接近，可以将延伸与退火两个步骤合并为一个步骤，温度用退火温度，时间相应延长。

表 9.1 PCR 反应混合液中各组分的比例示例表

成分	加入体积	终浓度
10×反应缓冲液	5 μL	1.5 mmol/L Mg^{2+}
dNTPs（各 2.5 mmol/L）	4 μL	各 200 μmol/L
上游引物（20 μmol/L）	2.5 μL	1 μmol/L
下游引物（20 μmol/L）	2.5 μL	1 μmol/L
DNA 模板	x μL	0.01~0.1 ng/μL
Taq 聚合酶	0.5 μL	0.02 U/μL
双蒸水	至总体积 50 μL	

(三) 技术体系的发展

PCR 技术自发明以来，基于不同的前提条件和不同的研究目的，科研工作者在 PCR 基本原理的基础上进行改进，发展出多种形式的 PCR 方法。这些 PCR 方法的设计思路主要围绕以下几个方面：①从引物设计着手，实现特殊的扩增要求，如简并引物 PCR、反向 PCR、接头 PCR、嵌套 PCR、重叠 PCR 等；②改进扩增策略，以改善扩增效果，如降落 PCR；③对 DNA 聚合酶进行遗传改良，以提高扩增特异性、扩增效率、扩增长度或扩增保真性等；④改进扩增产物的检测方法，从而对初始模板进行准确定量和比较，如实时定量 PCR。对与改进引物和扩增策略常用的 PCR 方法，其适用条件及预期结果见表 9.2。实时定量 PCR 现在已经成为最常用的基因表达分析方法，所以我们对该方法单独进行详细介绍。

(四) 实时定量 PCR

实时定量 PCR（quantitative real time PCR，qPCR），也称实时荧光定量 PCR，是由美国 Applied Biosystems 公司于 1996 年推出，目前已得到广泛应用。由于该技术不仅实现了 PCR 从定性到定量的飞跃，且与常规 PCR 相比，它具有特异性更强、PCR 污染问题减少、自动化程度高等特点。

表 9.2　常用 PCR 方法的比较

名称	适用条件	改进策略	预期结果
简并引物（degenerate primer）PCR	某一物种的该基因序列未知，同源基因序列已知	据同源基因的保守序列设计简并引物（进化保守碱基不变，不保守碱基有多种可能性）	基因的同源克隆，通过引物简并提高序列扩增成功的可能性
复合（multiplex）PCR	序列已知的一个或多个 DNA 片段	多对引物与多种模板分别配对或与同一模板的不同区段配对，扩增长度接近，引物 T_m 值相近	一次 PCR 反应同时扩增多条目的 DNA 片段
加端（add-on）PCR	目的片段的序列已知	引物包含与模板 DNA 互补的序列，在引物的 5′端添加模板不存在的序列	使扩增产物的末端加上额外一段 DNA，如加上一个限制酶的识别序列
嵌套/巢式（nested）PCR	目的片段的序列已知	设计两侧或单侧多个特异性引物	通过由外向内的引物组合依次扩增，减少或避免非特异扩增
重叠（overlap）PCR	目的片段的序列已知	设计 3 条引物（1、2、3）组成两个引物对，其中 2 为共用引物，合成时可人为引入突变碱基	通过 1+2 和 2+3 分别扩增，然后产物混合进行 1+3 扩增，连接两个 DNA 片段，或者在序列内部引入突变碱基
反向（reverse）PCR	部分 DNA 片段序列已知，侧翼序列未知	将 DNA 片段首尾相连，设计与已知序列两末端互补且向外引导合成的引物	扩增已知序列单侧或两端的未知 DNA 序列
接头（adaptor）PCR	部分 DNA 片段序列已知，侧翼序列未知	先在未知序列末端添加一段人工合成的短 DNA 片段，提供引物互补区；再合成与接头互补的引物和与已知序列互补的特异引物	扩增已知序列加接头一侧的未知 DNA 序列

(续)

名称	适用条件	改进策略	预期结果
交错式热不对称（thermal asymmetric interlaced, Tail）PCR	部分DNA片段序列已知，侧翼序列未知	根据碱基组成规律设计数个代表性兼并引物为候选通用引物与未知序列互补，根据已知序列设计相隔200 bp左右的3个特异的单端嵌套引物	筛选出通用引物，根据其与3个特异引物进行单端嵌套扩增出长度差异正确的扩增产物，获得单侧的未知DNA序列
降落（touch-down）PCR	目的片段的序列已知，引物的最适退火温度未确定	前几个循环的退火温度逐渐降低，后续循环的退火温度不变	在保证一次扩增成功的同时，提高扩增的特异性

实时定量PCR通过在反应体系中加入荧光基团，利用荧光信号的积累实时监测整个PCR进程，最后通过标准曲线对模板进行定量分析。荧光基团混合在反应体系中，单独存在时不显示荧光信号，只有扩增反应后才能被激发出荧光。随着扩增DNA片段的增加，荧光强度也随之增加。

在实时定量PCR技术中，C_t值是一个很重要的概念。C代表cycle（循环数），t代表threshold（阈值）。通常将前10~15个循环的荧光值或阴性对照荧光值的最高点作为阈值，C_t值指的是每个反应管内的荧光信号到达设定阈值时所经历的循环数（图9.2a）。利用已知浓度的标准品可作出标准曲线，其中纵坐标代表标准品起始拷贝数的对数，横坐标代表C_t值。图9.2b中C_t值与该模板起始拷贝数的对数存在线性关系，起始拷贝数越多，C_t值越小。因此只要获得未知样品的C_t值，即可从标准曲线上计算出该样品的起始DNA的绝对浓度。实时定量PCR具有以下优势：①每一轮循环均实时检测一次荧光信号的强度，并记录下来；②PCR在到达C_t值所在的循环数时，刚刚进入真正的指数扩增期，此时微小误差尚未放大，因此C_t值的重现性好；③C_t值与起始模板的对数存在线性关系，可利用标准曲线对未知样品进行定量测定。

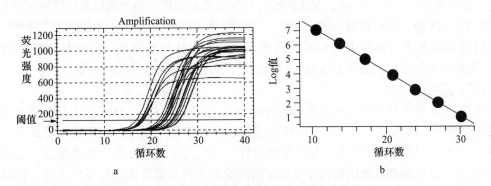

图9.2 实时定量PCR荧光曲线（a）与标准曲线（b）

根据荧光来源的不同，实时定量PCR可分为荧光染料和荧光探针两种方法。下面分别以SYBR荧光染料和TaqMan荧光探针简述其原理。①SYBR荧光染料，在反应体系中，加入过量的SYBR荧光染料，SYBR荧光染料掺入DNA双链后发射荧光，而未掺入DNA中的SYBR染料分子不会发射荧光，从而保证荧光信号的增加与PCR产物的增加完全同步。

②TaqMan 荧光探针，PCR 扩增时在加入一对引物的同时加入一个特异性的荧光探针，该探针为一段可与靶 DNA 序列中间部位结合的单链 DNA（长度一般为 50~150 bp），两端分别标记一个报告荧光基团和一个淬灭荧光基团。探针完整时，报告基团发射的荧光被淬灭基团吸收；PCR 扩增至该中间部位时，Taq 酶的 $5'\rightarrow 3'$ 外切酶活性将探针酶切降解，使报告荧光基团和淬灭荧光基团分离，荧光监测系统可接收到荧光信号。即每扩增一条 DNA 链，就有一个探针上的荧光信号得以释放，使得荧光信号的累积与 PCR 产物的形成完全同步。两种方法相比较，各有其优缺点。荧光染料与扩增产物的结合没有 DNA 序列特异性，所以可能会有假阳性发生（一般由解链曲线来分析产物的均一性）；但是通用性好，对不同模板不需特别定制，价格相对较低。荧光探针针对特异的靶序列，特异性强；但需要定制，价格比较昂贵。

实时定量 PCR 与普通 PCR 的区别主要表现在以下几个方面：①需特制的 PCR 管和专用的荧光定量 PCR 仪器。反应在透光性好的塑料管或塑料板中进行，保证激发光照射反应液，从而激发荧光基团发射荧光。②模板 DNA 浓度的精确定量需要标准曲线。每次试验需设阴性对照和 5 个以上的标准品（将已知浓度的 DNA 样品进行系列梯度稀释），每个样品至少平行做 3 个重复。③不同样品的定量比较需要设置内参。譬如要比较不同生物样品中某基因的 mRNA 表达丰度，实际是比较样品 mRNA 反转录成 cDNA 的浓度。检测时除了扩增目的基因外，还要选择一个组成型表达的管家基因作为参比基因，即内参。常用的内参基因如 GAPDH、β-actin、tubulin、18S rRNA 等。一般先将其中一种样品设为对照，然后分别测定对照组与多个处理组 cDNA 中内参基因和目的基因的 Ct 值，再用内参基因的结果对预测定 DNA 的结果进行均一化处理，最后得到各处理组相比对照组的目的基因表达量的变化倍数。

利用实时定量 PCR 进行样品相对定量分析的方法主要有双标准曲线法和 $2^{-\triangle\triangle Ct}$ 法。下面对两种方法的原理进行简要介绍：①双标准曲线法，通过标准曲线将对照样品、待测样品的目的基因及内参基因进行定量，然后根据计算公式（校正值＝目的基因定量结果/内参基因定量结果；相对定量值＝待测样品校正值/对照样品校正值）求得相对值即为待测样品中目的基因的相对表达量。此法的优点是分析简单，实验优化相对简单；缺点是对每一个基因，每一轮实验都必须做标准曲线。②$2^{-\triangle\triangle Ct}$ 法，此法是通过 PCR 获得对照样品和待测样品的目的基因和内参基因的平均 Ct 值，然后根据公式 $F=2^{-[(待测目的基因Ct值-待测内参基因Ct值)-(对照目的基因Ct值-对照内参基因Ct值)]}$ 计算出目的基因在待测样品中的相对表达量。此法无需作标准曲线，但它是以扩增效率为 100% 及每次扩增之间的效率都保持一致为前提，而且实验条件优化较为复杂。

（五）应用

随着 PCR 技术的不断发展完善，改进的 PCR 技术多种多样，无论是在基础研究还是在应用研究领域，PCR 技术都得到了广泛的应用。在基础研究方面，PCR 技术是最常用的实验技术。例如，PCR 技术可用于制备基因探针、基因克隆和基因表达水平检测，也可用于 DNA 重组、文库构建、基因组测序以及基因突变的分析和定点诱变等各个方面。在应用研究方面，PCR 技术已渗透到社会的各个行业。例如，在医学上，应用该技术可检测细菌、病毒类疾病，诊断遗传性疾病和肿瘤，对孕妇进行产前检查等；在法医和刑侦学上，可灵敏检测出亲属间的亲缘关系，并对生物残留的痕量样品进行鉴定等；在农业上，可以对动植物品种和微生物株系进行鉴定，对转基因生物和入侵生物进行检疫检测等；在食品和环境安全上，可对食品、水和大气中的微生物种类和含量进行鉴定和检测等。

三、核酸凝胶电泳技术

在分子生物学研究中，对所提取的核酸样品或 PCR 扩增产物，常采用凝胶电泳技术进行分离、鉴定和纯化。根据电泳所用凝胶的化学成分不用，可分为琼脂糖凝胶电泳和聚丙烯酰胺凝胶电泳。

（一）琼脂糖凝胶电泳

1. 基本原理 琼脂糖来自琼脂，是 β-D-吡喃半乳糖连接 α-L-吡喃半乳糖基构成的电中性线状高聚物。在电泳缓冲液中将琼脂糖高温熔化，冷却至 60 ℃左右，倒入插上梳子的制胶槽中，自然冷却即可制备出一定浓度的琼脂糖凝胶，用作电泳介质。

琼脂糖凝胶分离核酸一般采用水平潜水式电泳。核酸在凝胶泳动过程中，凝胶对核酸分子兼具电荷效应和分子筛效应，此双重分离效应使核酸分子在泳道上各自表现出不同的电泳速率，在电泳后分布于凝胶中先后不同的位置，显示为不同的电泳谱带。分子筛效应是指琼脂糖凝胶内部的网络状结构对通过的核酸分子的阻力不同而产生的筛分作用。核酸分子的大小和构象影响其在凝胶中所受阻力的大小，结构松散的核酸大分子受到的阻力更大。电荷效应是指核酸分子净电荷的种类和数量影响电泳速率。在 TAE（Tris 碱、乙酸、EDTA）、TBE（Tris 碱、硼酸、EDTA）等碱性电泳缓冲液中，核酸分子上主要是磷酸基团带负电荷，因而在电场中向正极移动。由于糖-磷酸骨架在结构上的重复排列，相同大小的线状双链 DNA 几乎带有等量的净电荷，能以相同的速率向正极方向移动。

由于核酸本身没有颜色，为了便于观察，在对其进行琼脂糖凝胶电泳分离时需要加入染料。一种有色染料加在凝胶上样缓冲液中，常用浓度约为 0.05%（质量体积分数）的溴酚蓝和二甲苯青。它可以在上样时指示核酸溶液是否加入凝胶的加样孔中，在电泳过程中指示核酸在凝胶中的大体位置。另一种荧光染料用于电泳后观察核酸在凝胶中的实际位置，如溴化乙锭（ethidium bromide，EB）。它可渗入到核酸分子内部，在 300 nm 紫外线照射下可发射荧光，荧光强度与 DNA 含量成正比。可以直接将 EB 加入凝胶中，也可以在电泳后将凝胶用 0.5 mg/L EB 溶液浸泡，然后在紫外灯下进行观察和拍照（图 9.3）。EB 的染色效果好、操作方便，但稳定性差且具有毒性，现已有 SYBR Gold 等多种低毒核酸染料可替代 EB。

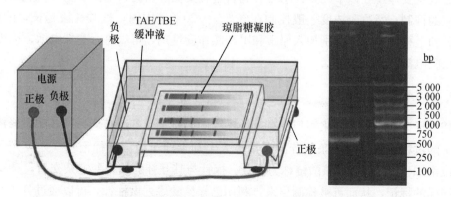

图 9.3 琼脂糖凝胶电泳装置及电泳图谱示意图

琼脂糖凝胶电泳制备容易、分离范围广（0.2～20 kb），可区分相差 100 bp 以上的 DNA 片段，适用于大多数的核酸检测。

2. 操作要点 琼脂糖凝胶电泳主要包括制胶、上样、电泳、染色和观察几个步骤，操作时应注意以下几点：①凝胶浓度应按分离 DNA 片段的大小进行选择，一般用 0.5%～2.0%的浓度，片段越长选用琼脂糖的浓度越低。②电泳缓冲液的 pH 一般在 7.5～8.5，离子强度为 0.02～0.05 比较合适。使用新制的缓冲液可以明显提高电泳分离效果。③合适的 DNA 上样量是电泳条带清晰的保证，太多会使条带模糊或重叠，太少会导致条带信号弱或缺失。④DNA 电泳一般要使用 DNA Marker 作为参照，应选择在目标片段大小附近条带较密的 Marker 样品，以便能较准确地估算目标片段的长度。⑤电泳时电压一般应低于 20 V/cm，温度应低于 30 ℃。电压和温度过高可导致条带模糊和形状不规则。

（二）聚丙烯酰胺凝胶电泳

1. 基本原理 聚丙烯酰胺凝胶（polyacrylamide gel，PAG）是由丙烯酰胺单体和交联剂 N，N'-亚甲双丙烯酰胺，在催化剂 N，N，N'，N'-四甲基乙二胺（TEMED）和引发剂过硫酸铵的作用下聚合而成。丙烯酰胺单体在催化剂作用下形成长链，长链经交联剂作用交叉连接形成网状结构，其孔径大小由链长和交联度决定。聚丙烯酰胺凝胶制备在室温即可进行，用 TBE 缓冲液配制出适宜浓度的凝胶溶液，灌制在两块玻璃平板所形成的夹层（两侧塑胶密封，少量凝胶封底）间进行，将凝胶混合液均匀地连续注入玻璃板夹层中，插上梳子，静置直至凝胶完全聚合，拔下梳子，将加样孔内残留凝胶清理干净即可上样。

同琼脂糖凝胶电泳相比，聚丙烯酰胺凝胶电泳（PAGE）的分离原理相同，但电泳方式一般采用垂直桥式电泳。凝胶中核酸染色除了用 EB 之外，也常用银染法。银离子（如 0.01 mol/L $AgNO_3$）可与 DNA 形成稳定的复合物，经过氧化还原反应在凝胶中呈现棕黄色。为保证银染效果的稳定，染色前要对凝胶进行乙醇固定，染色后要进行显色处理并适时用醋酸终止。

聚丙烯酰胺凝胶电泳分辨率比琼脂糖凝胶更高，适用于分离 1 kb 以下的核酸片段，尤其是小于 200 bp 的小片段 DNA，甚至可以区分核酸片段 1 bp 的差异，因此主要用于小分子核酸的分离和测序。

2. 操作要点 聚丙烯酰胺凝胶电泳的操作步骤与琼脂糖凝胶电泳相同，操作要点相似，其不同之处主要体现在以下几点：①凝胶制备过程要做好密封，以减少空气中氧对丙烯酰胺聚合反应的抑制；②凝胶浓度一般控制在 3.5%～20% 范围内，核酸片段越长，浓度越低；③在凝胶和上样缓冲液中分别加入尿素和甲酰胺作变性剂，可以进行变性电泳，以消除二级结构对核酸电泳速率的影响。

四、DNA 杂交技术

核酸分子杂交是指不同来源但具有互补序列的两条多核苷酸链通过碱基配对形成稳定的双链分子的过程。其中的一条核苷酸链常被人工加上便于检测的标记物（如荧光素、地高辛、同位素^{32}P），标记后的核酸链称为探针。探针与其互补的核苷酸链杂交后，杂交分子便带上了同样的标记，从而可被检测出来。利用已知核酸序列做探针，可以通过分子杂交从核酸样品中探测出其互补核酸分子，从而对 DNA 样本中的靶 DNA 分子进行定性或定量分析。检测 DNA 常用的分子杂交方法有 Southern 印迹杂交（Southern blotting）和基因组原位杂交。

（一）Southern 印迹杂交

1. 基本原理 Southern 印迹杂交技术因英国科学家 Southern（1975）首创而得名。此技术的核心内容包括印迹转膜（blotting）和分子杂交（hybridization），前者是将待检测 DNA 的电泳谱带从凝胶向如硝酸纤维素膜、尼龙膜等固相支持物的转移，后者是探针和膜上的 DNA 片段通过变性和复性形成杂交分子。通过标记来检测膜上是否产生了杂交分子及其量的多少。

Southern 杂交的基本过程如图 9.4 所示，主要包括：①DNA 样品的制备与分离，从组织或细胞提取纯化 DNA，用一种或多种限制酶将其酶切成小片段，然后通过凝胶电泳进行分离。电泳后凝胶要进行碱变性处理，将 DNA 双螺旋变为单链，以利于印迹转膜。②印迹转膜和固定，借助电泳、毛细管虹吸作用或真空抽移等方法，将凝胶的变性 DNA 片段谱带原位转移并结合到膜上，印迹转移完成后，膜需要进行高温（80 ℃，2 h）或紫外线交联（254 nm，5～10 min），使变性 DNA 固定在膜上。③探针标记，通过末端标记（末端转移酶）或切口平移（Klenow 酶）等方法，将标记物（放射性同位素 ^{32}P、地高辛、异硫氰酸荧光素等）加入探针 DNA 片段中。④预杂交，用鲑精 DNA（该 DNA 与哺乳动物的同源性极低，不会与 DNA 探针杂交）、牛血清等大分子封闭膜上非特异性的吸附位点，以避免杂交过程中探针与膜的非特异性结合。⑤杂交，将探针 DNA 热变性，在相对较高离子强度的缓冲条件下中进行，与膜上的变性 DNA 一起复性，形成杂交分子。杂交后，膜上未特异结合的探针要在适当温度下用 SSC 等盐溶液洗去。⑥标记检测，根据标记类型，对膜上杂交分子中标记物进行检测。荧光标记和同位素标记可以直接检测光强或放射性强度，也可以通过 X 光片曝光检测；而化学发光或显色需要借助标记的化学反应来间接检测。

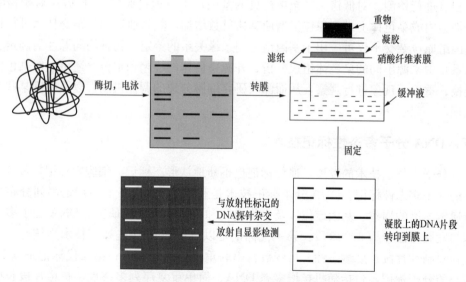

图 9.4 Southern 印迹杂交操作示意图

Southern 印迹杂交检测方法灵敏度高，用放射性同位素标记的探针和放射自显影技术能够检测出每条电泳带中低至 2 ng 以下的 DNA。可用于重组子鉴定、克隆基因的筛选、酶切图谱的制作、寻找分子多态性标记等基础研究，也可广泛用于生物的疾病诊断、检疫、产权保护、亲子鉴定和刑事侦查等应用领域。但此法要求 DNA 纯度较高，区分多基因家族成员时要求探针具有高特异性,而且操作较烦琐,检测周期长,成本较高。

2. 操作要点 Southern 印迹杂交操作过程中应注意以下问题:①染色体大片段 DNA 必须被酶解成 2 kb 以下短片段,以保证在合理的时间内使其移出凝胶。②转膜前要将凝胶中和至 pH 中性,防止破坏硝酸纤维素膜;凝胶与膜之间要保证无气泡,以保证 DNA 印迹转移充分。③预杂交、杂交和洗膜的温度、时间等具体条件及试剂用量,是保证阳性结果和阴性背景的关键。④根据实验条件选择适宜的探针标记方法,放射性同位素标记灵敏度高,效果好,但易造成放射性污染。地高辛标记没有半衰期,安全性好,但需要借助地高辛抗体连接的碱性磷酸酶或荧光素等偶联物进行免疫反应才能间接检测。异硫氰酸荧光素安全,但需要荧光激发设备。

(二)基因组原位杂交

基因组原位杂交(genome in situ hybridization,GISH)是利用分子杂交直接在生物体的组织、细胞内甚至是染色体上对基因组 DNA 分子进行定性、定量及定位分析的一种检测技术。与 Southern 印迹杂交相比,此法不需要进行 DNA 电泳分离和印迹转膜,但增加了组织或细胞的显微切片、染色体标本的制备和处理步骤。通常利用物种之间 DNA 同源性的差异,用另一物种的基因组 DNA 以适当的浓度作封闭,在靶染色体上进行原位杂交。操作过程中,探针的标记程度、染色体标本的预处理、探针及染色体 DNA 的变性程度、封闭的效果、洗脱强度等因素,均会对杂交信号的强弱产生影响。

根据标记方法,除传统的放射性原位杂交外,还有荧光原位杂交(fluorescence in situ hybridization,FISH)。FISH 技术利用荧光素标记的核酸片段为探针,在荧光显微镜下检测更直观。多色荧光原位杂交技术可以利用几种不同颜色的荧光素标记探针,同时对染色体上多个靶点进行检测。对低拷贝甚至单拷贝的基因,可以通过原位 PCR 方法对靶核酸序列在组织细胞内或染色体上进行原位扩增使其拷贝数增加,然后通过原位杂交技术进行检测。

基因组原位杂交不仅可应用于基因组之间亲缘关系的鉴定、物种间同源性的确定、杂交品种(系)中来源不同的染色体组成分析、外源染色体的检测和定位,还可以对染色体的配对、交换、重组等现象进行观察,从而深入研究细胞分裂的调控机制,以及明确某些基因的作用机理。

五、DNA 分子多态性标记技术

随着分子生物学技术的发展,遗传标记也不断地从形态标记、细胞学标记扩展到生化标记和核酸分子多态性标记。DNA 分子标记技术是利用 DNA 水平上的特定序列分布的多样性进行遗传图谱的构建、基因定位以及生物进化和分类等方面的研究。DNA 分子多态性标记技术的发展可以分为 3 个阶段:第一代标记是以 Southern 印迹杂交技术为核心的分子标记,包括限制性片段长度多态性、可变数目串联重复位点分析等;第二代标记是以 PCR 技术为核心的分子标记,包括随机扩增多态 DNA、简单重复序列多态性、扩增片段长度多态性等;第三代标记是以基因组测序技术为核心的分子标记,包括单核苷酸多态性、转录间隔区测序分析等。

(一)限制性片段长度多态性标记

1. 基本原理 限制性片段长度多态性(restriction fragment length polymorphism,RFLP)是一种以 Southern 印迹杂交技术为核心的分子标记技术。如图 9.5 所示,同一物种内不同个体基因组中限制性内切酶的酶切位点发生碱基突变,或酶切位点之间发生了碱基的插入、缺失,会导致基因组 DNA 的酶切片段长度发生变化,这种变化通过 Southern 印迹杂交检测就会表现出阳性 DNA 条带长度和数目的不同,由此可对生物进化的多样性进行分析。如果两个 DNA 分子完全相同,用同剂量的同种限制性内切酶在相同的条件下消化,所得的限制性内切酶谱将相同。如果两个 DNA 分子有差异,哪怕只是在一处或几处发生某种差异,限制性酶消化后两个 DNA 分子的序列条带图谱将出现不同,即产生多态性。对这些差异条带进行分析可以从中获得两种 DNA 分子结构差异的信息。

在基因组很小或 DNA 序列已知时,可以简化 RFLP 步骤。小基因组 RFLP 分析时,由于限制性内切酶处理后产生 DNA 片段较少,可以省略杂交过程,直接在酶切 DNA 电泳后观察谱带多态性。如果已知多态性位点所在的 DNA 序列,则可用 PCR 方法扩增多态性位点两侧的 DNA 序列,然后进行限制性内切酶消化和凝胶电泳分析,直接分析酶切片段的大小即可判断其多态性。

2. 技术特点　RFLP 技术主要有以下特点:①RFLP 标记遍布低拷贝编码序列,并且非常稳定;②RFLP 标记不仅可以检测碱基突变、倒位、缺失或插入等多态性产生的原因,还可以用来区分杂交后代多态性的来源(父本还是母本);③由于采用分子杂交方法,分析步骤相对较烦琐,检测周期长,成本较高。

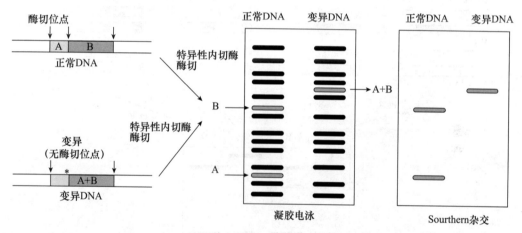

图 9.5　RFLP 标记分析不同个体的基因多态性示意图

(二) 随机扩增多态 DNA 标记

1. 基本原理　随机扩增多态 DNA (random amplified polymorphic DNA, RAPD) 是建立于 PCR 基础上的一种分子标记。它利用一系列序列随机的寡核苷酸单链(通常为 10 个核苷酸)作为引物,对所研究的基因组 DNA 进行 PCR 扩增,扩增产物用凝胶电泳分离,经 EB 染色或放射自显影检测扩增产物中 DNA 片段的多少和大小,即为相应基因组区域的 DNA 多态性。如果基因组在某些区域发生 DNA 片段的插入、缺失或碱基突变,就可能导致 PCR 产物的分子质量发生变化。

2. 技术特点　RAPD 技术主要有以下特点:①筛选标记不需要知道序列信息,可以对序列未知的基因组进行分析;②引物种类可多可少,同一套引物可以用于任何物种基因组的分析;③需要模板 DNA 的量较少;④分析容易受外源及污染 DNA 的干扰,受 PCR 反应条件的影响较大。

（三）简单重复序列标记

1. 基本原理　简单重复序列（simple sequence repeat，SSR）或短串联重复序列（short tandem repeat，STR）广泛分布于真核生物基因组中，按重复单位的大小分为卫星（重复序列＞70 bp）、小卫星（6~70 bp）和微卫星（2~6 bp），其中用得最多的是微卫星 DNA（microsatellite DNA）标记。微卫星是由几个核苷酸为单位，几十个串联而成的重复序列。其中，二核苷酸重复单位中最为丰富的是 CA/TG 和 GA/TC，三核苷酸和四核苷酸重复中主要是富 AT 序列。不同生物微卫星 DNA 重复单位的核心序列可能不同，或相同核心序列在个体中的重复次数不同，或重复程度不完全，并由此产生序列位点的多态性。

微卫星多态性 DNA 标记技术是利用微卫星 DNA 序列的两侧翼多为相对保守的单拷贝序列的特点，根据两端保守序列设计出一对特异引物，对微卫星 DNA 序列进行 PCR 扩增，产物经聚丙烯酰胺凝胶电泳进行分离，电泳谱带即可显示不同基因型个体中每个微卫星 DNA 位点的多态性（图 9.6）。

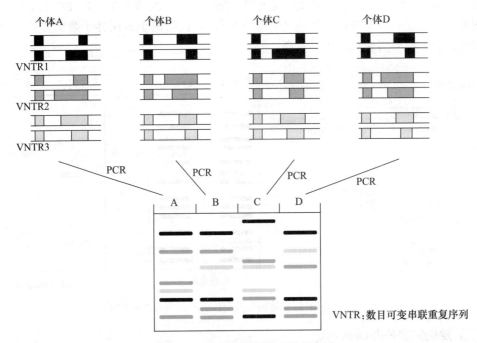

图 9.6　SSR 标记分析多态性示意图

2. 技术特点　微卫星 DNA 分子标记具有以下特点：①重复序列在基因组中出现频率很高，标记呈高度多态性；②对 DNA 样品的纯度要求不高；③PCR 引物的设计很关键，若没有现成的引物序列，需先通过基因组文库构建、阳性克隆筛选和测序等程序获得目标区域的 DNA 序列，才能根据此序列设计引物。

（四）单核苷酸多态性标记

1. 基本原理　单核苷酸多态性（single nucleotide polymorphism，SNP）是指在基因组水平上由碱基的置换（包括转换和颠换）、插入和缺失等单个核苷酸的变异引起的 DNA 序列多态性。SNP 是继 RFLP 和微卫星标记之后，以测序技术为基础的第三代遗传标记，与其他标记技术主要的不同在于，它不再以 DNA 的"序列长度"的差异作为检测手段，而直接以"序列组成的变异"作为标记。

根据对标记检测方法不同，SNP 主要分为两类：①一是以凝胶电泳为基础的传统检测方法。SNP-RFLP 是根据 SNP 影响酶切位点进行电泳分析；单链构象多态性（single-stranded conformation polymorphism，SSCP）是利用 SNP 影响 DNA 链二级结构进进行非变性聚丙烯酰胺凝胶电泳速率分析；变性梯度凝胶电泳（denaturing gradient gel eletrophoresis，DGGE）是利用 SNP 影响长度相同的双链 DNA 片段解链温度从而进行梯度变性凝胶电泳分析。②另一类检测方法是以高通量、自动化为特征的新型检测方法，DNA 测序可以直接得到 SNP 的真实序列信息及其准确位置等 SNP 分型所需要的重要参数；DNA 芯片是根据 SNP 影响 DNA 片段杂交信号的强弱来判断多态性；质谱是根据 SNP 影响 DNA 片段质量的进行分离和鉴定；变性高效液相色谱是根据 SNP 影响 DNA 片段与色谱柱的亲和力进行分离和鉴定。

2. 技术特点 SNP 标记的特点在于：①SNP 位点丰富，几乎遍布于整个基因组，是全面检测遗传差异的根本性手段，如在人的基因组中，共有 300 万以上的 SNPs，平均 500～1 000 bp 就有一个。②SNP 适于快速、规模化筛查。③利用 DNA 测序进行 SNP 分析需要有已知 DNA 片段或基因组 DNA 的序列信息为基础，只能应用于已测序的生物。

六、基因克隆技术

基因克隆是获取某一基因或 DNA 片段的大量拷贝，以期进一步分析其结构与功能的一门技术。对新基因进行克隆的方法有许多种，这些方法要求的前提条件各不相同：①基因克隆要求提供部分真实 DNA 序列信息。如 cDNA 末端快速扩增技术和转座子标签技术都是根据已知序列来扩增两侧翼未知基因序列，但前者要求基因内部分外显子序列已知，而后者的序列信息来自插入基因内的转座子。②基因克隆要求同源基因序列信息。如 cDNA 文库筛选技术是利用同源基因的核酸或氨基酸序列信息设计探针，才能从文库中筛选含目的基因的阳性克隆。③基因克隆要求基因的染色体位置信息。如图位克隆技术需要有目的基因区域的物理图谱，才能进行染色体登陆或染色体步移。下面主要介绍 cDNA 末端快速扩增技术和图位克隆技术两种比较经典和常用的方法。

（一）cDNA 末端快速扩增技术

1. 基本原理 cDNA 末端快速扩增（rapid amplification of cDNA ends，RACE）技术由 Frohman 等（1988）发明，它是一种基于 mRNA 的反转录和 PCR 扩增，以基因内部已知区域序列为起点，扩增其两端的未知区域，进而拼接出完整 cDNA 序列的方法。完整的 RACE 技术包括 5′-RACE 和 3′-RACE，分别来扩增已知 cDNA 的 5′端和 3′端的未知序列。在两种末端扩增所需的引物对中，一个是根据已知 cDNA 序列设计的特异引物，另一个引物是根据真核生物的特征末端序列或人工添加的接头序列设计的通用引物。

5′-RACE 包括反转录末端加尾和接头 PCR 两个步骤（图 9.7a）。反转录需要根据 cDNA 部分已知序列设计互补单链特异引物 GSP1，在反转录酶 MMLV 的作用下合成第一链 cDNA。然后利用末端转移酶在第一链 cDNA 的 3′末端进行同聚物加尾，如常用 dCTP 产生 poly（dC）尾。这种 poly（dC）同聚物位于 cDNA 的 5′端未知序列的上游，为人工合成的连有通用接头序列的 Oligo（dG）引物 AGP 提供了碱基互补配对位点。接下来的接头 PCR

首先是在 AGP 引物的引导下可以合成 cDNA 第二链，然后以双链 cDNA 为模板，利用接头序列特异引物 AP 和基因特异引物 GSP1 扩增基因 5′末端未知 cDNA 序列。

3′-RACE 也包括反转录和接头 PCR 两个步骤，但通用引物来自真核生物 mRNA 3′末端特有多聚腺苷酸尾 poly（A）而非人工加尾的同聚物（图 9.7b）。利用人工合成的连有通用接头序列的 oligo（dT）$_{16-30}$MN（M=A/G/C；N=A/G/C/T）作为引物 ATP，引导反转录合成 cDNA 第一链。然后由一个根据基因内部已知序列设计的特异引物 GSP2 引导合成 cDNA 第二链。以双链 cDNA 为模板，利用接头序列特异引物 AP2 和 cDNA 特异引物 GSP2 组成引物对，进行巢式 PCR，把目的基因 3′末端的 DNA 片段扩增出来。

根据扩增出的 5′末端和 3′末端 DNA 片段测序结果，设计全长 cDNA 的特异 PCR 引物，以 oligo（dT）引导反转录出的 cDNA 为模板，可以扩增出基因的全长 cDNA 序列。

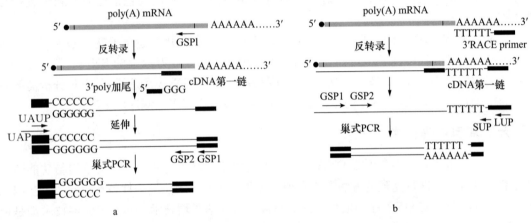

图 9.7 RACE 技术原理示意图：5′-RACE（a），3′-RACE（b）

2. 操作要点 RACE 技术简单快捷，是进行基因克隆的常用技术，但要成功扩增 cDNA，需注意以下几点：①mRNA 较长或者存在复杂的二级结构时，5′-RACE 中反转录不彻底容易导致部分上游序列丢失，所以需要对反转录反应条件反复进行优化；②接头 PCR 扩增产物电泳时出现不清晰的弥散带或截短的产物背景，说明扩增特异性较低，可以从基因特异引物向未知序列方向设计一个或多个基因的特异内缩引物，和接头引物组成单端嵌套引物对，进行嵌套 PCR，以获得 cDNA 末端的特异扩增产物；③扩增得到的 cDNA 特异末端片段和全长序列最好能够全部测序，相互验证，以排除扩增产物的假阳性、假阴性和序列拼接错误。

（二）图位克隆技术

1. 基本原理 图位克隆（map-based cloning）是由剑桥大学的 Coulson（1986）首先提出的一种根据目的基因在染色体上的位置进行基因克隆的方法，又称定位克隆（positional cloning）。用该方法分离基因无需预先知道基因的 DNA 顺序，也无需预先知道其表达产物的有关信息，但需要首先构建一个目的基因的遗传分离群体，以利用此群体筛选出与目的基因紧密连锁的分子标记，并借助分子标记的遗传作图和物理作图将目的基因定位在染色体的特定位置。

图位克隆技术的基本过程如图 9.8 所示，利用 RFLP、RAPD 等技术找到与目标基因紧密连锁的分子标记，根据分子标记和目的基因的遗传距离构建遗传图，进而根据序列距离构建物理图，将目标基因精确定位在染色体的特定位置上，然后构建含有大插入片段的基因组文库（BAC 或 YAC 库），以与目标基因连锁的分子标记为探针筛选基因组文库，用获得阳性克隆构建目的基因区域的克隆跨叠群，通过染色体步移、登陆或跳跃获得含有目标基因的大片段克隆，通过亚克隆获得带有目的基因的小片段克隆，通过遗传转化和功能互补验证最终确定目标基因的碱基序列。

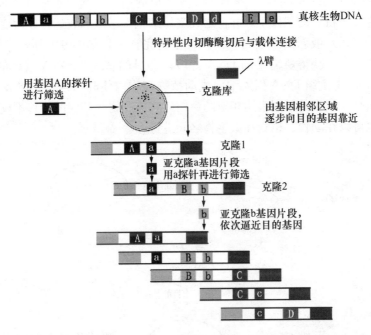

图 9.8　图位克隆技术操作示意图

染色体步移是以阳性克隆的末端作为探针筛选基因组文库，鉴定和分离出邻近的基因组片段克隆，再根据此克隆上远离探针的末端序列作为探针，重新筛选基因组文库，获得新的克隆即为沿着染色体向目的基因走了一步。重复这一过程，直到获得具有含目标基因两侧分子标记的大片段克隆，筛选出的克隆之间有部分片段是重叠的，根据其重叠部分可以把它们排列成与原来在染色体中的顺序一样的连续克隆群，即跨叠克隆群。染色体登陆是找出与目标基因的物理距离小于基因组文库插入片段的平均距离还小的分子标记，通过筛选文库直接获得含有目标基因的克隆，完全避开染色体步移的过程。

2. 操作要点　要成功应用图位克隆技术筛选和分离出目的基因，以下几个环节是关键：①筛选与目标基因连锁的分子标记是图位克隆最耗时的步骤，而培育近等基因系、重组近交系等特殊遗传群体并结合 AFLP 等强有力的分子标记技术可以缩短筛选标记的效率。②构建足够大的遗传群体是构建精密的遗传图谱和物理图谱的基础，不同物种的遗传距离和物理距离比例关系相差很大。对于基因组较小的水稻，平均 1 cM 也相当于 250 kb 左右的物理距离，如果在着丝粒附近就可能相当于 1 000 kb 左右。③真核生物的一个基因可长达成千上万碱基对，所以构建文库的克隆载体要有足够大的装载能力才能携带完整的基因。常用 cos 质粒和人工染色体作为载体，可插入片段的大小分别在 25~35 kb 和 300~1 000 kb。

第二节 重组 DNA 与文库构建相关技术

一、重组 DNA 技术

(一) 基本原理

重组 DNA 技术（recombination DNA technique）又称基因工程（gene engineering）或遗传工程（genetic engineering），它是将人工分离出的遗传物质（通常是 DNA）在体外进行酶切，然后连接至特定的载体上，并使之在受体细胞中增殖和表达，以改变宿主的遗传特性，创造新品种（系）或新的生物材料。此技术的完整过程如图 9.9 所示，可分为 4 个阶段：①克隆目的基因，获得所需要的 DNA 片段；②目的基因与 DNA 载体的酶切和连接，获得重组 DNA；③将重组 DNA 引入细菌或动植物细胞内使其增殖；④将表达目的基因的受体细胞挑选出来，使目的基因表达相应的蛋白或其他产物。基因的转移不仅仅局限于同一类物种之间，也可以在动物、植物和微生物之间进行。

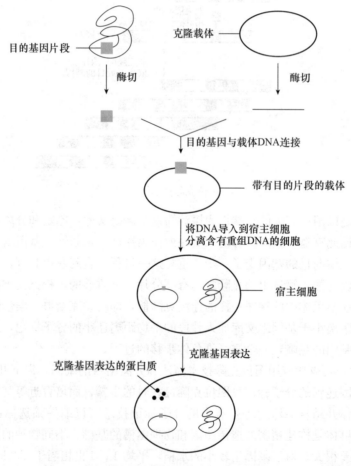

图 9.9 重组 DNA 技术操作示意图

各种工具酶的发现和应用是重组 DNA 技术发展的关键。常用的工具酶包括限制性核酸内切酶、DNA 连接酶、DNA 聚合酶、反转录酶、多聚核苷酸激酶、碱性磷酸酯酶、末端转移酶等，各种工具酶的主要作用如表 9.3 所示。

表 9.3 重组 DNA 技术常用的工具酶及其作用

工具酶	作用
限制性核酸内切酶	识别并切割特异核苷酸序列，产生带黏性末端或平齐末端的 DNA 片段，如 BamH I、EcoR I、Sma I 等
DNA 连接酶	催化带有互补黏性末端或平齐末端的 DNA 片段之间通过磷酸二酯键相连接，如 T4 DNA 连接酶
DNA 聚合酶	依照碱基互补配对原则，催化合成 DNA 模板链的互补链
反转录酶	催化合成 RNA 或 DNA 模板链的互补 DNA（cDNA）链，如 AMV 和 MMLV
多聚核苷酸激酶	催化 DNA 的 5′末端羟基的磷酸化或用于探针标记
碱性磷酸酯酶	切除 DNA 的 5′末端的磷酸基
末端转移酶	催化 DNA 或 RNA 的 3′末端羟基进行多聚核苷酸加尾
DNA 酶	从末端或内部降解 DNA
RNA 酶	从末端或内部降解 RNA

载体是重组 DNA 技术中装载、转移、复制或表达 DNA 遗传信息必不可少的工具。一个理想的载体一般应具下列特性：①分子质量较小，可进入宿主细胞，对宿主细胞无害或害处较小；②具有多种常用的限制性内切酶的单酶切位点，能插入较大的外源 DNA 片段；③能够独立复制或整合到宿主染色体上；④具有 1 个以上的遗传标记物，便于重组 DNA 的鉴定和筛选。常用的载体主要有质粒、温和噬菌体和动植物病毒三大类，基本上都在天然的基础上经过人工改造而成，其基本结构特点如下。

（1）质粒载体。质粒（plasmid）是独立于染色体 DNA 的能够进行自主复制的环状 DNA 分子，主要存在于许多细菌及酵母菌等生物中，长度从数千碱基对至数十万碱基对。质粒载体去除了天然质粒上大部分非必需序列，添加 1 个或多个选择标记基因（如抗生素抗性基因）和一个人工合成的含有多个限制性内切酶识别位点的多克隆位点，大小一般为 1～10 kb，可以装载一至数个碱基对的外源 DNA 片段。重组 DNA 可以通过转化进入宿主细胞，进行自主复制。常用的质粒载体有 pBR322、pUC 系列、pGEM 系列和 pBluescript 等。

（2）噬菌体载体。噬菌体是一类可感染细菌、真菌、放线菌或螺旋体等微生物的病毒，具有个体微小、无细胞结构、只含有单一核酸、离开宿主不能存活等特性。常用的噬菌体载体有 λ 类噬菌体和 M13 噬菌体，分属于双链和单链载体。由 λ 噬菌体构建的派生载体主要有可供较小分子质量（一般在 10 kb 以内）外源 DNA 片段进行单克隆位点整合的插入型载体（insertion vector）以及可以承受较大分子质量的外源 DNA 进行双克隆位点整合的替换型载体（replacement vector）。M13 噬菌体是基因组长约 6.4 kb 的单链闭环 DNA 分子，主要用于克隆单链 DNA，既可以感染雄性大肠埃希菌，也可以转导进入雌性大肠埃希菌。

（3）病毒载体。病毒载体主要有逆转录病毒（retrovirus）、慢病毒（lentivirus）和腺病毒（adenovirus）3 种类型。逆转录病毒是一种 RNA 病毒，多具有逆转录聚合酶，在感染宿主细胞时可将自身基因及其携带的外源基因整合入宿主基因组内。慢病毒载体是指以人类免疫缺陷病毒-1（HIV-1）来源的一种病毒载体，携带有外源基因的慢病毒载体在慢病毒包装质粒、细胞系的辅助下,通过包装、转染和稳定整合完成遗传物质向宿主细胞的转移和表达。腺病毒是一种大分子(36 kb)双链无包膜DNA病毒,通过受体介导的内吞作用进入宿主细胞内,然后腺病毒基因组转移至细胞核内,但保持在染色体外,不整合进入宿主细胞基因组中。

应用重组DNA技术理论上可以克隆和扩增任何基因,并大量表达该基因所表达的蛋白质,从而进一步研究其结构和功能。重组DNA技术已经对生物学和医学产生巨大影响,在药品制造、疾病防治及农业、畜牧业等方面都有广泛应用。用大肠杆菌生产人的生长激素释放抑制因子是第一个成功的实例,在1 L细菌培养液中这种激素的产量约等于从5.5万头羊的脑中提取得到的量。基因工程药物和基因疗法也已广泛应用于某些疾病的治疗。采用重组DNA技术获得的转基因动植物已经在现代畜牧业及农业中扮演日益重要的角色。

(二)操作要点

DNA重组技术过程复杂,任何一个步骤都可能成为限制因素,操作过程中要注意如下几个方面:①根据实验条件选择获得重组DNA片段的方法。在有mRNA序列信息时,可通过逆转录和PCR获得DNA片段;在有蛋白质肽链的氨基酸顺序信息时,可依照编码规则用化学方法人工合成DNA。②DNA片段和载体的连接优先选用黏性末端连接。平整末端可以由T4 DNA连接酶连接,但连接效率低于黏性末端。如果没有适宜的酶切位点,可以通过同聚物加尾或人工接头的方法。③重组DNA向宿主细胞的转移方法取决于载体和宿主细胞类型。质粒载体转化细菌常采用热激、冻融或电脉冲法,转化酵母细胞常采用PEG/LiAc法和交配法,转化植物常采用农杆菌介导法和基因枪法;噬菌体向细菌转移常采用转导法;真核病毒载体向宿主转移则常采用转染法或显微注射法。④获得重组DNA的阳性细胞克隆的筛选方法根据目的选择。抗药性、营养缺陷、显色等遗传标记简便快捷,但不是直接检测重组DNA片段上的遗传信息;免疫检测和分子杂交方法复杂但直接有效。

二、DNA文库构建技术

DNA文库是指通过克隆方法保存在适当宿主内的一群混合的DNA分子,所有分子的总和可以代表某种生物的全部遗传信息。根据DNA的来源,可分为基因组文库和cDNA文库两大类。真核生物cDNA文库中的cDNA克隆主要反映成熟RNA的序列信息,不包含基因组DNA的间隔序列,所以片段较短、容易操作。但是,由于缺少基因组DNA中的非转录区序列,cDNA文库无法满足研究基因编码区外侧调控序列的结构与功能的要求。所以要根据具体的研究内容和研究目的选择构建基因组DNA文库还是cDNA文库。

(一)基因组文库

1. 基本原理 构建基因组文库的一般包括基因组DNA片段的制备、载体DNA的制备、连接产生重组DNA、将重组DNA转入适当的宿主、筛选鉴别重组克隆、扩增和保存文库几个步骤(图9.10)。首先,从生物体的细胞或组织中提取并纯化基因组DNA,并用限制性内切酶将其水解并回收长约20 kb的染色体片段。其次,对载体(如λ噬菌体)进行同样的充分酶切和回收,通过插入或置换将染色体DNA片段连接到载体DNA上,进行DNA重组。然后,将重组DNA在体外包装成完整的噬菌体颗粒,并使之感染宿主细胞(如大肠杆菌),培养出携带重组DNA的噬菌斑,即基因组文库克隆。构建好的文库可以选择单克隆分别保存或多个克隆混合成池保存,也可以通过原位杂交等方法对克隆进行筛选,筛选出带有目的基因的重组克隆。

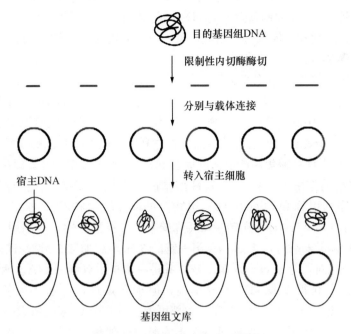

图 9.10　基因组文库构建示意图

常用于构建基因组文库的克隆载体主要是 λ 噬菌体，此外还有人工合成载体，如 cos 质粒、细菌人工染色体（bacterial artificial chromosome，BAC）、酵母菌人工染色体（yeast artificial chromosome，YAC）等。λ 噬菌体载体的优点在于：可以克隆相对较大的外源 DNA 片段；载体 DNA 或同源基因组的全序列均已测定；携带有易于筛选的遗传标记；重组噬菌体中的外源片段易于回收。而人工染色体比 λ 噬菌体载体具有更大的装载能力，能够像染色体一样进行复制和传递。

2. 操作要点　在构建基因组 DNA 文库过程中，要注意以下几个方面：①噬菌体载体的最大容量约为 24 kb，更大的 DNA 片段需要用人工染色体才能装载。②基因组 DNA 的酶切常用不完全酶切，以减少过小酶切片段，而载体 DNA 的酶切要充分，以提高 DNA 重组成功率。③λ 载体 DNA 与基因组 DNA 之间的连接可以通过相同的酶切方式（如 Mbo I 或 Sau 3A），进行黏性末端的插入连接，也可以通过引入人工接头提供新的酶切位点（如 $EcoR$ I），进行双置换连接。④基因组文库克隆数的最小值可按下面的经验公式估算：$N = \ln(1-P)/\ln(1-f)$。公式中，N 表示基因组文库必需的克隆数；P 表示文库中目的基因出现的频率，一般情况下期望值为 99%，即 0.99；f 是克隆的 DNA 片段平均大小与基因组大小的比值。

（二）cDNA 文库构建技术

cDNA 文库是指将细胞内全部 RNA 逆转录成 cDNA，然后使其与载体 DNA 进行重组，把重组 DNA 转移到宿主细胞中，获得的全部 cDNA 的克隆群。

1. 基本原理　RNA 容易被降解而不稳定，但将其逆转录成 cDNA 后稳定性大大提高，而且容易进行克隆。在真核生物中，大多数基因是断裂基因，即 RNA 前体分子需要切除内含子、拼接外显子才能获得成熟的 RNA 分子。所以，要构建包含 RNA 水平上生物遗传信息的文库，实际上就是要构建 cDNA 文库。cDNA 文库构建过程主要包括 RNA 的制备和 cDNA 的合成、载体 DNA 的制备及其与 cDNA 的重组、重组 DNA 向宿主细胞的转移、阳性重组克隆筛选、扩增和文库保存。由此可见，与基因组文库的构建相比，除 DNA 片段来源不同外其他步骤基本相同。

真核生物 cDNA 文库一般主要是指 mRNA 来源的全长 cDNA 文库。完整的 mRNA 和高效的逆转录是构建全长 cDNA 文库的保证。代表性的全长 cDNA 文库片段制备策略有 GeneRacer 技术（Invitrogen 公司）和 Smart 技术（Clontech 公司）：①GeneRacer 技术是利用全长 mRNA 的 $5'$ 端具有帽子结构的特征，首先利用碱性磷酸酶水解 $5'$ 端不完整的 mRNA 的 $5'$-磷酸基团，利用烟草酸焦磷酸酶去除完整 mRNA 的 $5'$ 端帽子并暴露出磷酸基团，然后在 T4 RNA 连接酶的作用下，只有带 $5'$-磷酸基团的全长 mRNA 才能与寡聚 RNA 接头连接，利用此接头序列引物和 oligo（dT）引物，可以反转录和 PCR 扩增全长双链 cDNA。②Smart技术是利用 Powerscript 逆转录酶特殊的末端转移酶活性，在利用 oligo（dT）引物反转录至 mRNA 的 $5'$ 末端时，于 cDNA 第一链的 $3'$ 末端添加数个 dC，进而可以和带 oligo（dG）的引物互补配对，合成 cDNA 第二链，并进一步扩增双链 cDNA。两种策略各有优缺点，GeneRacer 技术获得全长 cDNA 效率高，但步骤烦琐，容易丢失低拷贝序列信息；Smart 技术步骤简便，但由于 mRNA 序列内部可能含有寡聚 G 区，所以会产生 cDNA 第一链内部的寡聚 dC 区，从而导致双链 cDNA 不完整。一般情况下，构建表达文库可用 GeneRacer 技术，构建测序文库一般用 Smart 技术。

2. 操作要点　根据载体类型不同，cDNA 文库分为噬菌体文库和质粒文库，二者大同小异，应当注意如下几个方面：①高质量的 RNA 是构建全长 cDNA 文库的前提，总 RNA 提取过程要注意避免 DNA 污染，mRNA 的分离纯化要避免丢失和降解；②要保证遗传信息的完整性，需要尽量优化逆转录方法，也可以通过层析分级去除不完全反转录的 cDNA；③要尽量提高载体与 cDNA 的连接效率及连接产物转染或转化大肠杆菌的效率，才能获得高质量的文库。

第三节　基因表达分析相关技术

一、RNA 杂交技术

1. 基本原理　RNA 杂交技术的基本原理是利用待测 RNA 和相应的标记探针（RNA 或 DNA 探针）的核酸碱基互补配对，通过印迹转移和分子杂交对将特定 RNA 分子进行定性和定量检测的方法。由于 RNA 杂交技术正好与检测 DNA 的 Southern 印迹杂交相对应，故称为 Northern 印迹杂交。

Northern 印迹杂交与 Southern 印迹杂交的操作比较类似。首先提取总 RNA，若只分析 mRNA，也可以利用 oligo（dT）亲和柱层析等方法从中纯化得到 mRNA。然后，通过变性琼脂糖凝胶电泳依据 RNA 分子质量大小进行分离，并将其转移至硝酸纤维素膜或尼龙膜上。此后膜的固定、预杂交、标记探针杂交和杂交信号检测同 Southern 杂交相同，根据目的片段的有无和丰度进行定性和定量分析。

除体外的 Northern 印迹杂交方法之外，还可以进行 RNA 原位杂交。它是运用 cRNA 或cDNA作为探针，在不改变组织或细胞结构保持不变的条件下，对组织和细胞内 RNA 的表达进行原位检测的一种杂交技术。通过显色反应,可以在显微镜下观察组织或细胞内特定 RNA 分子的分布和丰度。

2. 操作要点 Northern 印迹杂交过程中,必须注意以下几点:①所有操作均应避免 RNase 的污染,这是杂交成功的关键。②RNA 分离一般采用变性电泳,有利于避免二级结构影响分离效果,同时也有利于 RNA 在转印过程中与硝酸纤维素膜结合。RNA 变性一般用甲基氢氧化银、乙二醛或甲醛等,而不用 NaOH,以避免 RNA 的 $2'$-羟基基团的解离。③印迹转移可在高盐中进行,但在烘烤前与膜结合得并不牢固,所以在转印后用低盐缓冲液洗脱。

二、基因芯片技术

(一) 基本原理

基因芯片又称 DNA 芯片、生物芯片,是将大量(通常每平方厘米点阵密度高于 400)核酸探针分子固定于支持物上构成的核酸阵列。将寡核苷酸固定到包被氨基硅烷或多聚赖氨酸等的固相支持物上,主要通过合成点样和原位合成两种方式。根据探针固定方法和支持物不同,基因芯片主要有 3 种类型:①固定在聚合物基片(尼龙膜、硝酸纤维膜等)表面上的核酸探针。通过与同位素标记的靶基因杂交进行放射显影检测,技术相对比较成熟,但芯片上探针密度不高,样品和试剂的需求量大,且不容易进行定量检测。②用点样法固定在玻璃板上的 DNA 探针阵列。通过与荧光标记的靶基因杂交进行检测,点阵密度可有较大提高,各探针在表面上的结合量也比较一致,但不易进行标准化和批量生产。③在玻璃等硬质表面上直接合成寡核苷酸探针阵列。通过与荧光标记的靶基因进行杂交检测,微电子光刻技术与 DNA 化学合成技术相结合可使基因芯片的探针密度大大提高,减少试剂的用量,易进行标准化和批量化生产。现在常用的基因芯片基本都是第三种类型。

基因芯片技术主要包括芯片制备、样品制备、杂交反应和杂交信号的检测分析 4 个基本步骤(图 9.11)。首先,采用原位微矩阵合成法将寡核苷酸片段或 cDNA 作为探针按顺序排列在玻璃片或硅片载体上,制成基因芯片。同时,对 DNA 或 RNA 样品进行提取、纯化和扩增,然后用荧光标记。然后,将荧光标记的核酸样品与芯片上的探针在适宜条件下进行杂交反应,洗掉未杂交的核酸分子后,对芯片上各个反应点的荧光位置和荧光强弱进行扫描和图像分析,将荧光信号转换成数据,即可获得有关的生物信息。

基因芯片技术由于同时将大量探针固定于支持物上,所以可以一次性对样品的大量序列进行检测和分析,从而解决了传统核酸印迹杂交技术操作繁杂、自动化程度低、操作序列数量少、检测效率低等不足。利用这种高通量、大规模地平行性地分析能力,通过不同探针阵列的设计和特定分析方法的使用,可以进行基因表达谱分析、突变检测、多态性分析、基因组文库作图及杂交测序等研究,在疾病诊断和治疗、药物筛选、农作物的优选优育、司法鉴定、食品卫生监督、环境检测等许多领域有广泛的应用前景。基因芯片技术发展的最终目标是将从样品制备、杂交反应到信号检测的整个分析过程集成化,以获得微型全分析系统或称缩微芯片实验室,就可以在一个封闭的系统内用很短的时间完成从原始样品到获取所需分析结果的全套操作。

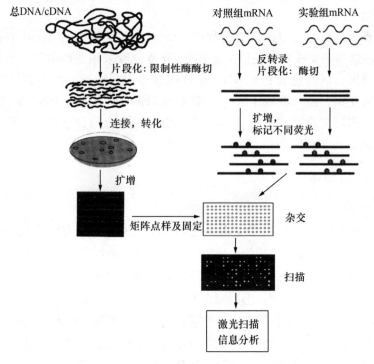

图 9.11 基因芯片技术操作流程示意图

（二）操作要点

基因芯片的质量是影响分析的通量、重复性和准确性的关键。通过寡核苷酸探针序列的优化，可提高检测结果的代表性和可靠性。通过点样或原位合成技术的改进，提高芯片的探针密度是提高分析通量的重要手段。杂交检测技术的完善是提高结果的灵敏度和重复性的保证。为了提高结果的准确性，一般每个样本要有至少 3 个生物学重复。

三、基因定点突变技术

（一）基本原理

定点突变是指通过 PCR 等方法，对目的 DNA 片段进行碱基的添加、删除、置换从而改变遗传信息的一门技术。根据突变位点的多少，可以分为单点突变和多点突变。单点突变是对 DNA 上单个核苷酸进行定点突变，而多点突变则同时或分步对 DNA 上多个位点的核苷酸进行定点突变。

利用 PCR 技术可以很容易地将点突变引入 DNA 片段中。对 DNA 片段进行定点突变时，如果突变位点在片段末端，可以设计错配碱基的末端引物，通过 PCR 直接在扩增产物中引入突变位点；如果突变位点在 DNA 片段内部，通过 Over-lap PCR 引入突变位点，即设计跨越突变位点并引入相应错配碱基的两个相反方向的互补引物，分别两末端引物组成引物对，扩增出突变末端重叠的两个 DNA 片段，并以其为模板，再用两末端引物扩增出包含突变位点的完整 DNA 片段。

PCR 技术同样可以用于质粒载体 DNA 的单点突变和多点突变。突变过程可以分为两个步骤：①通过 PCR 扩增将突变引入新生 DNA 单链。利用与质粒 DNA 互补的突变引物进行扩增，可以将单个突变位点带入新生互补 DNA 链中。多点突变则需要针对同一条模板链设计多个带突变的同方向引物，通过分段扩增和缺刻封闭将多个突变位点引入新生互补链。②利用选择性降解和转化获得双链突变的质粒 DNA。一种方法是在新生 DNA 链引入所需突变位点同时，引入模板链上某个单酶切位点的突变，使新生 DNA 链无法被相应的核酸酶切开。扩增产物经酶切后，原有质粒 DNA 被切成线性 DNA，而杂合双链不能切开而保持环状，只有后者才能转化大肠杆菌感受态细胞，并随细菌繁殖在细胞中复制，从子代 DNA 中分离出含双链突变的质粒 DNA。另一种方法是根据甲基化状态区分模板 DNA 链和扩增的互补链。模板要求用带甲基化的 DNA，利用突变引物进行高保真扩增，扩增反应产物经 DpnI 核酸内切酶消化，降解带甲基化的原始模板链，将带缺刻的突变扩增产物转化感受态细胞，在细菌连接酶修复缺刻后，突变的质粒 DNA 即可在细菌中正常复制。利用 Stratagene 公司的 QuikChange 试剂盒，单点突变效率可达到 80% 以上，引入 3 个定点突变的效率为 60%，5 个定点突变的效率可达到 30%。

定点突变可以用于基因改良，研究基因功能，寻找蛋白质的保守功能基序和启动子的调控序列位点等理论研究，在品种遗传改良，基因治疗等各生物学领域有广泛的应用潜力。

（二）操作要点

要提高定点突变的效率，应注意以下几点：①采用 Pfu Turbo DNA 聚合酶，在非链置换反应条件下进行高保真 PCR 扩增，以保证不引入意外突变；②为提高突变效率，引物应进行 SDS-PAGE 纯化，质粒转化菌株要采用超级感受态细胞；③模板来源的大肠杆菌菌株不能是甲基化缺陷型；④采用较小的质粒载体，可以提高突变效率和保真性。⑤突变后的 DNA 可以通过测序验证序列突变的准确性。

四、RNA 干扰技术

mRNA 的正义 RNA 和反义 RNA 通过碱基互补形成双链 RNA（dsRNA），可以使 mRNA 发生特异性的降解，导致其相应的基因沉默，这种转录后基因沉默机制称为 RNA 干扰（RNA interference，RNAi）。使用该技术可特异性地降低或关闭特定基因的表达，达到调控基因表达的目的。

（一）基本原理

要进行 RNA 干扰，首先要制备小干扰 RNA（small interfering RNA，siRNA）。siRNA 的制备方法可以分为体外制备和体内合成两大类，体外制备是通过化学合成、体外转录及 Dicer（或 RNaseⅢ）酶切，直接制备 siRNA，需要专门的转染试剂将 siRNA 转到细胞或原生质体内；后者则是构建表达 siRNA 的表达框（包括一个 RNA pol Ⅲ启动子、一段编码 siRNA 发夹结构的转录区和一个 RNA pol Ⅲ终止位点）或表达载体（质粒载体和病毒载体），在导入受体细胞后，利用细胞自身的转录和加工机制合成 siRNA。

将制备好的 siRNA、siRNA 表达框或表达载体导入受体细胞，才能引发 RNA 干扰。导入方法主要有以下几种：①磷酸钙共沉淀法，将氯化钙、siRNA 和磷酸缓冲液混合，沉淀形成极小的包含 siRNA 且不溶的磷酸钙颗粒，黏附到细胞膜上并通过胞饮作用进入细胞质。②阳离子脂质体转染法，将阳离子脂质体试剂加入水相溶液中，形成 100~400 nm 的带正电单层脂质体，靠静电作用结合到 siRNA 的磷酸骨架上，携带 siRNA 脂质体结合到带负电的细胞膜表面，通过内吞作用进入细胞内。③电穿孔法，将细胞悬浮于电场中，沿细胞膜的电压差异导致细胞膜暂时穿孔，为 siRNA 分子进入提供了通道。④机械法，主要有显微注射和基因枪法，前者是用一根细微针头直接将 siRNA 注射导入细胞质或细胞核，后者是利用高压气体将包裹 siRNA 的金粉颗粒导入细胞。

RNAi 技术可以利用 siRNA 快速、经济、简便地以序列特异方式剔除目的基因的表达，已经成为研究基因功能的重要手段。而 siRNA 表达文库构建方法的建立，使得利用 RNAi 技术进行高通量筛选成为可能，对阐明信号转导通路、发现新的药物作用靶点有重要意义。RNAi 作为一种高效的序列特异性基因剔除技术，在传染性疾病、恶性肿瘤的基因治疗及阻止艾滋病病毒进入人体细胞等方面均有良好应用。在植物学领域，可以利用 RNAi 技术对植物的某些性状进行改良。

（二）操作要点

要想达到较高的 RNA 干扰效率，重点在于以下几个方面：①提高转染效率，通过 siRNA 纯化、避免 RNA 酶的污染、选择健康和较低的传代数的细胞、合适的转染方法和优化转染条件，尽量提高转染效率。②设置对照，为检测干扰效率和特异性，干扰过程中一般要设置以下几种对照，转染试剂对照用于监控转染及培养条件对结果的影响；nonsense siRNA 对照用于监控外源核酸本身对结果的影响；positive siRNA 对照用于监控假阴性；技术重复（off-target）对照是利用至少两个靶点的 siRNA 同时实验，当两者的表型相同时，才有可能是特异性的 knockdown 效应；rescue 对照是在 knockdown 之后做超表达，看是否有性状的逆转。③多靶点复合干扰提高干扰效率，通过对 Dicer 或 RNaseⅢ在体外消化长片段 dsRNA，获得多条 siRNA 的混合物，可保证目的基因的有效抑制，但可能会引发非特异的基因沉默。

五、基因敲除技术

基因敲除，简单地说就是将目标基因从基因组中删除。基因敲除技术建立在基因同源重组及胚胎干细胞技术的基础上。基因同源重组是指当外源 DNA 片段大且与宿主基因片段同源性强并互补结合时，结合区的任何部分都有与宿主的相应片段发生交换（即重组）的可能。利用同源重组，将外源基因定点整合入靶细胞基因组上某一确定的位点，以达到定点修饰、改造某一基因的目的。比如原基因有一段序列为"123456789"，将中间的 3 个核苷酸敲除后为"123789"或直接连接为"123789"。一般情况下，一个敲除载体还会在其中插入一段外源基因（如 abc），则新的基因变为"123abc789"。所谓胚胎干细胞（embryonic stem cell，ESC）是从着床前小鼠等胚胎（孕 3~5 d）分离出的内细胞团细胞，它具有向各种组织细胞分化的潜能，能在体外培养并保留发育的全能性。在对干细胞进行体外遗传操作后，将其重新植回小鼠胚胎，能发育成胚胎的各种组织。

传统基因敲除技术生产转基因小鼠的过程包括胚胎干细胞的获取、基因敲除载体的构建及其向干细胞的导入、阳性细胞的筛选和嵌合体小鼠的培育。在选定敲除的靶基因后，把目的基因和与细胞内靶基因特异片段同源的 DNA 分子重组到带有标记基因（如 neo 基因、TK 基因等）的载体上，即为打靶载体。因基因打靶的目的不同，主要可分为替换型载体（使某一基因失去其生理功能）和插入型载体（把某一外源基因引入染色体上）。将基因打靶载体通过显微注射等方式导入同源的胚胎干细胞中，使外源 DNA 与胚胎干细胞基因组中相应部分发生同源重组，将打靶载体中的 DNA 序列整合到内源基因组中从而得以表达。用正、负选择法筛选已击中的细胞,比如用 G418 筛选所有能表达 Neo 基因的细胞,然后用 Ganciclovir 淘汰所有 HSV-TK 正常表达的细胞,剩下的细胞为命中的细胞。将筛选出来的靶细胞导入鼠的囊胚中,再将此囊胚植入假孕母鼠体内,使其发育成嵌合体小鼠(图 9.12)。通过观察嵌合体小鼠和其纯合体后代的生物学性状的变化,了解目的基因的功能。

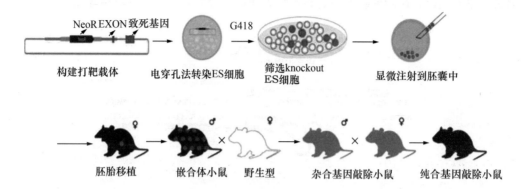

图 9.12 基因敲除小鼠基本操作步骤示意图

CRISPR/Cas9 和 TALEN 技术是近年来发展出基因敲除新技术。CRISPR/Cas9 是一种由 RNA 指导的 Cas 核酸酶对靶向 DNA 的修饰,是(古)细菌为应对病毒和质粒攻击而演化出来的获得性免疫防御机制。在这一系统中,规律成簇间隔短回文重复(clustered regularly interspaced short palindromic repeats,CRISPR)转录出的 crRNA(CRISPR-derived RNA)通过碱基配对与 tracrRNA(trans-activating RNA)基因转录产物互补形成双链 RNA,在此 tracrRNA/crRNA 二元复合体指导下,Cas9 蛋白在 crRNA 引导序列的靶定位点剪切双链 DNA,对基因组 DNA 进行修饰(图 9.13)。类转录激活因子效应物核酸酶(transcription activator-like effector nuclease,TALEN)技术是通过基因重组将 TALE 蛋白的对靶 DNA 的特异识别能力和人工改造的核酸内切酶(Fok I)的切割功能相结合,对细胞基因组进行定点修饰。TALEN 的 DNA 识别域是由一些非常保守的重复氨基酸序列模块

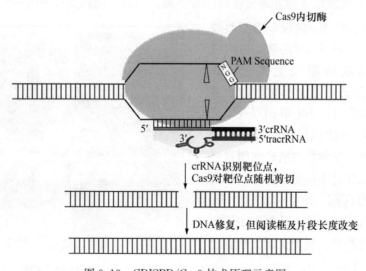

图 9.13 CRISPR/Cas9 技术原理示意图

组成,每个模块由34个氨基酸组成,其中第12和13位的可变氨基酸决定该模块识别靶向位点的特异性。通过DNA识别域结合到靶位点上,通过 Fok I 的切割域形成二聚体后,可特异性对目标基因DNA实现切断,在非同源末端连接修复过程中,导致删除或插入了一定数目(非3的倍数)的碱基,造成移码,从而造成目标基因功能的缺失(图9.14)。与传统基因敲除技术相比,这两种新方法具有实验周期短、价格低、无品系限制等优势。

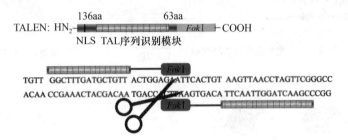

图9.14 TALEN技术原理示意图

基因敲除技术主要应用于建立基因缺失生物模型,研究某些疾病的分子机理和基因治疗,异源分子的基因敲除有助于器官移植中排异,也可以进行生物的定向遗传改良。

六、蛋白质双向电泳技术

蛋白质双向电泳(two-dimensional electrophoresis, 2-DE)由O'Farrell's于1975年首次建立,并成功地分离了约1 000个 E. coli 蛋白,并表明蛋白质谱不是稳定的,而是随环境而变化的。目前,随着技术的飞速发展,已能分离出10 000个斑点(spot)。当双向电泳斑点的全面分析成为现实的时候,蛋白质组的分析变得可行。

(一)基本原理

双向电泳是由等电聚焦电泳和聚丙烯酰胺凝胶电泳组成。蛋白质样品首先在固相pH梯度胶条(如pH 4~7或3~10)中进行第一方向的等电聚焦电泳,按照蛋白质的等电点(pI)进行分离,电泳结束后立即对胶条进行平衡。然后,配制变性聚丙烯酰胺凝胶(SDS-PAG),将平衡好的第一向胶条置于凝胶上方,沿与第一方向成90°的第二方向进行变性聚丙烯酰胺凝胶电泳(SDS-PAGE),按照分子质量大小对蛋白质进行分离。电泳结束后,小心取出凝胶,进行考马斯亮蓝或硝酸银染色。染色结束后,凝胶上二维分布的蛋白质斑点图谱拍照,利用分析软件对不同蛋白质样品的电泳图谱进行斑点匹配、定量和比较分析。在选出目标蛋白质斑点后,从凝胶中挖出相应的胶点进行酶解,利用质谱分析鉴定蛋白质的种类(图9.15)。

蛋白质荧光标记的应用使2-DE的分

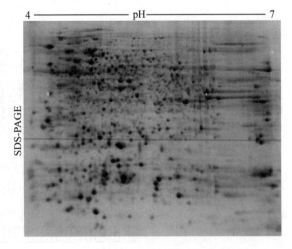

图9.15 小麦黄化幼苗的双向电泳图谱
(由山东农业大学李菡提供)

离鉴定更加简捷高效。利用不同的荧光基团对不同蛋白质样品进行标记,可以将多个蛋白质样品在同一张凝胶中进行分离,并通过不同荧光标记的检测,在同一凝胶上定量原位比较不同样品中同一蛋白质,使 2-DE 图谱比较分析更加简捷,结果准确可靠。通过比较不同组织类型、不同状态的蛋白质样品的 2-DE 图谱,可以在蛋白质水平上研究基因表达;通过提高加样量,可以使 2-DE 成为一项真正的制备型技术。

(二) 操作要点

具体操作时,需注意以下几个方面:①制备样品应尽量提高蛋白质提取效率,尽可能扩大其溶解度和解聚,减少杂质,以提高分辨率。用化学法(表面活性剂、蛋白质变性剂、蛋白酶抑制剂等)和机械裂解法(如超声破碎)尽可能溶解和解聚蛋白质,并利用超速离心或核酸内切酶除去核酸等非蛋白物质。对于低丰度蛋白,可采用亚细胞分级和蛋白质预分级、提高加样量、应用敏感性检测等方法提高检出度。②提高电泳分离的分辨率和重复性。高分辨率确保蛋白质最大程度的分离,高重复性允许进行凝胶间对比。在第一向进行等电聚焦电泳时,根据蛋白质样品的性质和分析目的选择适宜范围和形式的 pH 梯度胶条,如线性、渐进性和 S 形曲线梯度。③选择斑点检测方法要考虑其与斑点蛋白的分离和鉴定方法相适应。考马斯亮蓝染色法简便快捷,质谱兼容性好,但检测灵敏性较低;银染法检测灵敏度高,但重复性差,质谱兼容性低;荧光标记法检测灵敏度高,重复性和质谱兼容性好,但成本较高。

七、蛋白质分子杂交技术

(一) 基本原理

蛋白质分子杂交又称为 Western 杂交,是一种利用抗原与抗体特异结合来检测特异蛋白质的有无及其含量多少的技术。Western 杂交将蛋白质电泳、印迹、免疫检测融为一体,其基本原理如下(图 9.16):首先,先从组织或细胞中提取总蛋白或目的蛋白,如果需要蛋白质变性,则将蛋白质样品溶解于含有去污剂和还原剂的溶液中。然后,通过(变性)聚丙烯酰胺凝胶电泳将蛋白质样品按分子大小分离,再将凝胶上的各蛋白质条带通过湿法或半干法原位电转印到硝酸纤维素膜或 PVDF 膜上。印迹后的膜需要在高浓度异源蛋白质溶液中温育,以封闭膜上的非特异性位点,避免以后加入的抗体与膜进行非特异结合。再次,将封闭后的膜与特异抗体(一抗)结合,洗掉未结合一抗后,再加入能与一抗专一结合的标记二抗,最后通过二抗上标记化合物的性质进行定量检测。根据检出结果可得知被检样品中目的蛋白是否表达、浓度大小及大致的分子质量。

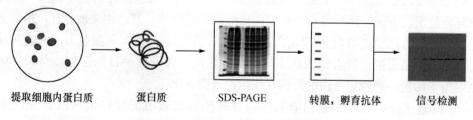

图 9.16 Western 杂交操作示意图

Western 杂交具有很高的灵敏性,可从细胞总蛋白质中检出 50 ng 的特异蛋白质,若是提纯的蛋白质,可检至 1~5 ng。

(二) 操作要点

Western 杂交要求蛋白样品制备防止污染和降解，并选择好第一抗体和相应的第二抗体。①蛋白质样品和凝胶一般进行变性处理，能够提高蛋白质分离效率，降低杂交的非特异性。②封闭是影响 Western 杂交特异性的重要因素，不仅在加入一抗要有封闭的步骤，一抗和二抗也要在封闭缓冲液中稀释。③根据抗原特性选择适宜的一抗。Western 杂交所用的一抗主要有多克隆抗体和单克隆抗体两种类型，将抗原蛋白或肽段按正常程序免疫动物（小鼠、大鼠、兔、鸡、羊等）即可获得多克隆单克隆抗体，制备简单，但一般是一组免疫球蛋白，特异性较差；单克隆抗体需要借助杂交瘤技术，制备复杂，成本较高，但可以筛选出专一性强的抗体。④根据样品特性和试验需要选择二抗的标记方法。常用的标记主要有酶（如辣根过氧化酶 HRP 和碱性磷酸酶 AP 等）、荧光基团（FITC、RRX、TR 或 PE）和生物素。酶标法操作简便，但分辨率较低；荧光标记灵敏性较高，但需要荧光检测设备；生物素标记可以通过 biotin/avidin 检测系统更大程度的放大检测信号，但操作更复杂，成本更高。

第四节　基因功能研究相关技术

编码蛋白质的基因通过转录和翻译表达为蛋白质并行使其功能，为了在蛋白质水平上研究基因的功能及其作用机制，常需要寻找或验证蛋白质与核酸之间、蛋白质与蛋白质之间的相互作用。研究蛋白质与核酸互作的方法有染色质免疫共沉淀、酵母单杂交、凝胶阻滞等技术；研究蛋白质与蛋白质之间互作的方法有免疫共沉淀、酵母双杂交、荧光共振能量转移、荧光双分子互补等技术。

一、免疫共沉淀技术

(一) 基本原理

免疫共沉淀（co-immunoprecipitation，Co-IP）是以抗体和抗原之间的专一性作用为基础，研究蛋白质相互作用的经典方法，可用以确定两种蛋白质在完整细胞内的生理性相互作用。

Co-IP 的基本原理是利用抗原与其抗体的特异性结合以及细菌的 Protein A 或 G 与免疫球蛋白的 Fc 片段的特异性结合。在细胞裂解液中加入 A 蛋白的抗体（A 抗），孵育后加入结合于琼脂糖珠上的 Protein A 或 G，若细胞中有与 A 蛋白结合的 B 蛋白，就可以形成"B 蛋白- A 蛋白- A 抗- Protein A 或 G -琼脂糖珠"复合物。琼脂糖珠的密度较大，经离心即可将此复合物沉淀下来，然后进行变性聚丙烯酰胺凝胶电泳，复合物又被分开，最后通过免疫印迹或质谱等方法检测蛋白 A 和蛋白 B。若同时检测到蛋白 A 和蛋白 B，说明两种蛋白在细胞内是天然结合的，符合体内的实际情况。常用于验证两种目标蛋白质是否在体内结合，也可用于筛选一种特定蛋白的新的互作蛋白（图 9.17）。

Co-IP 适宜于分析稳定的蛋白质互作，分离已知靶蛋白的互作蛋白或验证两个蛋白质之间的互作。但是，Co-IP 对于低亲和力或瞬间的蛋白质互作检测效率较低；而且 Co-IP 所获得的两种互作蛋白之间可能不是直接结合，而是通过第三种蛋白质作为桥梁发生的间接互作。

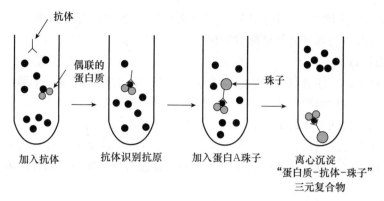

图 9.17 免疫共沉淀操作示意图

(二)操作要点

在免疫共沉淀操作时,需注意以下问题:①蛋白质互作应来自细胞内天然的相互作用,而非细胞溶解后发生的互作。因此,细胞裂解时尽量采用温和的裂解条件,可加入蛋白酶抑制剂来防止蛋白质降解,互作蛋白也要通过原位检测来进一步验证。②要提高 Co-IP 成功率,就要确保抗体的特异性、纯度和适宜用量。在不表达抗原蛋白的细胞溶解物中添加抗体后应该不会引起共沉淀,共沉淀的蛋白质是由与所加入的抗体沉淀所得而非来自外源非特异蛋白的污染,选择单克隆抗体有助于提高特异性,减少污染。抗体用量过少会降低检出率,而用量过大则容易导致蛋白质共沉淀在溶液中,而非共沉淀在在琼脂糖珠上。③在利用 Western 杂交等方法验证蛋白质互作前,首先需要确定或预测两种互作蛋白的种类,以选择检测所用的抗体。

二、染色质免疫共沉淀技术

(一)基本原理

染色质免疫沉淀(chromatin immunoprecipitation assay,ChIP)技术是研究体内 DNA 与蛋白质相互作用的方法。首先,用甲醛处理细胞,固定活细胞状态下的蛋白质-DNA 复合物。然后收集细胞,利用超声破碎将 DNA 断裂为长 200~1 000 bp 的片段。再加入目的蛋白的抗体,使之与靶蛋白-DNA 复合物相互结合,从而特异性地富集目的蛋白结合的 DNA 片段。然后加入连有 Protein A 或 G 的琼脂糖珠,募集抗体-靶蛋白-DNA 复合物。并对沉淀下来的复合物进行洗涤,以去除一些非特异性结合组分,得到富集的靶蛋白-DNA 复合物。最后,通过解交联提取 DNA 片段并对其进行富集纯化,再通过 PCR 分离不同 DNA 片段,通过测序等方法进一步验证目的蛋白与 DNA 序列的相互作用(图 9.18)。

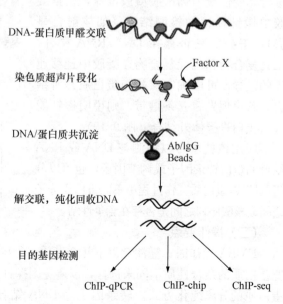

图 9.18 染色质免疫共沉淀操作示意图

ChIP 不仅可检测体内反式作用因子与 DNA 的动态作用，也可以用来研究组蛋白和非组蛋白等核基质蛋白的各种共价修饰对染色质结构的影响。

（二）操作要点

在操作过程中，需注意以下事项：①为了获得高丰度的结合片段，要确定靶标蛋白的表达丰度最够高，初始细胞数目要足够多。②甲醛可以将蛋白质交联到 DNA 上，准确把握交联时间长度是确保交联效果的关键。③使用含有强界面活性剂的缓冲液，可以使蛋白质充分溶解。④超声破碎情况直接影响后续的 DNA 的分离纯化，破碎条件要不断优化，破碎效果可通过电泳进行鉴定。⑤注意不同抗体和抗原的结合能力也不同，能结合但未必能在免疫共沉淀中起作用。

三、凝胶阻滞试验技术

（一）基本原理

凝胶阻滞试验（electrophoretic mobility shift assay，EMSA）是一种利用核酸分子和蛋白质的结合对核酸分子电泳速率的影响，在体外研究 DNA 或 RNA 与蛋白质相互作用的技术。首先，要人工合成特异的 DNA 或 RNA 片段，并利用 ^{32}P 同位素或其他方法将其标记为探针。其次，将纯化的蛋白质或细胞粗提液同 DNA 或 RNA 探针一同保温，形成的蛋白质-DNA/RNA 二元复合物在非变性聚丙烯酰胺凝胶电泳中的迁移速度会小于探针本身。然后，再加入该蛋白质的特异性抗体，可形成"抗体-蛋白质-DNA/RNA"三元复合物的迁移速度比二元复合物的迁移速度更慢。最后，将混合物样品进行非变性聚丙烯酰胺凝胶电泳，根据凝胶中探针标记的检测结果（如放射自显影），来分析是否存在 DNA/RNA 探针、二元复合物和三元复合物在凝胶中迁移速度的差异，可以确定核酸与蛋白质是否结合。若出现先后三条谱带，则说明探针能够与蛋白进行体外结合（图 9.19）。

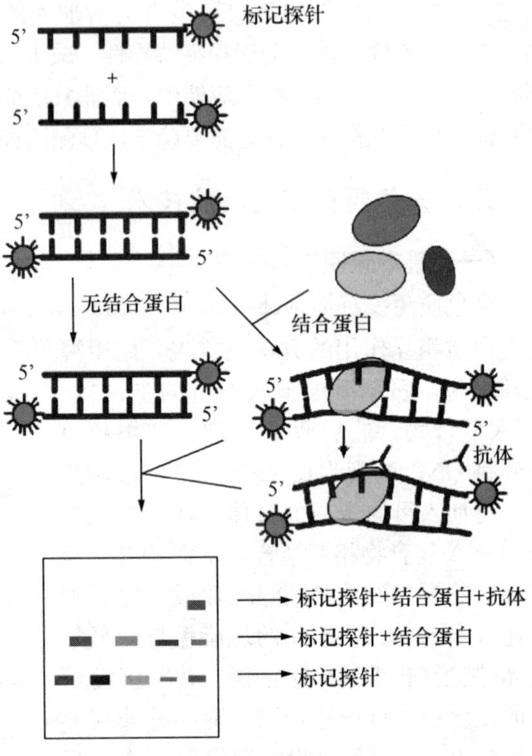

应用该技术可以检测与 DNA 或 RNA 结合的蛋白转录因子或调节因子，也可以分析在核酸-蛋白质互作过程中不同蛋白质分子之间或核酸序列之间是否存在竞争性结合。

图 9.19 凝胶阻滞试验操作流程示意图

（二）操作要点

EMSA 操作时，需注意以下几个事项：①同位素标记的探针是双链还是单链，应依研究蛋白质的结合性质不同来选择，以避免因探针不合适造成假阴性。②应根据探针性质选择蛋白质的分离纯化方式。转录因子等 DNA 结合蛋白可选用细胞核抽提液或纯化蛋白质，RNA 结合蛋白时可选用细胞核抽提液、细胞质抽提液或纯化蛋白质。③若蛋白质样品为纯化的蛋白质，可以不加抗体而直接进行电泳，自显影后会显示两条带。④可通过竞争实验来提高结果的可靠性。竞争性核酸片段可分别采用含蛋白质结合序列的 DNA/RNA 片段和其他非特异核酸片段，依据浓度梯度产生的竞争强度的变化来确定特异结合。

四、酵母双杂交技术

（一）基本原理

酵母双杂交系统（yeast two-hybrid system）的理论基础是酵母细胞中反式作用因子 GAL4 激活靶基因转录的特异调控作用。GAL4 含有两个不同的结构域——DNA 结合功能域（DNA binding domain，DNA-BD）和转录激活结构域（activation domain，AD），这两个结构域分别是位于 N 端 1～147 位和 C 端 768～881 位氨基酸序列区段，两者彼此完全分开时仍具有功能，但只有在空间上足够接近时才能表现出完整的转录因子活性，启动它所调节基因的转录。

酵母双杂交系统的设计思路是在同一酵母细胞中表达两种待研究蛋白质分别与 GAL4 AD 和 BD 的融合蛋白。如果两个目标蛋白能够相互结合，则为分开的 AD 和 BD 结构域提供了相互靠近的机会，其转录激活作用可以通过报告基因的表达呈现出来。首先，构建待测基因 X 与 GAL4 的 DNA 结合域编码区融合的诱饵表达载体（BD-X），并导入缺乏报告基因启动子的酵母细胞株中；将 GAL4 的 AD 编码区与来自 cDNA 文库的基因 Y 融合，构建在文库表达载体上（AD-Y）。然后，同时将上述两种载体转化改造后的酵母（因某些营养成分合成代谢的关键酶基因不能表达，而具有营养缺陷）。这种酵母细胞在缺乏特定营养成分（如亮氨酸、组氨酸、色氨酸等）的培养基上无法正常生长，只有当上述两种载体所表达的融合蛋白能够相互作用（BD-X-Y-AD）时，才能启动关键酶基因的表达，从而激活细胞中相应营养成分的合成代谢，使酵母在营养缺陷型培养基上正常生长。将阳性酵母菌株中的 AD-Y 载体提取分离出来，即可对载体中插入的文库基因进行测序和分析（图 9.20）。

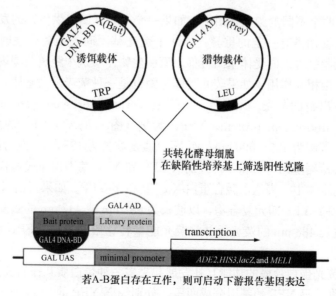

图 9.20　酵母双杂交操作示意图

酵母双杂交系统能在活细胞体内测定蛋白质的相互作用，具有高度敏感性，即使蛋白质之间微弱的、瞬间的作用也能够通过报告基因的表达产物敏感地检测到。在酵母双杂交的基础上，把诱饵表达载体改为可接受外源核酸片段插入的含核心启动子-营养缺陷型标记基因的低背景表达载体，则发展出了酵母单杂交技术，可用于筛选能够与外源核酸片段结合的文库蛋白。此外，还有酵母三杂交和酵母反向杂交技术，分别用于研究3种不同蛋白质之间的互作及两种蛋白质的相互作用位点。

（二）操作要点

在酵母双杂交操作过程中，需注意以下问题：①足够高的酵母转化效率是提高文库蛋白筛选效率的保障，可依据要研究蛋白质的特点选择顺序转化、共转化或接合转化。②要避免假阳性，即待研究的两个蛋白质间不能发生相互作用，而报告基因被激活。假阳性常常来自酵母内源代谢的干扰，筛选时应作严格的对照试验，而且要分析这两种蛋白质是否在细胞的同一区域内同时表达。③要避免假阴性现象，即两个蛋白质能够发生相互作用，但报告基因不表达或表达程度过低而未能检测出来。造成假阴性的原因主要是融合蛋白的表达对细胞有毒性或蛋白质间的相互作用较弱。表达毒性蛋白时应选用敏感性低的菌株或拷贝数低的载体，表达弱相互作用蛋白时应选用高敏感性的菌株及多拷贝载体。此外，原核生物或高等真核生物基因在酵母中的异源融合表达也可能导致蛋白质结构和功能异常，从而产生假阴性结果。

五、荧光共振能量转移和双分子荧光互补技术

荧光共振能量转移（fluorescence resonance energy transfer，FRET）和双分子荧光互补（bimolecular fluorescence complementation，BiFC）都是利用编码荧光发色基团（常为荧光蛋白）的序列为报告基因分析细胞内蛋白质的相互作用的技术，区别在于FRET需要两个荧光蛋白，而BiFC只需要一个荧光蛋白切割而成的两个片段。

（一）基本原理

FRET是指在两个不同的荧光基团中，如果一个荧光基团（供体）的发射光谱与另一个基团（受体）的吸收光谱有一定的重叠，当两个荧光基团间的距离合适时（小于10 nm），荧光供体基团的能量就可以向受体基团转移。而在生物体中这个距离范围内，可以认为两个蛋白质分子能够直接相互作用。如果荧光受体基团也是一种荧光发射基团，则在接受供体荧光能量后能够激发出新的荧光。以青色荧光蛋白（cyan fluorescent protein，CFP）和黄色荧光蛋白（yellow fluorescent protein，YFP）为例（图9.21A），CFP的激发波长为432/442 nm，发射波长范围为450～500 nm；而YFP激发波长为488 nm，发射波长范围为525～575 nm。将两个待检测基因（X和Y）分别与CFP和YFP基因构建成融合表达载体并导入同一个细胞或原生质体中，表达出融合蛋白X-CFP和Y-YFP。如果蛋白X和Y能够相互作用，则形成CFP-X-Y-YFP四元复合物，以波长为432 nm或442 nm的激发光照射，CFP吸收光能并激发出波长488 nm的荧光，并将荧光能量转移给邻近的YFP，而YFP接受能量后激发出黄色荧光。

BiFC是基于荧光蛋白片段的功能互补发展起来来一种蛋白质互作研究技术。以YFP为例（图9.21B），将编码YFP的基因分成两段，分别编码YFP的N端155个氨基酸的肽段YN和剩余C端肽段YC。通过构建融合表达载体，将荧光蛋白的两个互补肽段分别与两个

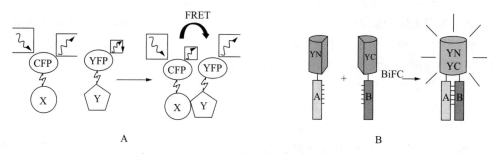

图 9.21 荧光共振能量转移和双分子荧光互补技术示意图

目标蛋白融合表达为 YN-A 和 B-YC。将两个载体共转化同一细胞，如果两个目标蛋白能够相互作用，则形成 YN-A-B-YC 复合物，YN 和 YC 相互靠近而互补成为有功能的 YFP，在激发光照射下能够发出黄色荧光。除 YFP 外，绿色荧光蛋白（green fluorescent protein，GFP）、CFP、蓝色荧光蛋白（blue fluorescent protein，BFP）和红色荧光蛋白（red fluorescent protein，RFP）都可以用于 BiFC 系统。

将 FRET 和 BiFC 结合起来可用于分析 3 种蛋白质的相互作用。将 3 种目标蛋白 A、X、Z 的基因分别与 CFP、YN 和 YC（YFP 的两个片段）编码区构建融合表达载体并导入同一细胞，分别表达为融合蛋白 CFP-A、YN-X 和 YC-Z。如果蛋白 X 与 Z 能够结合，则 YN 和 YC 通过 BiFC 能够互补为完整的 YFP，而蛋白 A 也能够与 X 结合，则 3 个融合蛋白聚合在一起，CFP 和组装的 YFP 能够发生 FRET。通过这种双分子荧光互补结合荧光共振能量转移系统可以确定 3 个蛋白质相互作用关系。

FRET 和 BiFC 检测灵敏性高，可广泛用于筛选靶蛋白的互作蛋白或研究蛋白质的功能位点，同时可以分析蛋白质在细胞或组织中的定位。而且，两种技术都可以在活体内实时监测蛋白质之间瞬时或弱相互作用，避免了细胞破碎和蛋白质抽提过程对蛋白质互作产生的影响。但也有对温度敏感、荧光激发迟滞于蛋白质互作过程等缺点。

（二）操作要点

操作过程中要注意以下几点：①蛋白质融合表达时不能破坏蛋白质原有的结构和互作能力，可以考虑在蛋白质之间加入适宜的连接肽。②要避免假阳性，实验所检测到的蛋白质相互作用可能是由蛋白质所带电荷引起而非生理性互作，也可能是通过第三者为中介而非直接结合，或者两种互作蛋白实际上在生物体内不会同时同地出现。③选择适宜的培养温度、转化参数等实验条件，避免其影响蛋白质在细胞内的共表达和互作，产生假阴性结果。

复习思考题

1. 名词解释

质粒　聚合酶链反应　复合 PCR　反向 PCR　RACE 技术　图位克隆　RFLP　探针　微卫星 DNA　限制性内切酶　cDNA 文库　FISH　定点突变　免疫共沉淀　ChIP　EMSA　FRET　BiFC　酵母双杂交

2. 进行 DNA 提取和 RNA 提取均有哪些注意事项？
3. 为什么实时定量 PCR 能够对初始的模板进行定量？
4. 琼脂糖凝胶电泳和聚丙烯酰胺凝胶电泳各有哪些优缺点？

5. Southern 杂交、Northern 杂交和 Western 杂交分别应用于什么检测？

6. 简述进行 DNA 重组的操作步骤，并结合自己的专业阐述 DNA 重组技术的应用。

7. 根据你的了解，简述基因芯片的应用。

8. 要提高 siRNA 的转染效率，需优化哪些方面？

9. 简述基因敲除小鼠的制备程序。

10. 请比较蛋白质单向电泳和双向电泳。

11. 研究蛋白质相互作用的方法有哪些？并简述其原理。

12. 染色质免疫共沉淀和凝胶阻滞试验均为研究核酸与蛋白质之间相互作用的实验方法，请将二者进行比较。

13. 进行酵母双杂交实验，比较容易失败，请分析为什么。

14. 比较酵母双杂交和 BiFC 在研究蛋白质相互作用方面的优缺点。

15. 结合本章学习的内容，请分析分子生物学技术的发展趋势。

分子生物学常用名词英汉对照

activation domain，AD 转录激活结构域
activator 激活蛋白
adapter molecule 适配器分子
adenosine monophosphate 腺嘌呤核苷酸
adenovirus 腺病毒
adenylate cyclase 腺苷酸环化酶
allolactose 异构乳糖
alternative splicing 可变剪接
Amanita phalloides 鹅膏真菌
aminoacyl-tRNA synthetase，AARS 氨酰-tRNA 合成酶
anticoding strand 非编码链
antisense RNA 反义 RNA
antiterminator 抗终止子
Arabidopsis thaliana 拟南芥
archaea 古细菌
attenuation 衰减作用
attenuator，A 衰减子
autonomous transposon 自主转座子
auto-regulation 自主调节
avian myeloblastosis virus，AMV 禽成纤维病毒
bacterial artificial chromosome，BAC 细菌人工染色体
basal transcription factor 基础转录因子
base 碱基
base excision repair 碱基切除修复
base stacking forces 碱基堆积力
basic zipper，bzip 碱性亮氨酸拉链
bimolecular fluorescence complementation，BiFC 双分子荧光互补
bioinformatics 生物信息学
blotting 印迹转膜
blue fluorescent protein，BFP 蓝色荧光蛋白
branch migration 分支迁移
calpains 钙蛋白酶
cap binding protein，CBP 帽子结合蛋白
carboxyl terminal domain，CTD 羧基末端结构域
caspase 半胱氨酸蛋白酶
catabolite activator protein，CAP 代谢激活蛋白
catabolite repression 代谢阻遏
catenane 连环体
chloromycetin 氯霉素
chromatin immunoprecipitation assay，ChIP 染色质免疫沉淀
chromatin remodeling 染色质重塑
chromosome 染色体
chromosome elimination 染色体丢失
circular RNA，circRNA 环状 RNA
cis-splicing 顺式剪接
cleavage stimulation factor，CSF 切割促进因子
closed initiation complex 封闭型起始复合物
clustered regularly interspaced short palindromic repeats，CRISPR 成簇间隔短回文重复
coding strand 编码链
codon 密码子
co-immunoprecipitation，co-IP 免疫共沉淀
cointegrate 共联体
composite transposon 复合转座子
concanavalin A，con A 伴刀豆球蛋白 A
concatemer 多联体
conservative replication 全保留复制
conservative site-specific recombination 保守性特异位点重组
conservative transposition 保守性转座
constitutive expression 组成型表达
constitutive heterochromatin 结构性异染色质
cooperative binding 协同结合
core histone 核心组蛋白
core promoter 核心启动子
corepressor 辅阻遏物
co-translation transportion 共翻译运输
crossover region 交换区

cruciform structure 十字形结构
ctDNA 叶绿体 DNA
cut-and-paste transposition 剪切-粘贴转座
cyan fluorescent protein，CFP 青色荧光蛋白
cyclic-AMP，cAMP 环腺苷酸
cycloheximide 放线菌酮
cytidine monophosphate 胞嘧啶核苷酸
cytosine，C 胞嘧啶
D-2′-deoxyribose D-2′-脱氧核糖
degeneracy 简并性
denaturing gradient gel eletrophoresis，DGGE 变性梯度凝胶电泳
deoxyadenosine monophosphate，dAMP 腺嘌呤脱氧核苷酸
deoxycytidine monophosphate，dCMP 胞嘧啶脱氧核苷酸
deoxyguanosine monophosphate，dGMP 鸟嘌呤脱氧核苷酸
deoxyribonucleic acid，DNA 脱氧核糖核酸
deoxythymidine monophosphate，dTMP 胸腺嘧啶脱氧核苷
diptheria toxin 白喉霉素
direct repeat 正向重复
displaced loop 取代环
D-loop D 环
DNA binding domain，DNA 结合功能域
DNA glycosylase DNA 糖基化酶
DNA helicase DNA 解螺旋酶
DNA ligase DNA 连接酶
DNA methylation DNA 甲基化
DNA methyltransferase，DNMT DNA 甲基转移酶
DNA polymerase DNA 聚合酶
DNA strand transfer DNA 单链交换
dNTP 脱氧核糖三磷酸
docking protein，DP 停泊蛋白
double helix 双螺旋
double-strand break repair 双链断裂修复
downstream promoter element 下游启动子元件
D-ribose D-核糖
duplex winding number 双链缠绕数
early-transcript elongation complex 早期的转录延伸复合体

effector 效应物
electrophoretic mobility shift assay，EMSA 凝胶阻滞试验
elongation 延伸
elongation site 延伸位点
embryonic stem cell，ESC 胚胎干细胞
enhancer 增强子
epigenetic information 外遗传信息
epigenetics 外遗传
epigenotype 后生型
epimutation 后生突变
eplication factor C 复制因子 C
erythromycin 红霉素
ethidium bromide，EB 溴化乙锭
eubacteria 真细菌
euchromatin 常染色质
eukaryote initiation factor，eIF 真核翻译起始的因子
excision repair system 剪切修复系统
excisionase 剪切酶
exit site 排出位点
exon 外显子
exon circularization 外显子环化
extein 外显肽
facultative heterochromatin 兼性异染色质
fluorescence in situ hybridization，FISH 荧光原位杂交
fluorescence resonance energy transfer，FRET 荧光共振能量转移
footprinting 足迹法
formylmethionyl-tRNA，fMet-tRNA 甲酰甲硫氨酰-tRNA
frameshift 移码
fuscomycin 褐霉素
galactose operon，gal 半乳糖操纵元
gene 基因
gene cluster 基因簇
gene conversion 基因转换现象
gene engineering 基因工程
gene expression 基因表达
gene family 基因家族
gene quelling 基因阻抑
gene rearrangement 基因重排

gene silencing 基因沉默
gene targeting 基因打靶
general recombination 一般重组
general transcription factor 通用转录因子
gene-specific transcription factor 基因特异性转录因子
genetic codon 遗传密码
genetic engineering 遗传工程
genetic map 遗传图
genetic recombination 遗传重组
genome *in situ* hybridization，GISH 基因组原位杂交
genomic imprinting 基因组印记
glycoproteins 糖蛋白
green fluorescent protein，GFP 绿色荧光蛋白
guanosine monophosphate 鸟嘌呤核苷酸
guide RNA，gRNA 向导 RNA
gyrase 旋转酶
hairpin structure 发夹结构
heat shock protein，HSP 热休克蛋白
heat shock response element，HSE 热激应答元件
helix-loop-helix，HLH 螺旋-环-螺旋
helix-turn-helix，HTH 螺旋-转角-螺旋
heterochromatin 异染色质
heteroduplex 异源双链
heterogenous nuclear RNA，hnRNA 核内不均-RNA
high-mobility group protein，protein 高迁移率群蛋白
histone acetyltransferase，HAT 组蛋白乙酰化酶
histone deacetylase，HDAC 组蛋白脱乙酰酶
histone protein 组蛋白
Holliday junction Holliday 联结体
holoenzyme 全酶
homeodomain，HD 同源异形结构域
homeotic loci 同源异形座位
homeotic protein 同源异形蛋白
homologous recombination 同源重组
hormone response element，HRE 激素应答元件
hot pursuit model 热追踪模型
hybridization 分子杂交
hygromycin B 潮霉素 B
immunoglobulin，Ig 免疫球蛋白
importin 转运因子

inducer 诱导物
inducible gene 可诱导基因
induction 诱导
initiation 起始
initiation codon 起始密码子
initiation site 起始位点
initiator DNA 起始 DNA
insertase 插入酶
insertion sequence 插入序列
insertion vectors 插入型载体
insulator 绝缘子
integration host factor 宿主整合因子
intein 内含肽
intergrase 整合酶
intrinsic terminator 内在终止子
intron 内含子
intron circularization 内含子环化
intron-pairing-driven circularization 内含子配对驱动的环化
inverted repeat 反向重复
isoaccepting tRNA 同工（受体）tRNA
jumping gene 跳跃基因
kanamycin 卡那霉素
lactose operon model 乳糖操纵元模型
lactose operon，*lac* 乳糖操纵元
lariat-driven circularization 套索驱动的环化
leader peptide 引导肽
leader sequence，L 前导序列区
leading strand 先（前）导链
leaky 渗漏
lentivirus 慢病毒
leucine zipper 亮氨酸拉链
linker DNA 连接 DNA
linker histone 连接组蛋白
long interspersed nuclear elemnent 长散布元件
long noncoding RNA 长链非编码 RNA
long terminal repeat 长末端重复序列
looped rolling circle replication 噜噗滚环式复制
luxury gene 奢侈基因
lysine methyltransferase，KMT 赖氨酸甲基转移酶
lytic growth 裂解生长
magic spot 魔斑

map-based cloning　图位克隆
maternal effects　母体效应
messenger RNA　信使 RNA
metabonomics　代谢组学
metal response element，MRE　金属应答元件
methotrexate　氨甲蝶呤
methyl-binding protein，MBD　甲基结合蛋白
microRNA，miRNA　微小 RNA
microsatellite DNA　微卫星 DNA
minor base　稀有碱基
miRNA sponge　miRNA 海绵
mirror repeat　镜像重复
molecular biology　分子生物学
molecular chaperone　分子伴侣
molecular developing biology　分子发育生物学
moloney murine leukemia virus，MMLV　莫洛尼氏鼠白血病病毒
mtDNA　线粒体 DNA
mutator　突变子
negative regulation　负调控
neomycin　新霉素
Neurospora crassa　粗糙脉孢菌四分体
non-autonomous transposon　非自主转座子
nonhistone protein　非组蛋白
non-homologous end joining　异源末端连接
nonsense codon　无义密码子
nonsense strand　无意义链
nontemplate strand　非模板链
nuclear localization sequence，NLS　细胞核定位序列
nucleic acid　核酸
nuclein　核素
nucleoid　类核
nucleo-plasmin　核质素
nucleoside　核苷
nucleosome　核小体
Okazaki fragment　冈崎片段
open circular DNA　开环 DNA
open initiation complex　开放型起始复合物
open reading frame，ORF　开放阅读框
operator　操作子
operon　操纵元
origin of replication　复制原点

origin recognition complex　起始点识别复合体
palindromin sequence　回文序列
paracodon　副密码子
Parascaris equoorum　马蛔虫
peptidyl prolyl cis-trans isomerase，PPI　肽基脯氨酰顺反异构酶
peptidyl transferase　肽基转移酶
peptidyl-tRNA site　肽酰基 tRNA 位点
photolyase　光裂合酶
photoreactivation　光复活作用
plasmid　质粒
PNPase　多核苷酸磷酸化酶
poly A binding protein，PABP　多聚腺苷酸结合蛋白
poly A sequence　多聚腺苷酸序列
polyacrylamide gel，PAG　聚丙烯酰胺凝胶
polyadenylate binding protein，PABP　多腺嘌呤结合蛋白
polyadenylic acid　多聚腺苷酸
polycistron　多顺反子
polymerase chain reaction，PCR　聚合酶链式反应
polymorphism　多态性
polynucleotide　多聚核苷酸
positional cloning　定位克隆
positive regulation　正调控
positive transcript elongation factorβ　正性转录延伸因子 β
post transcriptional processing　转录后加工
post-recruitment　招募后
post-replication repair　复制后修复
post-transcriptional gene silencing，PTGS　转录后基因沉默
post-transcriptional regulation　转录后水平的调控
pre-initiation complex　前起始复合物
pre-priming complex　预引发复合体
preproopiomelanocortin，pre-POMC　前阿黑皮素原
primase　引发酶
primer　引物
primer-template junction　引物-模板接头
pri-miRNA　初始 miRNA
primosome　引发体
proinsulin　胰岛素原
promoter　启动子

protein disulfide isomerase, PDI　二硫键异构酶
proteoglycan　蛋白聚糖
pseudogene　假基因
purine base　嘌呤碱
puromycin　嘌呤霉素
pyrimidine base　嘧啶碱
pyrolysine, Pyl　吡咯赖氨酸
quantitative real time PCR, qPCR　实时定量 PCR
random amplified polymorphic DNA, RAPD　随机扩增多态 DNA
random dispersive replication　随机散布式复制
rapid amplification of cDNA ends, RACE　cDNA 末端快速扩增
recombinase　重组酶
recombinase recognition sequence　重组酶识别序列
recombination DNA technique　重组 DNA 技术
recombination site　重组位点
recombinational repair　重组修复
red fluorescent protein, RFP　红色荧光蛋白
regulated expression　调节型表达
regulation of gene expression　基因表达调控
regulatory gene　调节基因
replacement vectors　替换型载体
replication eye　复制眼
replication fork　复制叉
replicative form　复制型
replicative transposition　复制性转座
replicon　复制子
repressible gene　可阻遏基因
repression　阻遏
repressor　阻遏蛋白
responsive element　应答元件
restriction fragment length polymorphism, RFLP　限制性片段长度多态性
retrotransposon　逆转录转座子
retrovirus　逆转录病毒
ribonucleic acid　核糖核酸
ribonucleoprotein particle, RNP　核糖核蛋白颗粒
ribonucleoprotein, RNP　核糖核蛋白体
ribonucleotide　核苷酸
ribosomal RNA　核糖体 RNA
ribosome　核糖体
ribosome binding site, RBS　核糖体识别位点
ribosome recycling　核糖体循环
ribosome recycling factor, RRF　核糖体循环因子
ribozyme　核酶
ricin　蓖麻毒素
RNA editing　RNA 编辑
RNA interference, RNAi　RNA 干涉
RNA sequencing, RNA-seq　RNA 测序
RNA-dependent RNA polymerase, RdRp　RNA 依赖的 RNA 聚合酶
RNA-induced silencing complex, RISC　RNA 诱导的沉默复合物
rolling circle　滚环
SAM　S-腺苷蛋氨酸
scaffold protein　支架蛋白
selectivity factor　选择因子
selenocysteine, Sec　硒代半胱氨酸
semiconservative replication　半保留复制
sense codon　有义密码子
sense strand　有意义链
shelterin　庇护蛋白
short tandem repeat, STR　短串联重复序列
signal recognition particle, SRP　信号肽识别颗粒
silencer　沉默子
simple sequence repeat, SSR　简单重复序列
simple transposon　简单转座子
single molecular biology　单分子生物学
single nucleotide polymorphism, SNP　单核苷酸多态性
single-strand binding protein　单链结合蛋白
single-stranded conformation polymorphism, SSCP　单链构象多态性
small interfering RNA, siRNA　干涉小 RNA
small noncoding RNA, sncRNA　非编码小 RNA
small nuclear RNA, snRNA　核内小 RNA
small nucleolar RNA, snoRNA　核仁小 RNA
solenoid　螺旋管
SOS response　SOS 反应
Southern blotting　Southern 印迹杂交
spatial specificity　空间特异性
specific linking difference　比连环差
splice acceptor, SA　剪接受体
splice donor, SD　剪接供体
spliced leader snRNA, SL snRNA　剪接前导 snR-

NA 序列
splicesome　剪接体
SRP receptor protein　SRP 受体蛋白
stage specificity　阶段特异性
stem loop　茎-环
stop/termination codon　终止密码子
strand invasion　链入侵
strand-exchange protein　链交换蛋白
streptomycin　链霉素
stringent response　严谨反应
structrual gene　结构基因
structural molecular biology　结构分子生物学
supercoiling　超螺旋
superhelical density　超螺旋密度
superhelical winding number　超螺旋绕数
synaptic complex　联合复合体
synonymous codon　同义密码子
target site duplication　靶位点重复
target site primed reverse transcription　靶位点引导逆转录
TATA-binding protein, TBP　TATA 结合蛋白
TBP-associated factor　TBP 连接因子
telomerase　端粒酶
telomere　端粒
template strand　模板链
temporal specificity　时间特异性
terminal protein　末端蛋白
termination　终止
terminator　终止子
terminus　终止点
ternary initiation complex　三元起始复合物
terramycin　土霉素
tetracycline　四环素
TF Ⅱ B recognition element　TF Ⅱ B 识别元件
theory of operon　操纵元学说
thymine　胸腺嘧啶
tissue specificity　组织特异性
topoisomer　拓扑异构体
topoisomerase　拓扑异构酶
topology　拓扑学
transcription　转录

transcriptional regulation　转录水平的调控
transfer RNA　转运 RNA
transfer-messenger RNA, tmRNA　转移信使 RNA
translation　翻译
translesion DNA synthesis　移损 DNA 合成
transpeptidation　转肽作用
transposable element　转座元件
transposable phage　转座噬菌体
transposase　转座酶
transposition　移位
transposition recombination　转座重组
transposition target immunity　转座目标免疫性
transposon　转座子
trans-splicing　反式剪接
trigger factor　触发因子
triplet code　三联体密码
tryptophane operon, trp　色氨酸操纵元
twisting number　扭转数
two-dimensional electrophoresis, 2-DE　蛋白质双向电泳
U_2 auxiliary factor, U_2 AF　U_2 辅助因子
ubiquitin　泛素
ubiquitin conjugating enzyme, E2　泛素结合酶
ubiquitin protein ligase, E3　泛素蛋白质连接酶
ubiquitin-activating enzyme, E1　泛素激活酶
untranslated region, UTR　非翻译区
upstream activator sequence, UAS　上游激活物序列
upstream binding factor　上游结合因子
upstream control element　上游控制元件
upstream promoter element　上游启动子元件
upstream transcription factor　上游转录因子
uracil　尿嘧啶
uridine monophosphate　尿嘧啶核苷酸
writhing number　缠绕数
yeast artificial chromosome, YAC　酵母菌人工染色体
yeast two-hybrid system　酵母双杂交系统
yellow fluorescent protein, YFP　黄色荧光蛋白
zinc finger domain　锌指结构域

参 考 文 献

奥斯伯，布伦特，2008. 精编分子生物学实验指南［M］.5 版. 金由辛，包慧中，赵丽云，译. 北京：科学出版社.
本杰明·卢因，2005. 基因 Ⅷ［M］. 余龙，等译. 北京：科学出版社.
博尼费斯农，达索，哈特佛德，等，2007. 精编细胞生物学实验指南［M］. 章静波，等译. 北京：科学出版社.
蔡禄，2012. 表观遗传学前沿［M］. 北京：清华大学出版社.
克雷布斯，戈尔茨坦，基尔帕特里克，2013. 基因 Ⅹ［M］. 江松敏，译. 北京：科学出版社.
糜军，汤宇澄，2000. RNA 聚合酶Ⅲ启动子的结构与功能［J］. 生命的化学（2）：80-81.
萨姆布鲁克，拉塞尔，2008. 分子克隆实验指南［M］.3 版. 黄培堂，译. 北京：科学出版社.
孙乃恩，孙东旭，朱德煦，2000. 分子遗传学［M］.2 版. 南京：南京大学出版社.
王宪泽，2008. 简明分子生物学教程［M］. 北京：中国农业出版社.
韦弗，2008. 分子生物学［M］. 郑用琏，张富春，译. 北京：科学出版社.
沃森，贝克，贝尔，等，2009. 基因的分子生物学［M］.6 版. 杨焕明，等译. 北京：科学出版社.
徐晋麟，2011. 分子遗传学［M］. 北京：高等教育出版社.
郑亚东，骆学农，张冬峰，等，2008. SL 反式剪接：一种保守的 pre-mRNA 加工机制［J］. 实验室研究与探索，27（1）：17-21.
郑用琏，2012. 基础分子生物学［M］.2 版. 北京：高等教育出版社.
朱玉贤，李毅，郑晓峰，等，2013. 现代分子生物学［M］.4 版. 北京：高等教育出版社.
Alberts B, Johnson A, Lewis J, et al, 2002. Molecular Biology of the Cell［M］.4th ed. New York：Garland Science.
Jeck W R, Sorrentino J A, Wang K, et al, 2013. Circular RNAs are abundant, conserved, and associated with ALU repeats［J］. RNA, 19：141-157.
Jeck W R, Sorrentino J A, 2014. Subunit architecture and functional modular rearrangements of the transcriptional mediator complex［J］. Cell, 157：1430-1444.
Krebbs J E, Goldstein E S, Kilpatrick S T, 2009. Lewin's Genes X［M］.［S. l.］：Jones & Bartlett Pub.
Latchman D S, 2008. Eukaryotic Transcription Factors［M］.5th ed.［S. l.］：Elsevier Ltd.
Lewin B, 2000. Genes［M］.7th ed. Oxford：Oxford University Press.
Nelson D L, Cox M M, 2004. Lehninger Principles of Biochemistry［M］.4th ed. New York：W. H. Freeman.
Nelson D L, Cox M M, 2008. Lehninger Principles of Biochemistry［M］.5th ed. New York：W. H. Freeman.
Tsai K L, Tomomori-Sato C, Sato S, et al, 2014. Subunit architecture and functional modular rearrangements of the transcriptional mediator complex［J］. Cell, 157：1430-1444.
Voet D, Voet J G, Pratt C W, 2013. Principles of Biochemistry［M］.4th ed. New York：John Wiley & Sons Inc.
Wang Z, Burge C B, 2008. Splicing regulation：From a parts list of regulatory elements to an integrated splicing code［J］. RNA, 14：802-813.
Weaver R F, 2011. Molecular Biology［M］.5th ed. New York：McGraw-Hill.

图书在版编目（CIP）数据

简明分子生物学教程／郭兴启，苏英华主编．—2版．—北京：中国农业出版社，2017.1（2024.6重印）
普通高等教育农业部"十二五"规划教材
ISBN 978-7-109-22111-6

Ⅰ.①简⋯ Ⅱ.①郭⋯②苏⋯ Ⅲ.①分子生物学-高等学校-教材 Ⅳ.①Q7

中国版本图书馆 CIP 数据核字（2016）第 214906 号

中国农业出版社出版
（北京市朝阳区麦子店街 18 号楼）
（邮政编码 100125）
责任编辑 刘 梁 宋美仙 郑璐颖

三河市国英印务有限公司印刷 新华书店北京发行所发行
2008 年 7 月第 1 版 2017 年 1 月第 2 版
2024 年 6 月第 2 版河北第 3 次印刷

开本：787mm×1092mm 1/16 印张：15.25
字数：360 千字
定价：38.50 元
（凡本版图书出现印刷、装订错误，请向出版社发行部调换）